Gerhard Siem

Das große Buch der FLUGZEUG TYPEN

Zivil & Militär

Gerhard Siem

Das große Buch der FLUGZEUG TYPEN

Zivil & Militär

HEEL

IMPRESSUM

HEEL Verlag GmbH
Gut Pottscheidt
53639 Königswinter
Telefon 02223 9230-0
Telefax 02223 9230-13
info@heel-verlag.de
www.heel-verlag.de

3. Auflage 2025

Verantwortlich für den Inhalt:
Gerhard Siem

Lektorat:
Margit Bachfischer M. A., Bobingen

Lithographie, Satz und Gestaltung:
TIM-Verlag, Prittriching

Titelfoto:
© Lufthansa

Bildnachweis:
100yen, 4028mdk09, A.Katranzhi, Adrian Pingstone, Aermacchi 339, Aero Icarus, AeroCambodia, airforcefe, Airwolfhound, Alan Wilson, Aldo Bidini, Alec Wilson, Aleksandr Markin, Alexandre Gouger, Alexxx1979, AlfvanBeem, Andrzej Otrebski, Andy Mitchell, Angel paez, Ansgar Walk, Bill Larkins, Björn, Boeing, bomberpilot, Brian Lynchkaraya69, Bvogl, Champion Air, Chris Abigail1, Clemens Vasters, Cubbie_n, Danie van der Merwe, Don-vip, Radoslaw Drozdzewski, Dtom, DVAvia, Dylan Ashe, Eluveitie, Eric Salard, FlugKerl2, FotoNoir, Frank Schwichtenberg, Frank, Gennady Misko, Gérard JOYON, Grob Aircraft AG (T. Reinert), Herta Jarczok, James (Jim) Gordon, James Humphreys, Jerry Gunner, Jiri Nedorost, Jitze Couperus, Joao Carlos Medau, John5199, Jonathan Payne, Juergen Lehle (albspotter.eu), Kane L Smith, Kentaro Iemoto, Kirill Naumenko, Krzysztof Bedkowski, Lars Plougmann, Lasse Fuss, Laurent ERRERA, Maarten Visser, MaksymDragunov, Aleksandr Markin, Milad A380, Milan Nykodym, MilborneOne, Miyuki Meinaka, Mo7amedsalim, Mulag, National Aeronautics and Space Administration, Nicola Romani, Oleg Belyakov, Oyoyoy, Pavel Kobersky, Phillip Capper, Przemyslaw „Blueshade" Idzkiewicz, Pupsoid, redlegsfan21, Roel Hemkes, Roger Green, Ronnie Macdonald, Royal Air Force, Rudolf Schider, RuthAS, Sahnouni, Sefjo, Sergey Kustov, Sergey Vladimirov, Shawn, shimin, Sir James, Spaceaero2, Steven Byles, Takehiko, Tangopaso, Tony Hisgett, Tony Hisgett, Toshiro Aoki, TSRL, US Air Force, Vitaly V. Kuzmin, YSSYguy, Zacke82

Printed in Latvia

ISBN 978-3-86852-709-4

INHALT

NASA
20001
USAF

North American XB-70 Valkyrie

Anfang der 1960er Jahre begründete das US-amerikanische Versuchsflugzeug „Valkyrie" die Idee von großen Düsenjets mit Deltaflügeln wie dem Passagierflugzeug Aérospatiale-BAC Concorde oder der Tupolew Tu-144.

VORWORT

In der Zeit, als ich die ersten Ideen zu diesem Buch in die Tat umsetzte, habe ich mir eine Auszeit für einen Kurzurlaub genommen. Da es nur fünf Tage Freizeit waren, blieb eigentlich nur eine Reise per Flugzeug, alle anderen Verkehrsmittel hätten zu viel Zeit benötigt. Während des kurzen Flugs auf die spanische Insel Gran Canaria wurde mir klar, was sich in der Entwicklungsgeschichte von Luftfahrzeugen inzwischen alles getan hatte.

Was hätten ein Otto Lilienthal, Charles Lindbergh und die Gebrüder Wright wohl über das Reisen mit dem Flugzeug von München nach Las Palmas über eine Strecke von fast 3500 Kilometern in nicht einmal vier Stunden gesagt? Vor über 120 Jahren hatte sich Otto Lilienthal bei Berlin noch mit baumwollbespannten Flügeln von einem Hügel gestürzt und den Menschen gezeigt, dass das Gleiten durch die Lüfte möglich war.

Nur zehn Jahre jünger waren die Versuche von Wilbur und Orville Wright, sich mit dem motorisierten Fluggerät „Flyer" ganze zwölf Sekunden in der Luft zu halten und dabei eine Strecke von 37 Metern zurückzulegen.

Doch bereits vor diesen großen Pionierarbeiten gab es Menschen, die den Traum vom Fliegen in sich trugen. In der griechischen Mythologie träumten Dädalus und Ikarus von einer Flucht aus dem Gefängnis mithilfe von selbstgebauten Flügeln aus Federn und Wachs. Die Flucht gelang, doch als Ikarus der Sonne zu nahe kam, schmolz das Wachs, das die Federn und das Gestell zusammenhielt und Ikarus stürzte ins Meer. Doch für die gewöhnlichen Menschen blieb der Wunsch, wie ein Vogel in die Lüfte zu steigen, lange Zeit nur ein Traum. Erst das italienische Genie Leonardo da Vinci erarbeitete in Skizzen und Schriftstücken die ersten wissenschaftlichen Grundlagen des Fliegens, indem er Apparate mit Schwingflügeln, die mit Muskelkraft angetrieben wurden, oder eine Maschine für den Senkrechtstart zeichnete.

Erst in der Zeit kurz vor dem Ersten Weltkrieg lernten die Flugzeuge dann wirklich das Fliegen, indem sie zu ihrem Startplatz auch wieder zurückkehren konnten.

Als schließlich das Militär die Vorteile der Waffe „Flugzeug" entdeckte, war die schnelle Entwicklung der Flugapparate nicht mehr aufzuhalten. Bereits neun Jahre nach Ende des verheerenden Weltkriegs gelang dem Amerikaner Charles Lindbergh im Jahr 1927 der Nonstop-Flug von New York nach Paris mit seiner „Spirit of St. Louis". Als der Zweite Weltkrieg die Welt mit seinem Schatten überzog, war die Zeit der abenteuerlichen Doppeldecker-Flugzeuge vorbei und zeitgemäße Bomber, Jäger und Aufklärer waren an ihre Stelle getreten. Als dann der Krieg sechs Jahre später zu Ende war, hatte Messerschmitt in Augsburg das erste in Serie gebaute Flugzeug mit Strahltriebwerken entwickelt und der Deutsche Wernher von Braun schuf die ersten Grundlagen für eine Reise zum Mond.

Wie ein Mosaik der Luftfahrtgeschichte soll das Buch mit vielen Bildern, informativen Texten und den wichtigsten technischen Daten dem Leser die interessanten Etappen auf dem Weg des Fortschritts hin zu modernsten Luftfahrzeugen aufzeigen. Dabei konnten sicherlich nicht alle Luftfahrzeuge vorgestellt werden, sondern nur eine möglichst lebendige Auswahl von Maschinen, die wichtige Meilensteine der Fluggeschichte darstellen. So ist dieses Buch eine Ehrung der vielen Pioniere der Lüfte und ein Muss für alle Menschen, die sich für die Luftfahrt interessieren und den „Traum vom Fliegen" in ihrem Herzen tragen.

Gerhard Siem

NOTFALL
RESCUE
NOTAUFSPRENGUNG
KABINENDACHVERGLASUNG

MEILENSTEINE DER LUFTFAHRT

Verkehrsluftschiff „Graf Zeppelin" LZ 127

Das Verkehrsluftschiff LZ 127 legte in zwei Jahren insgesamt fast 1,7 Millionen Kilometer zurück. Dabei wurden 590 Fahrten mit 17.177 Fahrtstunden unternommen. Während der Fahrten wurde neben einer Weltumrundung 139-mal der Atlantik überquert. In dieser Zeit wurden insgesamt 34.000 Passagiere befördert und 78.661 Kilogramm Fracht transportiert. Die Graf Zeppelin hält bis heute noch zwei Rekorde im Luftverkehr mit der längsten Fahrt eines Luftschiffs von 6384,50 Kilometern und der längsten Fahrzeit eines Zeppelins mit 71 Stunden.

Lilienthal-Gleiter von 1891	
Rahmen	Weidenholz
Flügelbespannung	gewachster Baumwollstoff
Spannweite (mm)	6600
Flügelfläche (m²)	14,00
Größte Flügeltiefe (mm)	2500
Produktion	mindestens 21 Flugapparate
Erstflug	Sommer 1891 am Mühlenberg bei Derwitz

Lilienthal Flugapparat

Geboren wurde der geniale deutsche Ingenieur, Forscher und Flugpionier Karl Wilhelm Otto Lilienthal am 23. Mai 1848 in der Handelsstadt Anklam an der deutschen Ostsee. Mit acht Jahren besuchten Otto und sein Bruder Gustav Lilienthal das Gymnasium und kamen durch ihren Lehrer Gustav Spörer das erste Mal mit Experimenten, die sich mit dem Flug von Vögeln befassten, in Berührung. Frisch von der Schule, begann Otto Lilienthal im Jahr 1864 eine Lehre in Potsdam. Diese schloss er mit einem Praktikum in der Berliner Maschinenfabrik Schwartzkopff ab. Bereits im darauffolgenden Studium beschäftigte sich Lilienthal mit dem Zusammenhang von Luftströmung und Auftrieb, da ihn die Idee des menschlichen Flugs nicht mehr losließ. 1873 wurde Lilienthal dann Mitglied in der Aeronautical Society of Great Britain und begann 1890 mit ersten Versuchen, mit einem Fluggerät Menschen zu transportieren. Doch erst im folgenden Jahr gelang Lilienthal in der Nähe von Derwitz unweit von Potsdam ein Gleitflug von 25 Metern. Weitere Flüge folgten, die bis zu 250 Meter lang waren. Der 9. August 1896 sollte jedoch ein „schwarzer Tag" in der noch jungen Fluggeschichte werden. An diesem Tag startete Lilienthal mit seinem Segelapparat in den Rhinower Bergen bei Stölln. Dabei kam das Fluggerät wegen einer Windböe ins Trudeln und stürzte ab. Lilienthal starb einen Tag später mit 48 Jahren.

Wright Flyer I

Die beiden amerikanischen Flugpioniere Wilbur und Orville Wright aus Ohio waren die ersten Menschen, denen es gelang, ein Fluggerät zu entwickeln, das sich mit Motorantrieb in die Luft erhob. An die Lösung der damals sehr neuartigen Idee gingen die beiden Brüder sehr konsequent und systematisch heran. Dabei halfen ihnen vor allem auch die Veröffentlichungen von Otto Lilienthal. Bis 1900 waren zahlreiche Entwürfe eines motorisierten Fluggerätes auf der Basis von Lilienthals Literatur auf dem Reißbrett entstanden. Dann gingen die Brüder Wright dazu über, unmotorisierte Gleitflugapparate zu konstruieren. Gleichzeitig entwickelten Wilbur und Orville einen Vierzylinder-Ottomotor, der ein geringes Gesamtgewicht haben sollte. Der Propeller war ebenfalls eine Eigenentwicklung.

Am 17. Dezember 1903 hob ihr Motorfluggerät „Flyer" mit Orville Wright an der Steuerung zum ersten Mal vom Boden ab. Dabei wurde der 340 Kilogramm schwere Doppeldecker von einem Katapult abgeschossen. Nur zwölf Sekunden lang flog Orville mit Motorkraft durch die Luft und kam nach 37 Metern wieder unbeschadet auf den Boden zurück — doch was damals mit diesem kleinen „Hopser" begann, konnten die Wright-Brüder nur ahnen.

Wright Flyer I	
Baujahr	1903
Spannweite (mm)	12.290
Länge/Höhe (mm)	6430/2440
Leergewicht/Startmasse (kg)	274/340
Vmax in (km/h)	48
Antrieb	wassergekühlter 4-Zylinder-Wright-Reihenmotor, 12 PS
Rahmen	Fichten- und Eschenholz
Verkleidung	ungebleichter Musselin

Santos-Dumont 14bis	
Baujahr	1906
Spannweite (mm)	11.200
Länge/Höhe (mm)	9700/3400
Startmasse (kg)	290
Vmax in (km/h)	41,7
Antrieb	wassergekühlter V8-Zylinder-Antoinette-Motor, 50 PS
Rahmen	Fichtenholz und Bambus
Verkleidung	Baumwollstoff

Santos-Dumont 14bis

Mit einer zeitlichen Verzögerung von ungefähr drei Jahren nach dem historischen Ereignis in Amerika begann sich auch das Interesse an der Fliegerei in Europa zu regen. Am 13. September 1906 gelang es dem brasilianischen Millionär Alberto Santos-Dumont mit seiner von einem V-Achtzylinder-Motor angetriebenen „14bis" in Bagatelle bei Paris einen „Sprung" von sieben Metern zu vollbringen. Zuvor hatte Santos-Dumont seine „14bis" ohne Motor im Gleitflug getestet. Im Oktober legte der nun motorisierte Flugapparat bereits eine Strecke von 60 Metern zurück, und im November desselben Jahres blieb das Fluggerät bereits 21 Sekunden in der Luft und legte dabei eine Strecke von 220 Metern zurück. Der 60-Meter-Flug vom 23. Oktober bescherte Santos-Dumont ein Preisgeld von 3000 Franken für den ersten Motorflug in Europa. Der Flug über 220 Meter brachte dem Brasilianer nochmals 1500 Franken für die erste Flugweite von über 100 Meter. Die Flüge der „14bis" begeisterten nun ganz Europa und läuteten auch hier die Ära des motorisierten Fluges mit einem Gerät ein, das schwerer als Luft war.

Luftschiff LZ 6

Um das Jahr 1900 begann sich Ferdinand Graf von Zeppelin mit dem Bau von Starrluftschiffen zu beschäftigen. Am 2. Juli 1900 fand in der Manzeller Bucht am Bodensee ein erster Aufstieg des Luftschiffes LZ 1 statt. Weitere Konstruktionen folgten und Graf Zeppelin hatte die Öffentlichkeit endlich von der Brauchbarkeit seiner Luftschiffe überzeugt. So stellte die damalige deutsche Reichsregierung einen Betrag von 2,6 Millionen Mark für den Erwerb eines vorhandenen und eines noch zu bauenden Luftschiffes zur Verfügung. Allerdings wurde die Durchführung einer 24-Stunden-Fahrt zur Bedingung gemacht. Das Luftschiff LZ 4 überzeugte daraufhin mit der am 1. Juli 1908 durchgeführten zwölfstündigen Fahrt, und ein neues Luftschiff, LZ 5, wurde im Frühjahr 1909 fertiggestellt. Im Jahr 1909 entstand auch der LZ 6, der erste Zeppelin für den kommerziellen Einsatz von Passagierfahrten. Im Sommer 1909 erfolgte eine erste Fahrt. Erstmals wurde in diesem Luftschiff ein Funksystem eingesetzt. Im November 1909 wurde dann die erste Luftverkehrsgesellschaft der Welt, die Deutsche Luftschifffahrts-Aktiengesellschaft DELAG in Frankfurt am Main ins Leben gerufen.

Luftschiff LZ 6	
Baujahr	1909
Durchmesser (mm)	max. 13.000
Volumen (m^3)	15.000
Länge (mm)	136.000
Nutzlast (kg)	4500
Vmax in (km/h)	48,7
Antrieb	2 Daimler-Motoren, 2 x 115 PS

Curtiss Model D	
Baujahr	1910
Spannweite (mm)	11.600
Länge/Höhe (mm)	8900/2300
Leergewicht (kg)	317
Startmasse (kg)	589
Vmax in (km/h)	80
Antrieb	wassergekühlter V8-Zylinder-Curtiss-Motor, 75 PS

Curtiss Model D

Den mathematisch begabten Glenn Curtiss zog es bereits mit jungen Jahren zu technischen Dingen hin. Bereits mit 17 Jahren kaufte er sich ein erstes Fahrrad und nahm erfolgreich an Fahrradrennen teil. 1900 eröffnete Curtiss seine eigene Fahrradproduktion und rüstete bereits ein Jahr später die Fahrräder auch mit Motoren aus. 1903 begann Curtiss Motorradrennen zu fahren und erzielte zahlreiche Siege und Rekorde. Doch Curtiss-Motoren erregten auch in der Flugzeugbranche großes Interesse. Gleichzeitig widmete sich Glenn Curtiss auch selbst dem Motorflug. Nach vielen Versuchen war im Mai 1910 ein Wasserflugzeug fertig, das sich jedoch auch nach mehreren Versuchen nicht vom Wasser lösen konnte. Zu dieser Zeit hatte auch Eugene Burton Ely mit dem Fliegen eines Curtiss-Flugzeugs begonnen, das jedoch verunfallte. Beim Wiederherstellen des Fluggerätes lernte Ely auf einer Ausstellung Glenn Curtiss kennen. Schnell war Ely abgeworben und arbeitete nun für Curtiss' Unternehmen. Als Projekt hatte die US-Marine den beiden einen Auftrag gegeben, der den Einsatz von Flugzeugen auf Marineschiffen beinhaltete. Am 14. November 1910 hob Eugene Burton Ely als erster Mensch mit einer Curtiss Model D von einer Plattform des leichten Kreuzers „USS Birmingham" ab. Am 11. Januar des darauffolgenden Jahres gelang die erste Landung auf dem schweren Kreuzer „USS Pennsylvania". Im Oktober 1911 kam Ely während einer Flugvorführung in Georgia bei einem Flugunfall ums Leben.

Voisin Standard

Gabriel Voisin, Sohn eines Gießerei-Besitzers, studierte in Paris zunächst Architektur und Maschinenbau, bevor er sich der Fliegerei zuwendete. Im Frühjahr 1904 erreichte er mit selbst gebauten Gleitern Flüge mit einer Dauer von bis zu 25 Sekunden. Ein Jahr später gründete er sein Unternehmen, in dem er bald auch Gleitflieger mit Motoren herstellte. Der Voisin Standard-Doppeldecker aus dem Jahr 1910 war von der Voisin „Delagrange I" abgeleitet und gilt heute als erstes in größerer Serie gebautes Flugzeug. Vom Standard-Typ baute Gabriel Voisin zwischen 1907 und 1911 ungefähr 75 Exemplare. Ende 1907 hatte auch der französische Rennfahrer und spätere Luftfahrtpionier Henri Farman einen Voisin-Doppeldecker erworben und errang am 26. Oktober 1907 mit diesem Fluggerät in Issy-les-Moulineaux den Geschwindigkeitsweltrekord für Landflugzeuge mit 52,7 km/h. Im darauffolgenden Jahr flog Farman den ersten anerkannten Motorflug der Welt über einen Kilometer. Ende 1909 erwarb der Showstar und Magier Harry Houdini (Erich Weisz) für 5000 Dollar einen französischen Voisin Standard, auf dessen Seitenleitwerk er den Schriftzug „Houdini" malen ließ. Als Teil seiner „Magical Theatrical Tour" brachte er das Flugzeug für eine Werbekampagne der „Aerial League" nach Australien und unternahm am Morgen des 18. März 1910 den ersten Motorflug in Australien.

Voisin Standard	
Baujahr	1907 bis 1911
Spannweite (mm)	10.000
Tragflügelfläche (m^2)	40
Länge/Höhe (mm)	12.000/3350
Startmasse (kg)	600
Vmax in (km/h)	55
Antrieb	wassergekühlter V8-Zylinder-E.N.V.-V-Motor, 60 PS

Etrich-Rumpler Taube	
Verwendung	Schul-, Aufklärungs- und Bombenflugzeug
Produktionszeit	1910 bis 1918
Spannweite (mm)	14.300
Länge/Höhe (mm)	9900/3200
Leergewicht (kg)	650
max. Masse (kg)	850
Vmax in (km/h)	100
Antrieb	4-Zylinder-Argus- oder 6-Zylinder-Mercedes-Motor Typ E4F, 100 PS
Bewaffnung	Gewehre, Pistolen, Bomben

Etrich-Rumpler „Taube"

Auch in Österreich begann sich um das Jahr 1900 das Interesse am Motorflug bei Igo Etrich zu regen. Zuvor hatte sich Etrich bereits mit dem Kauf eines Gleiters von Lilienthal für die Fliegerei entschieden, denn vor allem durch die Beobachtung des Flugs von Vögeln war seine Neugier geweckt worden. Auf der Basis dieser Erkenntnisse begann Etrich ein Fluggerät zu bauen und stellte im Jahr 1907 auf dem Gelände im Wiener Prater die „Etrich I" vor. Diese motorisierte Flugmaschine baute er schließlich zum berühmten „Praterspatz" um. Im Jahr 1909 gründete Etrich das Flugfeld in Wiener Neustadt und errichtete dort zwei Hangars. Weitere Umbauten und der Einbau eines stärkeren Motors hatten die „Etrich I" nun auch schneller gemacht. Im Jahr 1910 stellte der Flugpionier Etrich nach mehrjähriger Entwicklungszeit eine komplette Neukonstruktion einer Flugmaschine, die Etrich „Taube", vor. Den Erstflug führte der Schulter-Eindecker mit außen liegender Drahtverspannung und einem unter der Tragfläche verlaufenden Hilfsholm am 6. April 1910 durch. Der Rumpf der „Taube" war in Holzbauweise mit Stoffbespannung ausgeführt. Im Oktober 1910 gewann Karl Illner auf einer „Taube" den Preis für den ersten Flug von Wien nach Horn und zurück.

Cody Biplane No. II A, B, C

Der englische Flugpionier William Frederick Cody wurde in Iowa in den Vereinigten Staaten geboren. Dort verdingte er sich zunächst als Cowboy und Goldsucher. Da er keine Schule besucht hatte, war er des Schreibens und Lesens nicht mächtig. Als er mit 19 Jahren die Wildwest-Show-Darstellerin Maud Marie Lee kennenlernte, trat er mit ihr in einer der vielen Wild West Shows auf. In dieser Zeit nahm er nach seinem Vorbild Buffalo Bill (William Frederick Cody) dessen Familiennamen an und heiratete Maud Marie Lee. Um 1887 verließ er mit der Wild West Show die USA und ging nach Europa. Dort lernte er während der Show-Tourneen die Engländerin Lela King kennen und bekam mit ihr einen Sohn. Im Laufe der Zeit entwickelte der Junge ein reges Interesse an Flugdrachen, die auch Cody auf dieses Thema brachten. Bereits ab 1889 experimentierte er mit den ersten Drachen und überquerte um 1905 den Ärmelkanal in einem von einem Boot gezogenen Flugdrachen.

Inzwischen zeigte auch das britische Militär Interesse an Codys Experimenten, und so konnte er am 16. November 1908 auf dem Testgelände am Farnborough Airfield mit dem britischen Armeeflugzeug Nummer 1 den ersten motorisierten Flug über englischem Boden absolvieren. Im Jahr 1910 hatte Cody mit seinem Biplane No. II das erste eigene Fluggerät gebaut. 1913 stürzte er jedoch mit einem Wasserflugzeug tödlich ab.

Cody Biplane No. II A, B, C	
Baujahr	1910
Spannweite (mm)	15.850
Länge/Höhe (mm)	11.730/3960
Startmasse (kg)	1152
Vmax in (km/h)	105
Antrieb	wassergekühlter 4-Zylinder-Green-Reihenmotor, 60 PS Druckpropeller

Farman M.F. 11 Shorthorn	
Verwendung	Aufklärer, leichter Bomber
Produktionszeit	1913 bis 1915
Spannweite (mm)	16.500
Länge/Höhe (mm)	9500/3900
Leergewicht (kg)	550
max. Masse (kg)	850
Vmax in (km/h)	100
Antrieb	Renault 8-Zylinder-Reihenmotor, 70 PS
Bewaffnung	Maschinengewehr 7,7 mm, max. 131,4 kg Bomben

Farman M.F. 11 Shorthorn

Der Entwurf der M.F. 11 Shorthorn stammte von Maurice Farman, dem Bruder des legendären Henri Farman. Beide Franzosen interessierten sich für den Rad- und später für den Automobilrennsport, bevor sie sich auch mit der Luftfahrt beschäftigten. Die M.F. 11 sollte der Nachfolger der Farman M.F. 7 Longhorn werden, die einen französischen Voisin-Doppeldecker zum Vorbild hatte. Auch wenn sie auf dem Typ 7 aufbaute, war die M.F. 11 eine völlig neue Konstruktion. Sie hatte einen kürzeren Rumpf und das Höhenleitwerk war am Heck angebracht. Die kurzen Landekufen am Fahrwerk, die ein Überschlagen des Flugzeugs verhindern sollten, führten zum späteren Spitznamen „Shorthorn". Damit man nach vorne ein uneingeschränktes Schussfeld des Maschinengewehrs haben konnte, war der Propeller als Druckpropeller im Heck montiert. Bei diesem Zweisitzer saß der Beobachter vor dem Piloten in einer offenen Rumpfgondel, die zwischen Ober- und Unterflügel montiert war. Ihren ersten Flug hatte die M.F. 11 Shorthorn Ende des Jahres 1913. Ein Jahr später, am 21. Dezember 1914, flog eine M.F. 11 den ersten Bombenangriff im Ersten Weltkrieg auf deutsche Artilleriestellungen im belgischen Ostende. Mit dem Aufkommen des deutschen Fokker-Eindeckers 1915 mussten die unterlegenen Maschinen aus dem Verkehr gezogen werden.

Fokker Dr. I

Eine der genialsten Flugzeug-Entwicklungen des Ersten Weltkriegs war die Dr. I. Um mit der britischen Sopwith Camel mithalten zu können, beauftragte das Deutsche Heer die Fokker Aeroplanbau GmbH in Schwerin mit dem Bau einer Kopie des englischen Dreideckers. Doch der Konstrukteur Reinhold Platz bevorzugte einen eigenen Entwurf eines Dreideckers. Die Grundkonstruktion des Flugzeuges bestand aus einem Rumpf aus zehn bis 35 Millimeter starken Stahlrohren, die zusammengeschweißt wurden. Das Tragwerk war aus Sperrholz mit Metallbeschlägen, die Ruderflächen waren ebenfalls aus Stahlrohr. Die Bespannung der Flügel bestand aus einfachem Leinenstoff, der mit einem Spannlack bestrichen wurde. Manfred von Richthofens „Fliegender Zirkus" war die erste Einheit, die das neue Flugzeug erhalten sollte. Der „rote Baron" war von der Fokker Dr. I vor allem durch die Manövriermöglichkeiten sofort begeistert und erzielte 19 Luftsiege auf dem Dreidecker. Insgesamt wurden in zwei Jahren rund 420 Fokker Dr. I gebaut.

Fokker Dr. I	
Verwendung	Jagd- und Aufklärungsflugzeug
Produktionszeit	1917 bis 1918
größte Spannweite (mm)	7200
Länge/Höhe (mm)	5750/2950
Leergewicht (kg)	383
max. Masse (kg)	585
Vmax in (km/h)	160
Antrieb	Oberursel Ur. II 9-Zylinder-Umlaufmotor, 110 PS
Bewaffnung	2 x starre, synchronisierte Maschinengewehre 08/15

Royal Aircraft Factory S.E.5	
Verwendung	Jagdflugzeug
Produktionszeit	1917 bis 1919
Spannweite (mm)	8110
Länge/Höhe (mm)	6380/2890
Leergewicht (kg)	639
max. Masse (kg)	902
Vmax in (km/h)	222
Antrieb	wassergekühlter Hispano-Suiza 8, V8-Zylinder-Motor, 200 PS
Bewaffnung	Vickers MG 7,7mm, Lewis MG 7,7 mm, 4 Cooper Bomben 11 kg

Royal Aircraft Factory S.E.5

Der erste Prototyp des Doppeldeckers Royal Aircraft Factory S.E.5 flog am 28. November 1916. Das zweisitzige Jagdflugzeug wurde bei der Royal Aircraft Factory in Farnborough entwickelt und ab dem März 1917 an die Front geschickt. Die britische S.E.5 wurde als eines der ersten Flugzeuge mit einem synchronisierten Vickers-MG bewaffnet, das an der linken Seite des Rumpfes montiert war. Oberhalb der zweiten Tragfläche war zusätzlich ein Lewis-MG auf einer schwenkbaren Foster-Lafette angebaut, die eine Verteidigung nach oben ermöglichte. Die ersten S.E.5 kamen zur No. 56 Squadron der Royal Flying Corps. Dort patroullierten sie zunächst an der französischen Westfront. Auch wenn sich die Piloten zunächst skeptisch gegenüber dem neuen Jagdflugzeug zeigten, waren im Jahr 1918 21 britische und zwei US-amerikanische Staffeln mit den Doppeldeckern ausgerüstet. Insgesamt wurden bis 1919 von fünf Flugzeugherstellern 5265 S.E.5 gebaut. Das Flugzeug trug erheblich dazu bei, die Luftherrschaft der Deutschen an der Westfront zu brechen.

Fokker D. VII

Im Jahr 1917 hatten Briten und Franzosen die Lufthoheit an der Westfront errungen, und so schrieb das deutsche Militär einen Wettbewerb für ein leistungsstarkes Jagdflugzeug aus. Ein Vergleichsfliegen mit 31 unterschiedlichen Flugzeugtypen in Berlin-Adlershof gewann schließlich die Fokker D. VII. Zunächst wurden 400 Maschinen bestellt. Bis 1928 sollten ca. 3200 einsitzige Doppeldecker gebaut werden. Die ersten D. VII tauchten im April 1918 mit dem Jagdgeschwader I an der Westfront auf. Zuerst zollten die Alliierten den neuen deutschen Maschinen kaum Respekt. Doch schon bald wurde klar, dass die neuen Fokker eine ausgezeichnete Kampffähigkeit besaßen. So erlangten die Fokker-Jagdflugzeuge schnell den Ruf eines ernst zu nehmenden Gegners. Vor allem die Fähigkeit, „am Propeller" des Gegners zu „hängen" und diesen unter Beschuss zu nehmen, machte die Fokker D. VII bei französischen wie britischen Piloten zu gefürchteten Kampfmaschinen. Die deutsche Fokker D. VII galt als bestes Jagdflugzeug im Ersten Weltkrieg. Vor allem die Manöverfähigkeit und die Stabilität der Konstruktion machten den Doppeldecker gegenüber der Konkurrenz überlegen. Angetrieben wurde die Fokker entweder von einem Mercedes D-III- oder BMW IIIa-Höhenmotor.

Fokker D. VII	
Verwendung	Jagdflugzeug
Produktionszeit	1918 bis 1928
Spannweite (mm)	8900
Länge/Höhe (mm)	6950/2750
Leergewicht (kg)	684
max. Masse (kg)	910
Vmax in (km/h)	189
Antrieb	wassergekühlter Mercedes D IIIa, 6-Zylinder-Reihenmotor, 180 PS
Bewaffnung	2 x leichte MGs 08/15

Oehmichen No 1	
Verwendung	Prototyp
Produktionszeit	1921
Ballon (m^3)	140
Gewichtseinsparung durch Ballon (kg)	70
Leergewicht (kg)	266
2 Drehflügel (Durchmesser, mm)	6300
Antrieb	Dutheil & Chambers-Motor, 25 PS

Oehmichen No 1

Bereits im September 1907 gelang Bréguet-Richet mit der „Gyroplan No. 1" ein Abheben von einem halben Meter in die Luft, und am 29. September erreichte er sogar eine Höhe von 1,5 Metern. Der erste freie Hubschrauberflug gelang am 13. November 1907 in der Nähe von Lisieux, südlich von Le Havre. Der von M. Paul Cornu konstruierte Helikopter verfügte über zwei Steuerflächen und einen 24 PS starken Antoinette-Motor, der zwei Rotoren antrieb. Étienne Oehmichen gilt heute als Pionier, der sich mit dem senkrechten Start von Fluggeräten beschäftigte.
Ab 1920 experimentierte der Franzose Oehmichen mit dem senkrechten Fluggerätestart mit seinem Prototypen No 1, an dem ein mit 140 Kubikmeter Gas gefüllter Ballon montiert war, um das Fluggerät 70 Kilogramm leichter zu machten. Oehmichens Hubschrauber No 1 wurde mit einem Dutheil & Chambers-Motor mit einer Leistung von 25 PS angetrieben, der die beiden Drehflügel mit jeweils einem Durchmesser von 6,3 Metern antrieb. Damit konnte der Hubschrauber insgesamt 266 Kilogramm anheben. Am 15. Januar 1921 begann er mit seinen Versuchen und konnte drei Tage später seinen ersten erfolgreichen Flug absolvieren. Am 11. November 1922 gelang Étienne Oehmichen mit seinem Prototyp No 2 der erste Senkrechtstart ohne Hilfsmittel. Am 14. April 1923 absolvierte das Gerät bereits einen Flug von 358 Metern.

Dornier Komet III

Bei der dritten Typenreihe der Dornier-Komet-Serie kam es 1924 zu den bis dahin stärksten Änderungen seit ihrem Baubeginn im Jahr 1920. Der Rumpf hatte nun eine Gesamtlänge von 12,4 Metern, und die Größe der Kabine erlaubte die Mitnahme eines Bordwartes für die bis zu sechs Reisenden. Der Passagierbereich war nun mit einer regelbaren Beleuchtung, einer Heizung sowie einer Belüftung und einer Toilette ausgestattet. Im Gegensatz zu den Vorgängern war die „Komet III" nun nicht mehr als Schulterdecker ausgelegt, sondern die Tragflächen waren über vier „Stiele" mit dem Rumpf verbunden. Die Spannweite betrug 19,6 Meter mit einer Flügelfläche von 62 Quadratmetern. Die Lufthansa eröffnete am 6. April 1926 mit zehn „Komet III" den Flugdienst auf der Flugroute Berlin–Halle–Erfurt–Stuttgart–Zürich.

Dornier Komet III	
Verwendung	Passagierflugzeug
Produktionszeit	1924 bis 1926
Spannweite (mm)	19.600
Länge/Höhe (mm)	12.400/3500
Leergewicht (kg)	2070
max. Masse (kg)	3220
Vmax in (km/h)	168
Antrieb	wassergekühlter V12-Rolls-Royce-Eagle IX-Motor, 395 PS
Besatzung	2
Passagiere	6

Ryan M-2	
Verwendung	Rekordflugzeug
Produktionszeit	1927
Spannweite (mm)	14.030
Länge/Höhe (mm)	8560/3040
Leergewicht (kg)	974
max. Masse (kg)	2330
Vmax in (km/h)	220
Antrieb	9-Zylinder-Sternmotor Wright J-5C Whirlwind, 223 PS
Besatzung	1

Spirit of St. Louis

Der Amerikaner Charles Lindbergh begann im Jahr 1922 nach einem abgebrochenen Maschinenbaustudium eine Pilotenausbildung bei der Nebraska Aircraft Corporation. Danach arbeitete Lindbergh während Flugvorführungen als Fallschirmspringer. Sein erstes eigenes Flugzeug, eine Curtiss HN-4, ermöglichte ihm bis 1924 den nötigen Verdienst als Kunstflieger. Um seine Flugausbildung zu verbessern, trat Lindbergh den US-amerikanischen Heeresfliegern bei und begann wenig später als Postflieger auf der Strecke St. Louis–Chicago. In all dieser Zeit ließ ihn eine Idee nicht mehr zur Ruhe kommen, er wollte als erster Pilot nonstop über den Atlantik fliegen. Für diesen Erstflug war inzwischen ein Preisgeld von 25.000 US-Dollar ausgesetzt worden. Bereits am 28. April 1927 hatte Lindbergh seinen Plan in die Tat umgesetzt und eine einmotorige Ryan nach seinen Ideen umbauen lassen. Am 20. Mai 1927 um 7:54 Uhr startete Lindbergh vom Roosevelt Field in New York zu seinem über 5800 Kilometer langen Alleinflug nach Paris. Nach nur 33,5 Stunden landete er dann auf dem Flughafen Le Bourget in Paris unter dem Jubel einer begeisterten Menschenmenge — Lindbergh wurde zum Nationalhelden.

Dornier Do X

Erste Skizzen zum größten Wasserflugzeug der Welt, der Dornier Do X, erstellte Claude Dornier bereits im September 1924. Am 9. Juli 1929 präsentierte Dornier sein beeindruckendes Flugzeug der Presse. Am 12. Juli fand im schweizerischen Altenrhein am Bodensee der Erstflug des Wasserflugzeugs statt. Da die Fachwelt jedoch skeptisch blieb, entschloss sich Dornier zu einem spektakulären Demonstrationsflug. Am 21. Oktober 1929, einem Freitagmorgen, unternahm die Dornier Do X mit zehn Besatzungsmitgliedern und 169 Passagieren einen ersten Rundflug von 53 Minuten Dauer über den Bodensee. Dies stellte einen Rekord der Passagierkapazität dar. Um die Do X erfolgreich zu vermarkten, entschloss sich Dornier im Jahr 1930 zu einem weltumspannenden Repräsentationsflug. Am 5. November startete das riesige Flugschiff vom Bodensee aus. Am 27. August 1931 erreichte man nach vielen anderen Stationen New York und kehrte nach zehn Monaten und 45.000 zurückgelegten Kilometern wohlbehalten zum Ausgangsort der Reise zurück.

Dornier Do X 1a	
Verwendung	Passagierflugzeug
Produktionszeit	1928 bis 1931
Spannweite (mm)	48.000
Länge/Höhe (mm)	40.100/10.100
Leergewicht (kg)	28.250
max. Masse (kg)	52.000
Vmax in (km/h)	210
Antrieb	12 x V12-Zylinder-Curtiss V-1570 Conqueror-Motoren, je 640 PS
Besatzung	10 bis 14
Passagiere	66

Pitcairn PCA-2	
Verwendung	Autogyro
Produktionszeit	ab 1931
Spannweite (mm)	9140
Rotordurchmesser (mm)	13.720
Länge (mm)	7040
Leergewicht (kg)	1015
max. Masse (kg)	1363
Vmax in (km/h)	190
Antrieb	9-Zylinder-Wright R-975-J6-9-Sternmotor, luftgekühlt, 330 PS
Besatzung	1
Passagiere	2

Pitcairn PCA-2

Autogyros wie der Pitcairn PCA-2 haben zwar das gleiche Aussehen wie ein Hubschrauber, funktionieren jedoch auf eine ganz andere Weise. Nicht wie beim Helikopter wird der Rotor durch einen Motor angetrieben, sondern lediglich durch den Fahrtwind in Bewegung gesetzt. Fahrt nimmt der Tragschrauber ähnlich wie ein Flugzeug mit einen Motor mit einem Propeller auf. Daher benötigt der Autogyro eine – wenn auch kurze – Start- und Landebahn. Juan de la Cierva war der Erste, der die Idee des Tragschraubers mit seinem Fluggerät „Autogyro" aufnahm und um das Jahr 1923 damit das spanische Militär beeindruckte. Ende der 1920er Jahre war der Autogyro-Boom an seinem Höhepunkt angelangt, und auch der US-Amerikaner Harold Pitcairn war von dem Flug des Tragschraubers dermaßen begeistert, dass er von Cierva ein Flugmodell kaufte und die Pitcairn-Cierva Autogyro Company gründete. Die Pitcairn-Drehflügler verkauften sich von Anfang an sehr ordentlich. Zum Anlass einer Auszeichnung landete Pitcairn mit seinem PCA-2 im Jahr 1931 als erstes Fluggerät auf dem Rasen des „Weißen Hauses".

Heinkel He 70 Blitz

Die blitzschnelle Heinkel He 70 entstand aufgrund der Konkurrenz zwischen der deutschen Lufthansa und den US-amerikanischen Fluggesellschaften. So erreichte eine US-amerikanische Lockheed „Vega" auf Kurzstrecken eine Reisegeschwindigkeit von fast 300 km/h. Da die robusten und zuverlässigen Junkers-Flugzeuge zu langsam waren, entschied sich der damalige technische Lufthansa-Direktor Schatzki für eine Neukonstruktion von Heinkel. Die von Siegfried Günter entworfene He 70 mit einziehbarem Fahrwerk war mit der aerodynamischen Form ihrer Zeit weit voraus. Ein erster Testflug wurde am 1. Dezember 1932 durchgeführt und wies die He 70 bald als Schnellflugzeug aus. Im April des darauffolgenden Jahres konnte die He 70 eine ganze Reihe von Geschwindigkeitsrekorden aufstellen und erreichte Geschwindigkeiten von bis zu 357,426 km/h. Diese acht Rekorde brachten dem Reiseflugzeug den Spitznamen „Blitz" ein. Nun hatte die Lufthansa den richtigen Typ Flugzeug, um ab dem 15. Juni 1934 den sogenannten „Blitzdienst" aufnehmen zu können, der Berlin mit den Städten Frankfurt, Hamburg und Köln verband. Die Routen wurden mit einem unter zwei Stunden liegenden Zeitlimit beflogen.

Heinkel He 70G Blitz	
Verwendung	Schnellverkehrsflugzeug
Produktionszeit	1932 bis 1937
Spannweite (mm)	14.800
Länge/Höhe (mm)	11.700/3100
Leergewicht (kg)	2500
max. Masse (kg)	3460
Vmax in (km/h)	360
Antrieb	flüssigkeitsgekühlter V12-Zylinder-BMW VI 7,3 Z-Motor, 750 PS
Besatzung	1
Passagiere	5

Junkers Ju 52 3m	
Verwendung	Verkehrsflugzeug
Produktionszeit	1932 bis 1944
Spannweite (mm)	29.250
Länge/Höhe (mm)	18.500/6100
Leergewicht (kg)	5720
max. Masse (kg)	10.500
Vmax in (km/h)	290
Antrieb	3 x luftgekühlte 9-Zylinder-BMW 132A-3-Sternmotoren, 800 PS
Besatzung	3
Passagiere	15 bis 17

Junkers Ju 52 „Tante Ju"

Die Ursprünge der Junkers Ju 52 führen in das Jahr 1929. Der Gedanke zur Entstehung des großen Flugzeugs war es, ein Frachtflugzeug für den zivilen Luftverkehr zu realisieren, um für die Fluglinien ein weiteres „Standbein" für den Passagierdienst zu schaffen. Erste Vorgaben waren Robustheit, geringe Betriebskosten und eine Nutzlast von mindestens zwei Tonnen. Eine Ur-Ju-52 verließ bereits im Sommer 1930 die Montagehallen, und nach zahlreichen Testflügen war das Team um Ernst Zindel zufrieden. Doch erst der Umbau der Ju 52 von den bisher benutzten BMW-VIIaU-Motoren auf neue Triebwerke erzeugte die benötigte Energie für einen starken Vortrieb. Den Erstflug hatte die Junkers Ju 52 am 7. März 1932. Die erste an die Lufthansa gelieferte Ju 52 mit der Werksnummer 4013 wurde im Mai 1932 in den Flugpark des Unternehmens integriert. Doch nicht nur die Lufthansa zeigte Interesse an dem Flugzeug, sondern von Dänemark bis zum südlichsten Teil Afrikas waren bald Junkers Ju 52 im Passagier- und Frachtdienst anzutreffen. Bald war auch das deutsche Militär an dem sicheren Flugzeug interessiert, und kurz vor Ausbruch des Zweiten Weltkriegs waren die Auftragsbücher der Junkers-Werke bestens gefüllt. Auch während des Zweiten Weltkriegs diente die Ju 52 der Deutschen Luftwaffe als unverwüstliche Transportmaschine.

Douglas DC-3 „Rosinen-Bomber"

Mit dem Muster DC-1 nahm die erfolgreiche Reihe von Douglas-Airlinern seinen Anfang. Doch nahm man die DC-1 nicht in Serie, sondern entwickelte sie zur 62 Zentimeter längeren DC-2 weiter. Aber auch die Konkurrenz schlief nicht, und so brachte Boeing seinen Typ B-247 auf den Markt. Auf dieses Mittelstrecken-Passagierflugzeug musste nun Douglas reagieren und stellte ein für Nachtflüge geeignetes Flugzeug vor, das eine optimale Ausstattung bot und die Belange der Passagiere perfekt erfüllte. Bis zum Dezember 1934 entstand so auf den Reißbrettern der Douglas-Techniker der „Sleeper Transport", kurz „DST" genannt. Der fliegende Schlafwagen hatte eine Kapazität von 14 Liegeplätzen und doppelt so vielen Sitzplätzen. Die erste „Flagship Texas" getaufte Maschine wurde von der American Airlines auf der Route New-York–Texas eingesetzt. Im Jahr 1937 folgten weitere Aufträge von United Airlines und Eastern Airlines. Doch stellte sich die Idee des „Schlafwagens" bald als Flop heraus, und das Flugzeug wurde auf normalen Passagierflug umgerüstet. Vor dem Zweiten Weltkrieg entstanden fünf zivile Versionen, die nun den Namen Douglas DC-3 trugen. Im Zweiten Weltkrieg kam die DC-3 als Transporter, Schleppflugzeug, Sanitätsflugzeug und Passagierflugzeug zum Einsatz.

Douglas DC-3	
Verwendung	Passagier- und Verkehrsflugzeug
Produktionszeit	1935 bis 1952
Spannweite (mm)	29.980
Länge/Höhe (mm)	19.660/5160
Leergewicht (kg)	7700
max. Masse (kg)	13.190
Vmax in (km/h)	297
Antrieb	2 x luftgek. Pratt & Whitney R-1830-92-Twin-Wasp-Doppelsternmotoren, je 1200 PS
Besatzung	4
Passagiere	28 bis 35

Junkers Ju 87 „Stuka"

Ab dem Frühjahr 1934 wurde nach einem sturzkampffähigen zweisitzigen Militärmuster gesucht. Die Ausschreibungen des Technischen Amtes gingen an alle namhaften Flugzeugwerke im Deutschen Reich, denn ein schwerer Sturzkampfbomber sollte bereits im frühen Sommer des Jahres 1935 zur Verfügung stehen. Das Vergleichsfliegen 1936 gewann schließlich die Junkers Ju 87, von der bereits mehrere Baumuster gefertigt worden waren. Während des spanischen Bürgerkriegs wurden die „Stukas" intensiv in der Legion Condor bei der 5. Staffel der Jagdgruppe 88 getestet, wo die Ju 87 nicht überzeugen konnten. Dennoch bestellte das Reichsluftfahrtministerium (RLM) vorerst sieben Maschinen und stockte die Bauserie auf insgesamt elf Flugzeuge auf. Die ersten Ju 87 A-1 wurden im Oktober 1936 fertiggestellt und anschließend bei der deutschen Luftwaffe getestet. Bei der A-1-Serie wurden Triebwerke vom Typ Junkers Jumo 210 mit Leistungen bis zu 700 PS verwendet. Ein Teil der Baureihe A-2 und alle weiteren Ausführungen wurden dann von leistungsstärkeren Junkers Jumo 211 angetrieben. Mit Beginn des Zweiten Weltkrieges wurden die Junkers Ju 87 dann erfolgreich als Luftnahunterstützungsflugzeuge für die vorrückenden deutschen Heerestruppen verwendet.

Junkers Ju 87 B-1

Verwendung	Erdkampfunterstützungsflugzeug
Produktionszeit	1935 bis 1944
Spannweite (mm)	13.800
Länge/Höhe (mm)	11.000/3770
Leergewicht (kg)	2750
max. Masse (kg)	4250
Vmax in (km/h)	390
Antrieb	V12-Zylinder-Junkers Jumo 211 Motor, flüssigkeitsgekühlt, 1000 PS
Bewaffnung	2 x 7,92-mm-MG 17, 7,92-mm-MG 15, Bombenlast max. 500 kg

Fieseler Fi 156 C-3	
Verwendung	(STOL-) Verbindungsflugzeug
Produktionszeit	1936 bis 1949
Spannweite (mm)	14.270
Länge/Höhe (mm)	9900/3000
Leergewicht (kg)	930
max. Masse (kg)	1320
Vmax in (km/h)	175
Antrieb	V8-Argus-As10C-Motor, luftgekühlt, 240 PS
Bewaffnung	7,92-mm-MG 15, bis 150 kg Bombenlast

Fieseler Fi 156 „Storch"

Ein erster Hinweis auf ein Verbindungsflugzeug mit sehr guten Kurzstart- und Landeeigenschaften findet sich bereits im deutschen Flugzeugentwicklungsprogramm des Jahres 1935. Ein erstes Versuchsmuster der Fieseler Fi 156 wurde von Gerhard Fieseler am 10. Juni 1936 eingeflogen. Schon bald gab die Erprobungsstelle in Rechlin grünes Licht für den Bau von zehn Maschinen einer Nullserie. Noch vor dem Zweiten Weltkrieg wurden 268 Fi 156 an das deutsche Reichsluftfahrtministerium geliefert. Zuerst blieben die Fieseler Flugzeug Werke in Kassel alleiniger Lieferant des Fieseler „Storch". Ab April 1942 produzierte auch die französische Firma Morane-Saulnier erste Fi 156. Das Tragwerk der Fieseler Fi 156 war mit starren Vorflügeln über die gesamte Spannweite, statisch ausgeglichenen Schlitz-Querrudern mit Flettner-Ruder über die halbe Spannweite und Fieseler-Rollflügeln ausgestattet. Diese Kombination sorgte für gute Langsamflugeigenschaften. Konstruktionsbedingt lag die Mindestfluggeschwindigkeit unter 50 Stundenkilometern. Zum Starten reichten bei Gegenwind 50 Meter, zum Landen 20 Meter aus. Das Flugzeug flog langsam genug, um auch Fernmeldekabel verlegen zu können.

Focke-Wulf Fw 61

Bereits seit Anfang der 1930er Jahre beschäftigte sich Heinrich Focke mit Tragschraubern wie der Cierva. Doch durch die begrenzten Einsatzfähigkeiten des Tragschraubers entschied sich Focke, einen Hubschrauber mit zwei gegenläufigen Rotoren zu bauen. Der erste Prototyp, den Focke bauen wollte, erhielt die Bezeichnung Fw 61 und wurde am 9. Februar 1935 vom Reichsluftfahrtministerium in Auftrag gegeben. Bereits zum Jahresende war ein erster Prototyp gebaut, und der Focke-Testpilot Ewald Rohlfs begann mit den ersten Versuchsflügen, die noch an langen Verbindungsseilen stattfanden. Erst am 26. Juni 1936 gelang Rohlfs der erste Freiflug mit dem Hubschrauber. Inzwischen war auch der Prototyp V 2 fertig geworden und konnte mit Rohlfs an Bord im Frühjahr 1937 zum Erstflug starten. Als am 10. Mai 1937 die erste Autorotationslandung mit abgestelltem Motor gelang, war Ernst Udet, der das Technische Amt von General Wimmer übernommen hatte, so begeistert von dem Fluggerät, dass er den Hubschrauber möglichst schnell der Öffentlichkeit vorstellen wollte. Mit einer spektakulären Rekordjagd gelang es Rohlfs am 25. und 26. Juni 1937 alle Hubschrauber-Weltrekorde in das Deutsche Reich zu holen. Damit war auch die Öffentlichkeit über das neue revolutionäre Fluggerät informiert.

Focke-Wulf Fw 61	
Verwendung	Versuchshubschrauber
Produktionszeit	1935 bis 1936
Rotordurchmesser (mm)	2 x 7000
Länge/Höhe (mm)	7290/2640
Leergewicht (kg)	1015
max. Masse (kg)	1335
Vmax in (km/h)	190
Antrieb	7-Zylinder-Bramo-314-E-Sternmotor, luftgekühlt, 160 PS
Besatzung	1

Grumman F4F-4	
Verwendung	trägergestütztes Jagdflugzeug
Produktionszeit	1937 bis 1945
Spannweite (mm)	11.580
Länge/Höhe (mm)	8760/3620
Leergewicht (kg)	2612
max. Masse (kg)	3607
Vmax in (km/h)	512
Antrieb	14-Zylinder-Pratt & Whitney R-1830-86 Twin Wasp Doppelsternmotor, luftgekühlt, 1200 PS
Bewaffnung	6 x 12,7-mm-MGs, Bombenlast

Grumman F4F-4 Wildcat

Das Bureau of Aeronautics der US-Marine begann sich ab dem Herbst 1935 auf die Suche nach einem modernen Nachfolger der inzwischen veralteten Doppeldecker der US Navy zu begeben. Zunächst boten die Grumman-Werke den Entwurf eines einsitzigen Jagddoppeldeckers an, mussten jedoch bald einsehen, dass die Zeit der Doppeldecker vorbei war. Leroy Grumman überredete daraufhin die US-Marine, den Entwurf in einen Eindecker abzuändern. Bis in den August 1937 dauerte die Ausarbeitung des neuen Entwurfs, dann stand die fertige XF4F-2 vor der Flugzeughalle. Am 2. September 1937 startete der Prototyp zu seinem Jungfernflug. Danach folgten drei Monate mit ausführlichen Tests auf dem Werksgelände in Bethpage, wo sich Probleme mit dem Pratt & Whitney-R-1830-Motor zeigten. Als schließlich bei einem Prototypen am 11. April der Motor ausfiel und die Maschine bei der Landung schwer beschädigt wurde, entschloss sich die Marineführung für das Konkurrenzflugzeug Brewster F2A-1. Trotz dieser niederschmetternden Entscheidung setzte Grumman die Weiterentwicklung an der F4F fort. Die Standhaftigkeit sollte sich auszahlen. Da auch bei der Brewster erste Probleme auftauchten, konnte im Oktober 1938 ein weiterer Grumman Prototyp mit der Bezeichnung XF4F-3 gebaut werden. Das Resultat, der Typ F4F-3, war beeindruckend und übetraf die Brewster in allen Bereichen, und so erhielt Grumman den Auftrag zum Bau von 54 Serienflugzeugen. Auch Frankreich interessierte sich für das Flugzeug und bestellte für den Flugzeugträger „Béarn" noch vor Beginn der Serienproduktion 81 Jagdflugzeuge. Die Grumman F4F „Wildcat" war der Urtyp der berühmten „Katzen-Familie" von Grumman.

Boeing 314 „Clipper"

In den 1930er Jahren hatte PAN AM große Zukunftspläne hinsichtlich transozeanischer Flugverbindungen. In das Streckennetz sollte zuerst der pazifische Raum und danach auch Europa eingeplant werden. Mit Flugbooten hatte PAN AM bereits Erfahrungen gesammelt, doch reichten die vorhandenen Exemplare bei Weitem nicht an die Visionen des Gründers von PAN AM, Juan Tippe, heran, denn das neue Flugboot sollte eine Reichweite von 3900 Kilometern und eine hohe Transportkapazität haben. Im Konkurrenzvergleich standen sich Sikorsky, Martin und Boeing gegenüber. Schließlich bekam Boeing den Zuschlag für den Bau von sechs Einheiten. Die Bauzeit des ersten Flugbootmusters der Boeing B-314 „Clipper" dauerte ganze zwei Jahre, bis am 7. Juni 1938 das imposante viermotorige Flugboot zum Jungfernflug bereit war. Zwölf „Clipper" wurden für die Pan American World Airways gebaut und anschließend für Flüge über den Atlantik und den Pazifik verwendet. Da der Überseeflug bis zu 25 Stunden dauerte, waren die PAN AM „Clipper" sehr luxuriös und schallgedämpft. Mit bequemen Polstersitzen und getrennten Badezimmern ließ die Ausstattung keine Wünsche offen.

Boeing 314	
Verwendung	Flugboot
Produktionszeit	1938 bis 1941
Spannweite (mm)	46.330
Länge/Höhe (mm)	32.310/8410
Leergewicht (kg)	22.801
max. Masse (kg)	37.422
Vmax in (km/h)	320
Antrieb	4 x 14-Zylinder-Wright GR-2600 Twin Cyclone-Doppelsternmotoren, je 1600 PS, luftgekühlt, gesamt 6400 PS
Besatzung	10
Passagiere	74

Dornier Do 26 A	
Verwendung	Postflugboot
Produktionszeit	1938 bis 1939
Spannweite (mm)	30.000
Länge/Höhe (mm)	24.600/6850
Leergewicht (kg)	11.240
max. Masse (kg)	19.000
Vmax in (km/h)	335
Antrieb	4 x Junkers Jumo 205C-Zweitakt-Dieselgegenkolbenmotoren, luftgekühlt, je 600 PS, gesamt 2400 PS
Besatzung	4

Dornier Do 26

Das für den Transatlantik vorgesehene Flugboot Dornier Do 26 war komplett aus Leichtmetall gebaut und als Schulterdecker konstruiert. Vier Dieselmotoren des Typs Junkers Jumo 205C waren als Tandem-Paare an den Übergängen zu den Tragflächen montiert. Das Flugboot war mit Stabilisierungsschwimmern ausgestattet, die sich während des Flugs komplett in die Tragflächen einklappen ließen. Unter Flugkapitän Erich Gundermann unternahm die Do 26 A (D-AGNT V1 „Seeadler") am 21. Mai 1938 ihren Erstflug. Im November folgte der „Seefalke", der gegen Ende der Erprobung noch einen Hilfsflug nach Südamerika absolvierte. Eigentlich sollten die Do 26 auf der Flugroute von Lissabon nach New York mit einer dreiköpfigen Besatzung und bis zu 500 Kilogramm Luftfracht eingesetzt werden, doch durch den Widerstand der Amerikaner nahm die Deutsche Lufthansa zunächst den Postflugdienst auf der Südatlantikstrecke von Bathurst nach Natal auf. Vor dem Ausbruch des Zweiten Weltkriegs wurden insgesamt drei Do 26 gebaut. Das dritte Exemplar war die „Seemöwe". Alle drei Flugboote der Do 26 wurden im Jahr 1939 von der deutschen Luftwaffe konfisziert und kamen zur „Transozean-Staffel". Inzwischen wurden weitere Dornier Do 26 für militärische Zwecke gebaut. Die Bewaffnung der Flugboote bestand aus einem 20-mm-MG 151/20 und drei 7,92-mm-MGs 15. Während des Kriegs gingen der „Seeadler" und die „Seemöwe" verloren. Beide Wracks wurden nach dem Krieg in den Gewässern bei Narvik entdeckt. Die untergegangene „Seemöwe" wurde anschließend entfernt, doch der Rumpf und die Tragflächen der „Seeadler" gelten heute als Geheimtipp für Taucher.

North American P-51 Mustang

Ausschlag für den Bau der komplett aus Metall bestehenden North American P-51 „Mustang" gab eine Anfrage der Briten zu Beginn des Jahres 1940, ob die amerikanischen Flugzeugbauer in der Lage wären, innerhalb von 120 Tagen einen Jäger zu konstruieren. Die Amerikaner stimmten den Vorgaben zu, und schon drei Tage vor Ablauf der Frist stand ein erstes Versuchsmuster zur Verfügung. Ein erster Prototyp des späteren Hochleistungsjägers P-51 „Mustang" war am 26. Oktober für den Jungfernflug bereit. Schon die ersten Testflüge zeigten das hervorragende Flugverhalten der Neukonstruktion. Inzwischen war auch ein erster Auftrag von 320 Flugzeugen zum Preis von 50.000 US-Dollar pro Stück bei North American eingetroffen. Den ersten Einsatz erhielt die „Mustang" am 27. Juli 1942 beim Bombardement von Lastkähnen auf dem Dortmund-Ems-Kanal. Die ersten Lieferungen der P-51 waren speziell für die britischen Bedürfnisse zugeschnitten, doch auch das US Air Corps meldete inzwischen Anspruch auf eine spezielle Variante der „Mustang" an. Der Vertrag enthielt eine Stückzahl von 500 Flugzeugen, die als Sturzkampfflugzeuge ausgelegt waren. Insgesamt waren im Zweiten Weltkrieg in Europa und im Pazifik insgesamt 15.576 P-51 im Einsatz.

North American P-51D	
Verwendung	Langstreckenbegleitjäger
Produktionszeit	1940 bis 1948
Spannweite (mm)	11.280
Länge/Höhe (mm)	9820/4160
Leergewicht (kg)	3450
max. Masse (kg)	5260
Vmax in (km/h)	703
Antrieb	V12-Packard-Merlin V-1650-7-Motor, flüssigkeitsgekühlt, 1671 PS
Bewaffnung	6 x .50-Browning MG53-2, Bombenlast oder Raketen

Boeing B-29 Superfortress

Als Langstreckenbomber entwickelt, wurde die Boeing B-29 „Superfortress" zunächst für die Bombardierung Japans eingesetzt. Da die Wetterverhältnisse über Japan meist ungünstig waren, wurde zur Erhöhung der Treffsicherheit das Bombenzielgerät „Norden Bombsight" von Norden Systems, das direkt mit dem Autopilot verbunden war, entwickelt. In der Folge wurden vor allem durch die B-29 mit ihren Flächenbombardements auch in der Nacht Hunderttausende japanische Zivilisten getötet und der größte Teil der japanischen Rüstungsindustrie zerstört. Um einem plötzlichen Druckabfall bei einem Treffer entgegenzuwirken, waren die Langstreckenbomber, die mit einer zweiteiligen Druckkabine ausgerüstet waren, auch mit Sauerstoffmasken ausgestattet. Am 6. August 1945 wurde von der B-29 „Enola Gay" die erste Atombombe „Little Boy" über der japanischen Stadt Hiroshima abgeworfen. Nur drei Tage später warf die B-29 „Bockscar" die Atombombe „Fat Man" über Nagasaki ab. Im Verlaufe des Krieges mussten einige B-29 in der Sowjetunion notlanden. Diese Maschinen stellten die Grundlage zur Entwicklung der Tupolew Tu-4 dar.

Boeing B-29	
Verwendung	Langstreckenbomber
Produktionszeit	1942 bis 1946
Spannweite (mm)	43.050
Länge/Höhe (mm)	30.180/9020
Leergewicht (kg)	33.800
max. Masse (kg)	62.560
Vmax in (km/h)	576
Antrieb	4 x 18-Zylinder-Wright-R-3350-23-Cyclone-Doppelsternmotoren, luftgekühlt, je 2230 PS
Bewaffnung	12 x 12,7-mm-MG, 20-mm-MK, 9072 kg Bomben

Lookheed P-38 Lightning

Als Lockheed im Jahr 1937 den Zuschlag für den Bau des bis dahin ungewöhnlichsten Jagdflugzeugs, der Lockheed P-38 „Lightning", bekam, war die Zeit sehr turbulent. Viele der bis dahin verwendeten Jäger waren längst veraltet und entsprachen bei Weitem nicht mehr dem modernen Standard eines Jagdflugzeugs. Die Ausschreibung hatte ein zweimotoriges Flugzeug gefordert, das in der Lage sein sollte, eine Geschwindigkeit von 580 km/h zu erreichen und in großen Höhen noch ohne Einbußen operieren zu können. Die Auslieferung an die Truppe begann etwa zur Mitte des Jahres 1941. Im Kampfeinsatz waren die von den Deutschen wegen der enormen Feuerkraft „Gabelschwanzteufel" genannten P-38 vor allem im Langstreckeneinsatz wegen der zwei Motoren mit einem großen Sicherheitsfaktor ausgerüstet. Doch bald kristallisierte sich auch ein großes Manko des Flugzeugtyps heraus, denn er war aufgrund der großen Ausmaße und des hohen Gewichts sehr schlecht zu manövrieren. Den spektakulärsten Einsatz hatten die „Lightnings", als sie während der Operation „Vengeance" die Flugzeugflotte des japanischen Generals Yamamoto im Gebiet der Insel Bougainville abfingen und dabei den Betty Bomber Yamamotos abschossen. Der japanische General, dessen Name böse Erinnerungen an Pearl Harbor wach werden ließ, kam bei diesem Absturz ums Leben.

Lookheed P-38L	
Verwendung	Langstreckenbegleitjäger
Produktionszeit	1940 bis 1945
Spannweite (mm)	15.850
Länge/Höhe (mm)	11.530/3000
Leergewicht (kg)	5805
max. Masse (kg)	9798
Vmax in (km/h)	666
Antrieb	2 x V12-Allison-V-1710-111-Motoren mit Turbolader, luftgekühlt, je 1622 PS
Bewaffnung	4 x 12,7-mm-MGs, 20-mm-Kanone, Bomben oder Raketen

Sikorsky R-4C	
Verwendung	leichter Hubschrauber
Produktionszeit	1942 bis 1944
Rotordurchmesser (mm)	11.500
Länge/Höhe (mm)	10.200/3800
Leergewicht (kg)	952
max. Masse (kg)	1170
Vmax in (km/h)	120
Antrieb	7-Zylinder Warner Super Scarab R-550-Sternmotor, luftgekühlt, 200 PS
Besatzung	2

Sikorsky R-4C „Hoverfly"

Bereits im Jahr 1939 hatte Igor Sikorsky mit dem Hubschrauber VS-300 den Grundstein zu einer erfolgreichen Fortführung von Hubschraubern mit Haupt- und Heckrotor gelegt. Auf der Basis des VS-300 konstruierte die Sikorsky Aircraft Corporation Anfang der 1940er Jahre den XR-4 mit der Herstellerbezeichnung VS-316A. Der Erstflug fand am 13. Januar 1942 statt und war sehr erfolgreich. Prompt bestellte die United States Army Air Forces drei Sikorsky YR-4As und 27 Sikorsky YR-4Bs zur Einsatzerprobung und für die zukünftige Hubschrauberausbildung. Die Hubschrauber wurden von einem luftgekühlten Warner-R-550-Siebenzylinder-Sternmotor mit 200 PS angetrieben. Das zweisitzige Hubschraubermodell hatte bereits zwei nebeneinander montierte Sitze und eine doppelte Steuerung. Von den 30 gelieferten Flugmaschinen erhielten der Bundesstaat Alaska und Burma je einen Hubschrauber. Weitere R-4 wurden zur Küstenüberwachung an die US-Küstenwache, die US-Marine, die britische Marine und an die Luftstreitkräfte Neuseelands abgegeben. Im Jahr 1944 wurde der Sikorsky R-4 dann unter Kriegsbedingungen getestet. Insgesamt wurden 131 Sikorsky R-4 gebaut.

Dornier Do 335 „Pfeil"

Bereits im Jahr 1937 ließ sich Claude Dornier die Technik eines Druckpropellers mit einem Antrieb über eine Fernwelle patentieren. Als im Jahr 1939 Ulrich W. Hütter und die Schempp-Hirth Flugzeugbau das Versuchsflugzeug Göppingen Gö 9 bauten, um diese ungewöhnliche Antriebsart zu prüfen, gelang es, das Prinzip auch in der Praxis zum Erfolg zu führen. Claude Dornier, der diese erfolgreichen Tests aufmerksam verfolgt hatte, nutzte die Resultate aus, um die Do P.231 zu entwerfen, aus der dann die Do 335 „Pfeil" wurde. Den Jungfernflug des gewöhnungsbedürftigen Flugzeugs mit je einem Motor im Bug und im Heck bestritt der damals schnellste kolbengetriebene Jäger am 26. Oktober 1943 auf dem Flugplatz Mengen-Hohentengen. Der Spitzname „Pfeil" resultierte aus der langen Nase und der Hochbeinigkeit des einsitzigen Flugzeugs. Als „Ameisenbär" wurde die doppelsitzige Version bekannt. Die Erprobung der Serie begann erst im Spätherbst 1944, und bald erwies sich der Bau der Dornier Do 335 als äußerst geglückter Entwurf. Auch wenn das Flugmuster kriegsbedingt nicht mehr zum Einsatz kam, wurden fast 40 Flugzeuge dieses imposanten Jägers gebaut. Zum Kriegsende waren weitere Teile für 50 Maschinen bereits vorhanden.

Dornier Do 335 A-1	
Verwendung	Jagdbomber, Jäger
Produktionszeit	1943 bis 1945
Spannweite (mm)	13.800
Länge/Höhe (mm)	13.850/5000
Leergewicht (kg)	7400
max. Masse (kg)	9600
Vmax in (km/h)	775
Antrieb	2 x V12-Daimler-Benz DB-603-E mit Turbolader, je 2000 PS
Bewaffnung	30-mm-Kanone MK 103, 2 x 20-mm-Kanonen MG 151/20

Lockheed L.749A Constellation	
Verwendung	Langstreckenflugzeug
Produktionszeit	1943 bis 1958
Spannweite (mm)	37.900
Länge/Höhe (mm)	29.000/7100
Leergewicht (kg)	25.669
max. Masse (kg)	48.535
Vmax in (km/h)	520
Antrieb	4 x 18-Zylinder Curtiss Wright R-3350-BD1 Doppelsternmotoren, luftgekühlt, je 2500 PS
Besatzung	6 bis 8
Passagiere	44 bis 80

Lockheed Constellation „Connie"

Die äußerst erfolgreiche „Constellation"-Baureihe von Lockheed war einer der technischen Höhepunkte der Langstreckenflugzeuge mit Kolbenmotorantrieb. Die Entwicklungsgeschichte der „Connie" begann im Jahr 1939, als Lockheed im Auftrag von TWA und Pan American ein Projekt für ein 40-sitziges Langstreckenverkehrsflugzeug bekam. Der erste Prototyp NX25800 flog am 9. Januar 1943 das erste Mal und wurde am 1. Dezember 1945 für den zivilen Luftverkehr zugelassen. Am 19. Oktober 1946 startete mit der Lockheed L.649 das erste Linienflugzeug für Pan American auf der Strecke von New York nach Bermuda. Bis auf drei Exemplare wurden auch alle militärischen C-69 an zivile Betreiber verkauft und erhielten die Typenbezeichnung L.049. Die Lockheed Constellation kam auch als Transportmaschine bei der Berliner Luftbrücke und als Regierungsflugzeug „Air Force One" für US-Präsident Dwight D. Eisenhower zum Einsatz. Die „Connie" konnte je nach Ausführung 44 bis 80 Fluggäste befördern. Im Jahr 1947 wurde die L.649 von der L.749 abgelöst. Diese Version entsprach grundsätzlich dem Vorgängermuster, doch ermöglichten zusätzliche Integraltanks in den Außenflügeln eine Steigerung der Reichweite auf 6400 Kilometer, sodass die Strecke von New York nach Paris im Nonstopflug bewältigt werden konnte. Bis 1948 baute Lockheed 252 Maschinen aller Constellation-Versionen.

Messerschmitt Bf 109 K

Unter der Leitung von Willy Messerschmitt begannen bereits 1934 die ersten Entwurfsarbeiten zu einem einsitzigen Jagdflugzeug. Die Ausschreibung ging an die Firmen Arado, die Bayerischen Flugzeugwerke, Heinkel und Focke-Wulf. Schnell stand fest, dass die Bayerischen Flugzeugwerke aus Augsburg, daher das Kürzel „Bf", mit ihrer Messerschmitt Bf 109 das künftige Jägermodell stellen sollten. Der Erstflug des Prototyps Bf 109 V1 fand am 28. Mai 1935 statt. Danach entstanden viele Varianten der Bf 109, die mit rund 33.300 Flugzeugen das meistgebaute Jagdflugzeug der Geschichte werden sollte. Da Anfang 1943 die Luftüberlegenheit der Alliierten stetig wuchs, beschloss die Reichsluftverteidigung die Messerschmitt Bf 109 nochmals in der Leistung zu steigern. Bisher hatte man mit der Entwicklung der „Gustav" den bisherigen Höhepunkt der einmotorigen Bf 109 erreicht. Daher sollte die neue Version K (Karl) mit einem Zweistufenlader ausgestattet werden. Ab November 1943 sollte eine erste Nullserie des neuen Jagdflugzeugs entstehen. Bis zum 30. November 1944 gelang es, die erste Bf 109 K in Rechlin der Luftwaffenführung vorzustellen. Doch die Erprobung der letzten Bf 109-Serie zog sich bis Anfang März 1945 hin. Inzwischen hatte man den neuen Strahlflugzeugen den Vorzug gegeben. Dann wurde die Weiterentwicklung der Bf 109 K kriegsbedingt abgebrochen.

Messerschmitt Bf 109 K-4	
Verwendung	Jagdflugzeug
Produktionszeit	1944 bis 1945
Spannweite (mm)	9970
Länge/Höhe (mm)	8950/2600
Leergewicht (kg)	1970
max. Masse (kg)	3500
Vmax in (km/h)	715
Antrieb	V12-Zylinder Daimler-Benz DB-605-DC-Motor, flüssigkeitsgekühlt, bis 2000 PS
Bewaffnung	2 x 13-mm-MG MG 131, 30-mm-MK 108, Raketen oder Bomben

Messerschmitt Me 262 A-1a	
Verwendung	Abfangjäger
Produktionszeit	1944 bis 1945
Spannweite (mm)	12.650
Länge/Höhe (mm)	10.600/3840
Leergewicht (kg)	3795
max. Masse (kg)	6387
Vmax in (km/h)	870
Antrieb	2 x Junkers Jumo-004-Strahltriebwerke, je 890 kp Schub
Bewaffnung	4 x starre Maschinenkanonen MK 108, Kaliber 30 mm

Messerschmitt Me 262 A-1a

Die Entwicklung des ersten serienreifen Strahlflugzeugs Messerschmitt Me 262 begann im Herbst 1938 bei der Firma Messerschmitt AG. Eine bis zum November/Dezember 1939 erstellte Holzattrappe, die von Mitarbeitern des Reichsluftfahrtministeriums positiv bewertet wurde, führte im März 1940 zum Auftrag für den Bau von drei Prototypen. Im April 1941 war ein erstes Versuchsflugzeug fertiggestellt. Der Erstflug der Me 262 V1 erfolgte am 18. April 1941. Beim ersten Flug der V1 mit zwei BMW-Versuchstriebwerken P 3302 am 25. März 1942 kam es zu Triebwerksproblemen, die umgehend eine Rückkehr zum Flugplatz erzwangen. Dank des noch eingebauten Kolbenmotors wurde jedoch nur das Fahrwerk bei der harten Landung beschädigt. Am 18. Juli 1942 gelang Fritz Wendel mit der Me 262 V3 in Leipheim der erste ausschließlich mit Strahltriebwerken absolvierte Flug. Erste Fronteinsätze erfolgten ab dem Sommer 1944 durch das Erprobungskommando 262. Ab Frühjahr 1944 erprobte das Einsatzkommando Schenk erstmals den Bombeneinsatz mit der Me 262. Im Sommer 1944 folgte die Aufstellung weiterer Kampf-, Jagd-, Aufklärungs- und Nachtjagdeinheiten.

Piasecki HRP-1 „Fliegende Banane"

Frank N. Piasecki flog seinen ersten Hubschrauber im Jahr 1943. Danach machte der Bau eines Transporthubschraubers mit Tandemrotoren große Fortschritte. Die Idee des Konzeptes war, dass das Fluggewicht mit zwei Rotoren besser auf den Hubschrauber verteilt wurde und dadurch die beiden Enden gleichmäßig angehoben werden konnten. Damit war sichergestellt, dass der Rumpf an jeder beliebigen Stelle mit Fracht beladen werden konnte.

Der mächtige Hubschrauber erhielt zunächst die Bezeichnung PV-3. Bald konnte Piasecki die amerikanische Marine für sein Hubschrauber-Projekt begeistern, und so kam ein erster Auftrag ins Haus. Kurz nach Kriegsende belieferte die Firma im Sommer 1947 bereits die Marine, die Küstenwache und die Marine-Corps mit der Helikopter-Neukonstruktion mit den Tandemrotoren. Zu dieser Zeit war der nun als HRP-1 „Rescuer" bezeichnete Transporter der größte Hubschrauber der Welt. Wegen des merkwürdigen Aussehens mit den beiden hochgezogenen Enden erhielt der HRP-1 schnell den Beinamen „Fliegende Banane". In den folgenden Jahren bewies der Hubschrauber seine praktische Verwendbarkeit in vielen Einsätzen. In den folgenden Jahrzehnten wurde die Idee der Tandemrotoren von vielen weiteren Hubschrauberbauern wie zum Beispiel Boeing und Westland aufgenommen.

Piasecki HRP-1	
Verwendung	Transporthubschrauber
Produktionszeit	1945 bis 1947
Rotordurchmesser (mm)	2 x 12.500
Länge/Höhe (mm)	16.460/4520
Leergewicht (kg)	2404
max. Masse (kg)	3277
Vmax in (km/h)	169
Antrieb	9-Zylinder Pratt & Whitney R-1340-AN-1-Sternmotor, luftgekühlt, 600 PS
Besatzung	2
Passagiere	8

Bell X-1A	
Verwendung	Experimentalflugzeug
Produktionszeit	1945 bis 1955
Spannweite (mm)	8530
Länge/Höhe (mm)	9450/3300
Leergewicht (kg)	2219
max. Masse (kg)	6087
Vmax in (km/h)	2736
Antrieb	Vierkammer-Raketenmotor Reaction Motors, Typ XLR-11, 26,69 kN Schub

Bell X-1A

Mit der Einführung immer schnellerer Kampfflugzeuge im Zweiten Weltkrieg machten die Piloten erstmals mit dem Phänomen der Kompressimilität Bekanntschaft. Während Sturzflügen erreichten kolbenmotorgetriebene Flugzeuge Geschwindigkeiten von 800 km/h und mehr. Dies führte dazu, dass die US-Aerodynamiker auf einige Herausforderungen des Hochgeschwindigkeitsflugs keine Antwort wussten. Die Windkanäle erlaubten damals lediglich geringe Geschwindigkeiten. Letztendlich einigte man sich auf ein Forschungsflugzeug mit Raketenantrieb, das in einer Höhe von 10.600 Metern über zwei Minuten eine Geschwindigkeit von 1287 km/h halten konnte. Da lediglich das stabile Flugverhalten von Geschossen bekannt war, wurde die Rumpfform des Flugzeugs der 12,7-mm-Munition nachempfunden. Am 16. März 1945 bestellte die USAAF drei Muster, und im Dezember des gleichen Jahres rollte bereits die erste Bell X-1 aus der Werkshalle in Buffalo. Der Jungfernflug des Experimental- und Raketenflugzeugs erfolgte am 19. Januar 1946 jedoch noch ohne eigenen Antrieb. Erst im Dezember wurde dann ein erster Flug mit Triebwerk durchgeführt. Da ein Start vom Boden zu viel Treibstoff verbraucht hätte, startete man die X-1 von der Unterseite eines viermotorigen B-29 Bombers aus, der als Trägerflugzeug fungierte. Am 14. Oktober 1947 gelang Captain Charles „Chuck" Yeager, heute eine Berühmtheit, der erste bemannte horizontale Überschallflug mit einer Geschwindigkeit von Mach 1,015 in etwa 12.800 Metern Flughöhe.

Douglas DC-6

Ursprünglich war die Douglas DC-6 auf der Basis der DC-4 als militärisches Transportflugzeug geplant, dann jedoch als ziviles Langstreckenpassagierflugzeug in Konkurrenz zur Lockheed „Constellation" eingesetzt. Das Projekt erhielt zunächst die Bezeichnung „YC112". Als das Douglas-Modell 1947 einsatzbereit war, hatte das US-Militär nicht mehr den riesigen Bedarf an Transportflugzeugen wie noch zwei Jahre zuvor im Zweiten Weltkrieg. So baute Douglas die Maschine als zivile Variante um und bot sie den Fluggesellschaften an. Im März 1947 wurden die ersten DC-6 ausgeliefert. Doch bei der DC-6 trat schnell ein Problem auf, das zu Bränden in den Flugzeugen führen konnte. Der United Airlines Flight 608 stürzte aufgrund dieses Problems ab. So mussten alle DC-6 am Boden bleiben, bis das Problem gefunden wurde. Die DC-6 verfügte als erstes Flugzeug der Douglas-Reihe über eine Druckkabine und konnte so die DC-4 besonders auf den Langstrecken-Überseerouten ablösen. Während des Koreakriegs schaffte dann die US-Luftwaffe die militärische Variante der DC-6 als C-118 an. Die „Air Force One" des US-Präsidenten Harry S. Truman war eine C-118, die „The Independence" genannt wurde. Sie war die einzige gefertigte VC-118 mit 25 Sitzen und 12 Betten. Die DC-6 zeichnete sich durch große Wirtschaftlichkeit und Zuverlässigkeit aus. Insgesamt wurden über 700 Flugzeuge dieses Typs gebaut.

Douglas DC-6	
Verwendung	Verkehrsflugzeug
Produktionszeit	1946 bis 1959
Spannweite (mm)	35.810
Länge/Höhe (mm)	32.180/8860
Leergewicht (kg)	25.111
max. Masse (kg)	48.534
Vmax in (km/h)	580
Antrieb	4 x 18-Zylinder Pratt & Whitney R-2800 Double Wasp Doppelsternmotoren, luftgekühlt, je 2400 PS
Besatzung	3
Passagiere	68

Boeing B-47E	
Verwendung	strategischer Bomber
Produktionszeit	1947 bis 1957
Spannweite (mm)	35.360
Länge/Höhe (mm)	33.480/8500
Leergewicht (kg)	35.867
max. Masse (kg)	93.759
Vmax in (km/h)	977
Antrieb	6 x General-Electric-J47-GE-25-Strahltriebwerke, je 26,7 kN Schub
Bewaffnung	2 x 20-mm-Maschinenkanonen M24A1, 11.000 kg ungelenkte Bomben

Boeing B-47E „Stratojet"

Die ersten konkreten Pläne für die Boeing B-47 lagen bereits im Jahr 1943 vor, da die US Air Force zu dieser Zeit auf der Suche nach einem Langstreckenbomber war, der von Nordamerika aus das Deutsche Reich angreifen konnte, falls Großbritannien dem Druck der Deutschen nicht standhalten konnte. Doch im Verlauf des Krieges wurde es immer unwahrscheinlicher, dass die britischen Inseln fallen würden. So ließ man den ursprünglichen Entwurf eines Langstreckenbombers fallen und gab stattdessen den offiziellen Auftrag, einen Bomber mit einer Höchstgeschwindigkeit von über 800 km/h zu entwerfen. Zusätzlich wurden im Vertrag eine mögliche Reichweite von 5600 Kilometern und eine erreichbare Flughöhe von 12.200 Metern festgeschrieben. Da die von der US Army Air Forces geforderten Leistungen von einer normalen Propellermaschine nicht erreicht werden konnten, nahm Boeing kurzerhand eine B-29 und stattete diese mit vier Strahltriebwerken aus. Die konventionelle Konstruktion konnte jedoch nicht überzeugen. Als das National Advisory Committee for Aeronautics (NACA) den Flugzeugherstellern im Jahr 1946 einen Windkanal zur Verfügung stellte, testete vor allem Boeing seine neuen Modellentwürfe eingehend. Bald stellte sich das Modell 450 mit sechs Triebwerken als die beste Lösung heraus, und Boeing begann mit der Entwicklung des großen Flugzeuges. Die ersten B-47-Langstreckenbomber wurden 1951 in Dienst gestellt, kamen jedoch im Koreakrieg nicht mehr zum Einsatz.

Boeing B-377 „Stratocruiser"

Der Stratosphärenkreuzer Boeing B-377 war zweifellos der „Jumbo" der 1950er Jahre und hatte für die damalige Epoche beeindruckende Ausmaße. Urahn des gigantischen Passagierflugzeugs war der riesige Bomber des Typs B-29, den Boeing nach Forderungen der amerikanischen Luftwaffe noch während des Zweiten Weltkriegs in ein Großraum-Transportflugzeug umbaute. Der als XC97 „Stratofreighter" bezeichnete Transporter konnte 134 Mann oder drei Lkws mitführen. Der „Stratofreighter" wurde bis zum Jahr 1956 gebaut. Parallel versuchte Boeing mit einer zivilen Variante, der Boeing B-377 „Stratocruiser", die wegbrechenden militärischen Aufträge zu kompensieren und auf den zivilen Passagierdienst zu setzen. Doch die Konkurrenz war mit der Douglas DC-6 und der „Constellation"-Reihe sehr groß. Erst als PAN AM mit einem Auftragsvolumen von 25,5 Millionen US-Dollar 20 Flugzeuge orderte, hatte dies auch eine Signalwirkung auf andere Fluggesellschaften. Letztendlich fanden 56 „Stratocruiser" bis 1950 ihre Kunden.

Boeing B-377	
Verwendung	Langstrecken-Verkehrsflugzeug
Produktionszeit	1947 bis 1950
Spannweite (mm)	43.050
Länge/Höhe (mm)	33.630/11.660
Leergewicht (kg)	37.875
max. Masse (kg)	66.134
Vmax in (km/h)	604
Antrieb	4 x 28-Zylinder Pratt & Whitney R-4360 Wasp Major Vierfachsternmotoren, luftgekühlt, je 3500 PS
Besatzung	3 bis 4
Passagiere	55 bis 114

Douglas X-3 „Stiletto"

Bereits im Jahr 1949 begann man bei Douglas mit der Konstruktion der ersten X-3 „Stiletto". Nach den positiven Ergebnissen mit der Bell X-1A und der Douglas D-558-I sollte nun mit der Bell X-2 und der Douglas X-3 das Flugverhalten bei hohen Geschwindigkeiten erprobt werden. Während dieser Versuche sollte die X-3 auf herkömmliche Weise starten und nicht wie die X-1A und die X-2 von einem umgebauten Boeing-B-29-Bomber abgeworfen werden. Für die Erfassung und Auswertung der Messdaten wurde die X-3 mit 850 Druck-, 150 Temperatur- und 185 Lastmesspunkten ausgestattet. Der Rumpf des Flugzeuges war sehr lang und schlank entworfen worden, um den Luftwiderstand so gering wie möglich zu halten. Dieses spitze Aussehen trug der X-3 den Beinamen „Stiletto" ein. Von der Stiletto sollten zwei Exemplare gebaut werden, doch es kam anders. Der Erstflug fand am 20. Oktober 1952 statt. Da die geplanten Westinghouse-J47-Strahltriebwerke mit 2994 kp Schub nicht verfügbar waren, kam es zu Verzögerungen des Testprogramms, denn sie mussten durch das deutlich schwächere J34-Triebwerk ersetzt werden. Augrud dieses Kompromisses wurden die gewünschten Flugleistungen deutlich unterschritten. Da jedoch die geforderten Geschwindigkeiten nicht erreicht wurden und die gesammelten Daten im Unterschallbereich auch nicht zufriedenstellend waren, wurde beschlossen, das noch nicht fertiggestellte zweite Exemplar der X-3 nur noch als Ersatzteilträger zu verwenden. Dennoch sollten einige wichtige Erkenntnisse aus den Tests für folgende Flugzeugtypen eingesetzt werden. So zum Beispiel die kurzen Tragflächen für die Lockheed F-104 „Starfighter". Weitere Erkenntnisse brachten die hohen Start- und Landegeschwindigkeiten in Bezug auf das Verhalten der Reifen. Insgesamt wurden von der NASA 51 Flüge mit der Douglas X-3 durchgeführt.

Douglas X-3	
Verwendung	Experimentalflugzeug
Produktionszeit	1952
Spannweite (mm)	6910
Länge/Höhe (mm)	20.350/3800
Leergewicht (kg)	7310
max. Masse (kg)	10.810
Vmax in (km/h)	1125
Antrieb	2 x Westinghouse-J34-WE17-Strahltriebwerke, je 1905 kp Schub
Besatzung	1

Douglas DC-7C	
Verwendung	Verkehrsflugzeug
Produktionszeit	1953 bis 1958
Spannweite (mm)	38.860
Länge/Höhe (mm)	34.510/9700
Leergewicht (kg)	33.100
max. Masse (kg)	64.865
Vmax in (km/h)	656
Antrieb	4 x luftgekühlte 18-Zylinder Wright R-3350 Turbo Compound Doppelsternmotoren, je 3400 PS
Besatzung	8 bis 9
Passagiere	75 bis 104

Douglas DC-7

Der Flugzeugpionier Donald Wills Douglas gründete seinen Ruf als Hersteller moderner Flugzeuge neben vielen zivilen und militärischen Flugzeugkonstruktionen vor allem mit der Entwicklung der DC-Reihe. Mit 704 Maschinen erreichte bereits die DC-6 eine hohe Produktionszahl. Doch Anfang der 1950er Jahre wurde bei Douglas ein Nachfolger für die bewährte DC-6 gesucht. Die logische Weiterentwicklung war die DC-7, die das größte Propeller-Verkehrsflugzeug ihrer Zeit werden sollte. Nach dem Roll-out absolvierte die Douglas DC-7 am 18. Mai 1953 ihren Erstflug. American Airlines übernahm den ersten Prototyp und bestellte 33 weitere Flugzeuge für einen Preis von 40 Millionen US-Dollar. United Airlines nahm den größten Posten an Maschinen mit 57 Mustern ab. Weitere Bestellungen tätigten Delta Air Lines und National Airline. Es zeigte sich, dass die DC-7 für ein Propellerflugzeug sehr schnell war und Spitzengeschwindigkeiten von über 720 km/h erreichte. Die Reisegeschwindigkeit lag bei 555 km/h, die Reichweite bei maximal 7130 Kilometern. Doch Europa wollte zunächst keine DC-7-Maschinen ordern, da die Reichweite zu gering erschien. Auch als mit größeren Tanks die Reichweite vergrößert werden und der Nordatlantik von New York nach London nonstop überquert werden konnte, blieben europäische Bestellungen aus.

Piasecki YH-16 „Pathfinder"

Da die „Fliegende Banane" im Jahr 1953 technisch überholt war, entwickelte Piasecki Aircraft einen Nachfolger. Der neue große Truppentransport-Hubschrauber mit den Tandem-Dreiblattrotoren sollte XH-16 „Transporter", nach der Testphase dann YH-16 heißen. Er war für die damaligen Verhältnisse ein gigantischer Hubschrauber, dessen Rumpf dem einer viermotorigen Douglas DC-4 in nichts nachstand. Zunächst waren im Hubschrauber noch Pratt & Whitney-R-2180-Double-Wasp-Sternmotoren mit je 1650 PS montiert. Diese Motoren erwiesen sich jedoch für den Helikopter als zu schwach. Daher besann man sich sehr schnell auf die Allison-YT38A-10-Turbinentriebwerke, die leichter, leistungsfähiger und zuverlässiger waren. Mit diesen Turbinen erreichte der Piasecki YH-16A im Jahr 1956 mit 267 km/h einen inoffiziellen Geschwindigkeitsrekord für Hubschrauber. Im Dezember 1956 brach der Piasecki YH-16A während eines Testflugs in der Luft auseinander und stürzte in der Nähe des Delaware River ab. Dabei kamen die beiden Testpiloten Harold Peterson und George Callaghan ums Leben. Bei der nachfolgenden Ermittlung des Unfallhergangs stellte sich heraus, dass sich die hintere Rotorwelle destabilisiert hatte und dadurch in die Drehebene der vorderen Rotoren eintauchte.

Piasecki YH-16B „Pathfinder"	
Verwendung	Transporthubschrauber
Produktionszeit	1953 bis 1954
Rotordurchmesser (mm)	2 x 24.990
Länge/Höhe (mm)	23.650/7620
Leergewicht (kg)	10.218
max. Masse (kg)	15.244
Vmax in (km/h)	276
Antrieb	2 x Allison-T56-Turboprop-Motoren, je 2100 PS
Besatzung	3
Passagiere	bis 40

Lockheed F-104 „Starfighter"

Als der Chefingenieur der Lockheed Advanced Development Projects Unit Clarence Johnson im Dezember 1951 nach Korea reiste, befragte er Jägerpiloten zu ihren Erwartungen an ein neues Jagdflugzeug. Dies war die Zeit, als die gut ausgebildeten US-Piloten mit ihren North American F-86 auf die sowjetischen MiG-15 stießen. Als Johnson wieder in Amerika war, begann er mit dem Entwurf eines neuen Kampfflugzeugs. Nur ein Jahr später war der Prototyp Lockheed L-246 startbereit. Das Flugzeug überzeugte das Militär, und Lockheed erhielt im März 1953 einen Entwicklungsvertrag. Ende Mai konnte mit dem Bau von zwei weiteren Prototypen begonnen werden. Der Erstflug eines „Starfighters" F-104 fand am 4. März 1954 statt. Ab dem Jahr 1954 wurde von Lockheed der „Starfighter" in großer Stückzahl gebaut und in den Luftstreitkräften mehrerer NATO-Staaten eingesetzt. Das Kampfflugzeug war als reiner Tag- und Abfangjäger konzipiert, optimiert für hohe Geschwindigkeiten und Steigraten. Am 16. Mai 1958 stellte eine F-104A mit 2259,538 km/h einen Geschwindigkeitsweltrekord auf, und am 14. Dezember 1959 erreichte eine F-104C die Weltrekordhöhe von 31.535,5 Metern. In Deutschland wurde der F-104 länger als in den USA eingesetzt. Dabei wurde jedoch das Einsatzprofil laufend geändert, so diente die F-104 in Deutschland zuletzt als Allwetter-Jagdbomber.

Lockheed F-104G	
Verwendung	Jagdbomber
Produktionszeit	1954 bis 1979
Spannweite (mm)	6680
Länge/Höhe (mm)	16.660/4090
Leergewicht (kg)	6348
max. Masse (kg)	13.170
Vmax in (km/h)	ca. 2200
Antrieb	General Electric J79-GE-11A Strahltriebwerk, 69,42 kN Schub mit Nachbrenner
Besatzung	1
Bewaffnung	6-läufige 20-mm-Gatling-Maschinenkanone General Electric T171

Lockheed C-130J-30	
Verwendung	Militärtransporter
Produktionszeit	1954 bis heute
Spannweite (mm)	40.410
Länge/Höhe (mm)	34.690/11.840
Leergewicht (kg)	35.965
max. Masse (kg)	70.305
Vmax in (km/h)	671
Antrieb	4 x Rolls-Royce Allison AE-2100 Propellerturbinen, je 4.640 WPS
Besatzung	3

Lockheed C-130 „Hercules"

Der Koreakrieg hatte den US-amerikanischen Militärs gezeigt, dass die vorhandenen Militärtransportflugzeuge für diese neue Art der modernen Kriegsführung nicht mehr geeignet waren. So begann die US Air Force mittels einer Ausschreibung an alle großen amerikanischen Flugzeughersteller im Februar 1951 ein qualifiziertes Nachfolgemodell zu suchen. Die Vorgaben waren eine Zuladung von 11,5 Tonnen, was in etwa 92 Soldaten oder 64 Fallschirmspringern in voller Ausrüstung entsprach. Ein wichtiger Aspekt war auch die Benutzung des Transporters auf unbefestigten Pisten. Schließlich bekam Lockheed den Zuschlag zum Bau des neuen Transporters, der unter der Bezeichnung YC-130 am 23. August 1954 mit den Piloten Stan Beltz und Ray Wimmer von Burbank aus seinen Erstflug hatte. Inzwischen waren auch die Pläne für eine Großserienproduktion so weit gediehen, dass auf dem Werksgelände Nr. 6 in Marietta/Georgia erste Arbeiten beginnen konnten. Bereits am 7. April 1955 hob die erste Serienmaschine der Lockheed C-130 ab, und im folgenden Jahr begann bereits die Ausbildung der Piloten für das neue Muster beim 463rd Troop Carrier Wing in Ardmore/Oklahoma. Das erste Auslieferungslos bestand aus 219 Maschinen des Typs C-130A Hercules, die auf vier Air-Force-Einheiten verteilt wurden und gegenüber dem Prototyp ein neu gestaltetes Rumpfheck und eine neue Heckflosse hatten. Seit dieser Zeit wurden mehr als 40 Versionen entwickelt, die in rund 70 Ländern im Einsatz sind.

Lockheed U-2S „Dragon Lady"

Das US-Spionageflugzeug Lockheed U-2 „Dragon Lady" wurde von der Advanced Development Projects Unit der Firma Lockheed unter der Leitung des Konstrukteurs Kelly Johnson entwickelt. Lange Zeit war das Militärflugzeug mit einer Einsatzhöhe von über 20.000 Metern sowohl für die Luftabwehr vom Boden als auch für Abfangjäger unerreichbar. Der Rumpf des strategischen Höhenaufklärers Lockheed U-2 hatte als Grundlage die Form des F-104 „Starfighter", jedoch weit größere Tragflächen, die sich von Segelflugkonstruktionen ableiteten. Bei einer Länge von fast 20 Metern für die Version U-2S lag das Leergewicht bei nur sieben Tonnen. Angetrieben wurde die U-2 zunächst von einem General-Electric-J79-GE-11A-Strahltriebwerk. Später wurden auch Triebwerke von Pratt & Whitney eingesetzt. Der offizielle Erstflug erfolgte am 4. August 1955. Im Juli 1956 starteten die ersten fünf U-2 von Erbenheim in Wiesbaden zu einem Spionageflug in die Sowjetunion. Dabei leitete der US-Geheimdienst CIA die Flugzeuge zu sowjetischen Radar-, Raketen- und U-Boot-Stützpunkten. In den weiteren Jahren starteten U-2 auch aus der Türkei und aus Nordpakistan. Das Ziel der Beobachtungsmissionen war immer die Sowjetunion. Am 1. Mai 1960 kam es über dem Ural zu Triebwerksproblemen einer Lockheed U-2. Das Flugzeug verlor an Höhe, geriet in den Bereich sowjetischer Raketen und stürzte ab. Zwischen 1955 und 1989 wurden insgesamt 86 Flugzeuge gebaut.

Lockheed U-2S	
Verwendung	Spionageflugzeug
Produktionszeit	1955 bis 1989
Spannweite (mm)	31.390
Länge/Höhe (mm)	19.130/4880
Leergewicht (kg)	7031
max. Masse (kg)	18.733
Vmax in (km/h)	805
Antrieb	General-Electric F118-GE-101 Turbofan, 84,5 kN
Besatzung	1

Boeing 707-430	
Verwendung	Langstreckenflugzeug
Produktionszeit	1957 bis 1982
Spannweite (mm)	43.400
Länge/Höhe (mm)	46.610/12.850
Leergewicht (kg)	55.300
max. Masse (kg)	141.700
Vmax in (km/h)	885
Antrieb	4 x Rolls-Royce Conway Mk 508 Turbofans, je 77,9 kN
Besatzung	3 bis 4
Passagiere	max. 219

Boeing 707

Der Trend in der Flugzeugindustrie hin zu strahlbetriebenen Passagierflugzeugen hielt in den 1950er Jahren unaufhaltsam an. Da auch Boeing sich auf den Passagierdienst konzentrieren wollte, nahm das Unternehmen zunächst die Weiterentwicklung bestehender Flugzeugserien in Angriff, die jedoch mit Strahltriebwerken ausgerüstet waren. Das Urmodell war die vierstrahlige Boeing 367-80, die ihren Erstflug am 15. Juli 1954 absolvierte. Sie sollte der Vorgänger des Transporters C-135 und der Boeing 707 werden. Als Tankflugzeug überzeugte die C-135 das US-Militär, das 29 Exemplare bestellte. Damit waren die investierten 16 Millionen US-Dollar für den Prototyp eingespielt. Da nach dem erfolgreichen Vertragsabschluss mit der US Air Force auch eine zivile Variante angeboten werden sollte, befragte Boeing mehrere Airlines nach ihren Vorgaben an ein strahlengetriebenes Passagierflugzeug. Als im August 1955 ein ziviler Demonstrationsflug der 367-80, die intern bereits 707 genannt wurde, vor den Augen der großen US-Fluggesellschaften überzeugte, eröffnete PAN AM mit 20 Bestellungen der Boeing 707 den Reigen der interessierten Fluggesellschaften. Nach der Zulassung der Boeing 707 durch die amerikanische Luftfahrtbehörde hob das vierstrahlige Passagierflugzeug Ende 1948 erstmals zu einem Linienflug ab. Als PAN AM das Flugzeug dann im Liniendienst auf der Route New-York–Paris mit Zwischenlandung in Neufundland einsetzte, begann eine völlig neue Dimension von Flugreisen.

Fairey Rotodyne

Vom „British Ministry of Supply" wurde im August des Jahres 1953 an die Fairey Aviation Company ein Entwicklungsauftrag zum Bau eines senkrecht startenden Transporthubschraubers mit Tragflächen und Motoren für den Horizontalflug vergeben. Durch diese Kombination von Hubschrauber und Flugzeug wollte man eine höhere Reisegeschwindigkeit und gleichzeitig einen Flugschrauber schaffen, der zentral in Metropolen starten und landen konnte. Bereits am 6. November 1957 war ein Prototyp für den ersten Flug bereit. Danach wurde der Prototyp des Fairey Rotodyne auf der Farnborough International Airshow und der Pariser Luftfahrtschau gezeigt. Am 5. Januar 1959 gelang der Weltrekord für Rotorflugzeuge über eine Strecke von 100 Kilometern mit einer Geschwindigkeit von 307 km/h. Schließlich zeigten die British European Airways, die New York Airlines, die britische und die US-Luftwaffe Interesse an dem ungewöhnlichen Luftfahrzeug. Doch der starke Rotorenlärm des großen Flugschraubers machte bald Probleme, sodass ein Starten und Landen zwischen Häusern unmöglich war. Als auch das Militär die Optionen auf die Fairey Rotodyne stornierte, wurde das Projekt nach einem Prototyp eingestellt.

Fairey Rotodyne	
Verwendung	Passagierhubschrauber
Rotordurchmesser (mm)	27.400
Länge/Höhe (mm)	17.900/6760
Startgewicht (kg)	14.968
max. Startgewicht (kg)	17.000
Vmax in (km/h)	343
Antrieb	2 x Napier Eland NEL3, je 3000 PS
Besatzung	2 bis 3
Passagiere	40

Vertol VZ-2	
Verwendung	experimentelles VTOL-Flugzeug
Rotordurchmesser (mm)	2900
Länge/Höhe (mm)	8050/4570
Leergewicht (kg)	1678
Dienstgipfelhöhe (m)	4200
Vmax in (km/h)	340
Antrieb	Lycoming YT53-L-1 Wellenturbine, 700 WPS
Besatzung	2

Vertol VZ-2

Ein Auftrag der US Army und des Office of Naval Research am 15. April 1956 an die Vertol Aircraft Corporation gab den Ausschlag für den Bau des Kippflügelflugzeugs VZ-2. In einer Studie sollten grundsätzlich die Besonderheiten von VTOL-Flugzeugen (VTOL = vertical take off and landing) geklärt werden. Bereits ein Jahr später, am 13. August 1957, startete ein erster Technikträger zu einem Schwebeflug. Doch erst am 23. Juli 1958 gelang der erste Übergang vom Schwebe- in den horizontalen Gleitflug. Eine weitere Erprobung folgte, danach wurde das Experimentalflugzeug im Jahr 1960 an die NASA übergeben. Dort folgten bis 1965 weitere Testflüge mit dem Kippflügler. Die Vertol besaß einen Gitterrohrrumpf, der anfangs unverkleidet war. Die großzügig verglaste Bugkanzel war mit einer Doppelsteuerung ausgestattet und wurde während der Testphase bei der Army, der Navy und der NASA mehrfach umgebaut. Die beiden metallenen Rechteckflügel, an denen die beiden Mantelpropeller saßen, konnten zwischen 0 und 90 Grad gekippt werden. Während der Erprobung bewies das außergewöhnliche Flugzeug bei 450 Flügen seine Sicherheit. In den 50 Stunden Gesamtflugzeit erzielte das VTOL-Flugzeug 273 Flüge mit einer Flugzustandsänderung. Davon erreichte das Experimentalflugzeug 34 Flüge mit vollständigem Übergang vom Schwebe- zum Horizontalflug.

Canadair CL-44/CC 106 „Yukon"

Die Canadair CL-44, eine nahe Verwandte der Bristol Britannia, hatte ihren Ursprung in einer Ausschreibung der kanadischen Streitkräfte für ein großes Transportflugzeug, das auch interkontinental eingesetzt werden sollte. Da man auf eine komplette Neuentwicklung verzichten wollte, sah man sich bei befreundeten Flugzeugherstellern um und fand bei Bristol „The Whispering Giant" die Britannia, die dort nicht mehr gebaut werden sollte. Nach der Prüfung der Konstruktionspläne durch die Royal Canadian Air Force wurde ein erster Prototyp bei Canadair in Montreal unter der Bezeichnung CL-44-6 in Auftrag gegeben. Dabei behielt man das Fahrwerk, die Tragflächen und das Heck ohne Änderungen bei, lediglich der Rumpf wurde um 3,76 Meter gestreckt. Der Prototyp verließ am 15. November 1959 die Werkshallen und absolvierte seinen Erstflug ohne Probleme. Die nachfolgende Testreihe bestätigte den ersten positiven Eindruck des neuen Flugzeugs, und so konnte die Produktion einer erster Serie von militärischen Transportmaschinen unter der Bezeichnung CC-106 „Yukon" aufgenommen werden. Im Jahr 1971 wurden die Militärtransporter außer Dienst gestellt und als Passagier-/Frachtversion CL-44 in der zivilen Luftfahrt weiterverwendet. Erste Airline war die US-amerikanische Frachtfluggesellschaft „Flying Tiger Line". Insgesamt wurden 39 Flugzeuge gebaut.

Canadair CL-44	
Verwendung	Verkehrs- und Transportflugzeug
Produktionszeit	1959 bis 1980
Spannweite (mm)	43.370
Länge/Höhe (mm)	41.650/11.760
Leergewicht (kg)	40.348
max. Masse (kg)	95.250
Vmax in (km/h)	646
Antrieb	4 x Rolls-Royce Tyne 12 Mk. 515 Turboprop, je 5806 WPS
Besatzung	9
Passagiere (Militärversion)	max. 134

Mil Mi-10	
Verwendung	Transport- u. Kranhubschrauber
Rotordurchmesser (mm)	35.000
Länge/Höhe (mm)	32.860/9900
Startgewicht (kg)	14.968
max. Startgewicht (kg)	43.700
Vmax in (km/h)	200
Antrieb	2 x Solowjow D-25W Turbinen, je 5500 WPS
Besatzung	3
Passagiere	28

Mil Mi-10 „Harke"

Ein ungewöhnlicher Lastenhubschrauber wurde vom sowjetischen Hubschrauberhersteller „Moskauer Hubschrauber Fabrik M. L. Mil" Anfang der 1960er Jahre entwickelt. Die Konstruktion des unter dem NATO-Codenamen „Harke" geführten hochbeinigen Transporters mit einer Bodenfreiheit von 3,75 Metern begann im Februar 1958. Die Basis für die Entwicklung bildete der schwere Vorgänger Mil Mi-6, der seinen Erstflug bereits im Jahr 1957 hatte. Beide Hubschrauber hatten die zwei 5500 WPS starken Solowjow-D-25W-Turbinentriebwerke gemeinsam. Im Rumpf konnten bis zu 28 Personen auf Klappsitzen transportiert werden. Unter dem Rumpf ließen sich Fahrzeuge und Container anhängen. Darunter war auch ein spezieller Container, der Plätze für bis zu 120 Personen enthielt. Der Mil Mi-10 hatte am 15. Juni 1960 ihren Jungfernflug und stellte am 23. September des darauffolgenden Jahres mit ihrem Testpiloten G. Alferow mit einer Nutzlast von 15 Tonnen in 2326 Metern und einer Nutzlast von 15.103 Kilogramm in zwei Kilometern Höhe neue Rekorde auf. Im Jahr 1966 präsentierte Mil eine kurzbeinige Version des Transporthubschraubers vor, den Mil Mi-10K. Er hatte eine erhöhte Nutzlast von 11.000 Kilogramm und am Bug des Rumpfes eine Kabine für einen Lademeister. Mit dieser hängenden Kabine war es möglich, die Lasten wesentlich einfacher zu bewegen. Zwischen 1960 und 1969 wurden insgesamt 63 Maschinen gebaut, wobei die Serienproduktion erst im Jahr 1964 begann.

Dornier Do 32

Für Verbindungszwecke entstand in den frühen 1960er Jahren auf Forderung der Deutschen Bundeswehr ein leichter, einsitziger Hubschrauber. Der von den Dornier-Werken entwickelte Leichthubschrauber sollte zusammengefaltet auf einem kleinen, von einem Geländewagen gezogenen Anhänger transportiert werden können. Um die Ausbildungsdauer der Piloten auf die eines Kradfahrers zu verkürzen, war ein Blattspitzen-Rückstoßantrieb vorgesehen. Navigationsinstrumente waren nicht eingeplant, da sich der Pilot nach Landmarken wie Straßen und Eisenbahnlinien orientieren sollte. Der Plan sah vor, bis zu 1000 Hubschrauber für das deutsche Militär zu bauen. Der Erstflug von V-1 fand am 3. Juli 1962 statt. Inzwischen waren auch V-2 und V-3 fertiggestellt worden. Nach 204 Flügen wurde V-1 bei einem Startunfall zerstört und der Pilot schwer verletzt. Mit den beiden verbliebenen Exemplaren wurden weiterhin Probeflüge durchgeführt, wobei ein Höhenflug die 1500-Meter-Grenze erreichte. Doch auch V-2 ging bei einer Autorotationslandung verloren und auch V-3 stürzte ab. Inzwischen war auch das Interesse des deutschen Militärs erloschen. Der Bauauftrag wurde zuerst auf 350 Einheiten reduziert und schließlich ganz storniert. Eine vierte Do 32 wurde zwar gebaut, flog jedoch nie und ist heute im Deutschen Museum in München zu bestaunen. Aufbauend auf den Ergebnissen der Versuchsflüge der Do 32 baute Dornier ab 1966 die unbemannte militärische Aufklärungsplattform Do-34 „Kiebitz".

Dornier Do 32	
Verwendung	Leichthubschrauber
Rotordurchmesser (mm)	7500
Länge/Höhe (mm)	3200/1890
Leergewicht (kg)	151
max. Startgewicht (kg)	max. 320
Vmax in (km/h)	110
Antrieb	1 BMW-6012L-Gasturbine, 100 PS
Besatzung	1

Let Z-37 „Cmelak"	
Verwendung	Agrarflugzeug
Produktionszeit	1963 bis 1985
Spannweite (mm)	12.220
Länge (mm)	8550
Leergewicht (kg)	970
max. Startmasse (kg)	1860
Vmax in (km/h)	200
Antrieb	9-Zylinder-Sternmotor Avia/Walter M462RF, 315 PS
Besatzung	1 bis 2

Let Z-37 „Cmelak"

Anfang der 1960er Jahre entwarf der damals tschechoslowakische Let, Aircraft Industries, ein kleines Mehrzweckflugzeug. Das einmotorige Flugzeug sollte für den Transport und die Ausbildung sowie als Schleppflugzeug und zur Beobachtung eingesetzt werden. Zusammen mit den ehemaligen Zlín-Werken, die nach dem Zweiten Weltkrieg in Moravan umbenannt worden waren, begann im Jahr 1961 die Entwicklung des leichten Flugzeugs. Bis zum Jahr 1963 sollte ein Tiefdecker entstehen, der teils aus Metall konstruiert war, teilweise eine Stoffbespannung aufwies. Als Antrieb besaß der erste Prototyp, der sich am 29. Juni 1963 erstmals in die Lüfte schwang, einen Sternmotor M-462 RF mit einer Leistung von 315 PS. Ab dem Jahr 1965 begann die Serienproduktion der Z-37A, die nun auch als Agrarflugzeug eingesetzt werden konnte. Bis zum Ende der 1970er Jahre wurden insgesamt 631 Let Z-37 gebaut, von denen auch viele ab dem Jahr 1967 in der Deutschen Demokratischen Republik im Betriebsteil „Wirtschaftsflug" flogen. Als dann im Jahr 1968 die Interflug umstrukturiert wurde, wurde aus Wirtschaftsflug der Betrieb „Agrarflug". Außer in die DDR wurde die Let auch nach Bulgarien, Finnland, Großbritannien, in den Irak und nach Indien, nach Ex-Jugoslawien, in die Mongolei, nach Polen und Ungarn exportiert. Ab 1981 spendierte man der Z-37 eine Propellerturbine und baute das Flugzeug unter der Bezeichnung Z-37T weiter.

Lockheed SR-71 „Blackbird"

SR steht für „Strategic Reconnaissance", also strategische Aufklärung. Die Produktion der Lockheed SR-71 fiel genau in die Zeit des „Kalten Krieges", den Konflikt zwischen den Westmächten unter der Führung der Vereinigten Staaten von Amerika und dem Ostblock unter der Führung der Sowjetunion. Die „Kubakrise" im Jahr 1962 gab dem Wettrüsten der beiden Supermächte USA und UdSSR nochmals Geschwindigkeit. Ein Produkt dieses Machtspiels war sicherlich auch das für hohe Flughöhen ausgelegte Aufklärungsflugzeug Lockheed SR-71 „Blackbird". Der Erstflug des SR-71 fand am 22. Dezember 1964 statt, und der erste Einsatz begann am 4. April 1966. Pro Flugstunde konnte der „Blackbird" mit seinen Aufklärungssensoren 259.000 Quadratkilometer erfassen. Zwischen 1964 und 1998 wurden 32 dieser „schwarzen Vögel" gebaut. Im Jahr 2009 wurden einige Maschinen nochmals für Forschungsflüge aktiviert.

Lockheed SR-71A „Black Bird"	
Verwendung	strategischer Höhenaufklärer
Produktionszeit	1964 bis 1998
Spannweite (mm)	16.940
Länge/Höhe (mm)	32.740/5640
Leergewicht (kg)	27.214
max. Startmasse (kg)	77.112
Vmax in (km/h)	3529
Antrieb	2 x Pratt & Whitney J58 Strahltriebwerke mit Nachbrenner, je 144,47 kN Schub
Besatzung	2

Lockheed SR-71 Blackbird

Von dem superschnellen Aufklärer SR-71, von dem 32 Stück gebaut wurden, verunglückten zwölf Flugzeuge während des Einsatzes. Die 20 noch intakten Mach-3-Jets wurden bis auf einen, der im „Imperial War Museum" in Duxford in Großbritannien zu sehen ist, in nordamerikanische Museen verbracht und können dort besichtigt werden.

North American XB-70A Valkyrie	
Verwendung	strategischer Bomber
Produktionszeit	1964 bis 1969
Spannweite (mm)	32.030
Länge/Höhe (mm)	59.740/9120
Leergewicht (kg)	68.400
max. Startmasse (kg)	249.500
Vmax in (km/h)	3249
Antrieb	6 x General-Electric YJ93-GE-3 Strahltriebwerke, je 137,9 kN Schub
Besatzung	2

North American XB-70

Mit dem strategischen Bomber XB-70 wollten die US-amerikanischen Militärs die Möglichkeit eines Mach-3-Bombers aufzeigen. Insgesamt war die „Valkyrie" ein Militärflugzeug auf dem neuesten Stand der Technik. Um den Widerstand zu verringern, konnten die Flügelspitzen um bis zu 65 Grad nach unten bewegt werden. Bei der North American XB-70 wurde auch der Kompressionsauftrieb, der bei Überschallflügen entsteht, erstmals genutzt, indem man die Schockwelle unter die Tragflächen führte. Dadurch konnte der Auftrieb um 30 Prozent erhöht werden. Die XB-70 flog am 21. September 1964 das erste Mal, eine zweite XB-70 folgte am 17. Juli 1965. Zwar war noch ein drittes Experimentalflugzeug geplant, wurde jedoch nicht mehr fertiggestellt. Der Grund war das hohe Risiko, von feindlichen Flugabwehrraketen getroffen zu werden, außerdem hatten die Russen ihre Radartechnik erheblich weiterentwickelt, sodass eine XB-70 bereits in 100 Kilometern Entfernung sichtbar gewesen wäre. Auch der Flugunfall am 8. Juni 1966 trug dazu bei, das XB-70-Projekt nicht mehr weiterzuverfolgen. Bei diesem Unfall sollte ein Formationsflug mit mehreren Militärjets stattfinden. Dabei berührte ein F-104 die Tragfläche der „Valkyrie" und wurde in den Luftstrom der XB-70 gesaugt, wo der Starfighter die Seitenleitwerke der North American abriss. Beide Maschinen stürzten ab.

Hawker Siddeley Harrier

Dieses britische senkrecht startende Kampfflugzeug von Hawker Siddeley wurde im britischen Regierungsauftrag entwickelt. Dazu bediente sich der Luftfahrtingenieur Sir Sydney Camm der Unterlagen des Erprobungsträgers Hawker P.1127. Bereits im November 1960 hatten mit diesem Flugzeug erste Schwebeversuche stattgefunden. Die Flugzeugzelle der P.1127 bestand vor allem aus Leichtmetalllegierungen und Komponenten aus Titanbasislegierungen sowie Stahl. Das erste von sechs Vorserienmustern konnte bereits im August 1966 im Flug präsentiert werden, die erste Serien-Harrier startete im Dezember 1967. Eine erste Harrier-Staffel wurde Mitte 1969 aufgestellt. Auf Flugzeugträgern eingesetzt, startete die Harrier jedoch meist nicht ganz senkrecht, sondern mit einer kurzen Anlaufstrecke. Dabei leitete das Düsentriebwerk im Rumpf den Abgasstrahl über verstellbare Schubdüsen, die nach unten oder nach hinten geschwenkt werden konnten. Gelandet wurde generell senkrecht. Von der Hawker Siddeley Harrier wurden bis in die 1970er Jahre 718 Flugzeuge in den verschiedensten Varianten gebaut, darunter auch zweisitzige Trainerversionen. Die zweite Generation wurde als McDonnell Douglas AV-8 Harrier II ab 1981 eingesetzt.

Hawker Siddeley Harrier GR.3	
Verwendung	VTOL-Erdkampfflugzeug
Produktionszeit	1967 bis 1970er Jahre
Spannweite (mm)	7700
Länge/Höhe (mm)	13.870/3450
Leergewicht (kg)	5579
Startmasse (kg)	11.340
Vmax in (km/h)	1186
Antrieb	Rolls-Royce Pegasus Mk-103 Mantelstromtriebwerk, 95,65 kN Schub
Besatzung	1
Bewaffnung	2 x 30-mm-Revolver-MK, bis 2,3 t Außenlast

Boeing 737-200	
Verwendung	Verkehrsflugzeug
Produktionszeit	1967 bis 1988
Spannweite (mm)	28.350
Länge/Höhe (mm)	30.480/11.280
Leergewicht (kg)	27.120
max. Masse (kg)	52.390
Vmax in (km/h)	917
Antrieb	2 x Pratt & Whitney JT8D Triebwerke, je 71,2 kN
Besatzung	2
Passagiere	97 bis 136

Boeing 737

Pläne für ein neues Passagierflugzeug mit 100 Sitzplätzen und Strahlantrieb begann Boeing im Jahr 1964 auszuarbeiten. 21 Exemplare des Modells 737-100 bestellte die Deutsche Lufthansa noch im gleichen Jahr. Die United Airlines entschied sich für den Kauf von 40 Maschinen des Typs 737-200 mit längerem Rumpf. Das Muster 737-100 flog erstmalig am 9. April 1967, die erste 737-200 vier Monate später. Ab dem 10. Februar 1968 setzte die Lufthansa das Flugzeug auf Inlandsstrecken ein. Schon 1977 meldete Boeing die Fertigstellung der 500. Boeing 737. Um dem Markt zu genügen, begann Anfang 1980 die Entwicklung der 737-300, von denen schließlich 1032 Muster gebaut wurden. Um noch mehr Kapazität zu erreichen, baute Boeing ab dem Juni 1986 die Version 737-400 mit 168 Sitzplätzen. Bis Ende 1997 waren insgesamt 483 737-400 ausgeliefert. Der Baubeginn der 737-500 war im Mai 1987, und ein erstes Flugzeug wurde am 28. Februar 1990 an Southwest ausgeliefert. Insgesamt wurden bis 1997 383 Boeing 737-500 gebaut. Die Boeing 737-600 ersetzte die 500er-Serie und die 737-700 die 300er-Serie. Als Ersatz für die 737-400 bot Boeing die 737-800 an. Die bis dahin längste 737 war die 900er-Serie mit 41,11 Metern. Sie ist für 177 bis 189 Passagiere ausgelegt. Seit 2011 ist eine modernisierte 737 bei Boeing unter der Bezeichnung 737 MAX im Angebot.

Bölkow Bo 105

Nach dem Zweiten Weltkrieg begann Ludwig Bölkow sich wieder der Entwicklung von Fahrzeugen für die Luftfahrt zu widmen. Zusammen mit Emil Weiland gründete er im Jahr 1955 die Bölkow Entwicklungen KG. Jedoch war der Bau von Luftfahrzeugen stark ins Hintertreffen geraten. Es galt einen riesigen Vorsprung der Konkurrenz aufzuholen und eine Marktlücke für eigene Modelle zu finden. Vor allem im Bereich von leichten Hubschraubern für Rettungseinsätze schien es nur wenige Modelle zu geben. Als die Bundesregierung ein Darlehen von 18,5 Millionen D-Mark genehmigte, war der Weg für einen Prototyp geebnet. Ein erster Entwurf des Mehrzweckhubschraubers Bölkow Bo 105 entstand im Juli 1962. Danach wurden die ersten drei Prototypen gebaut, denen ab August 1966 Bodentests folgten. Ein Erstflug folgte am 16. Februar 1967. Noch vor der Serienfertigung des Bo 105 fusionierte Bölkow zum Konzern Messerschmitt-Bölkow-Blohm. Neben den zahlreichen zivilen Varianten fanden auch bald Militärversionen ihre Käufer. Im Jahr 1978 bestellte das deutsche Heer 212 Bölkow Bo 105 P als Panzerabwehrhubschrauber unter der Bezeichnung PAH-1. Der Prototyp hatte seinen Erstflug im Sommer 1977.

Bölkow Bo 105P	
Verwendung	Panzerabwehrhubschrauber
Produktionszeit	1967 bis 2001
Rotordurchmesser (mm)	9840
Länge/Höhe (mm)	11.860/3020
Leergewicht (kg)	1675
max. Startgewicht (kg)	2700
Vmax in (km/h)	270
Antrieb	2 x Rolls-Royce/Allison 250-C20B III Turbinen, je 405 PS
Besatzung	1 bis 2
Bewaffnung	20-mm-Maschinenkanone, bis zu 400 kg Außenlast

Lockheed C-5B „Galaxy"	
Verwendung	strategischer Transporter
Produktionszeit	1968 bis 1989
Spannweite (mm)	67.880
Länge/Höhe (mm)	75.530/19.340
Leergewicht (kg)	169.643
max. Startmasse (kg)	379.657
Vmax in (km/h)	919
Antrieb	4 x TF39-GE-1C Mantelstrom-triebwerke, je 191,34 kN Schub
Besatzung	5
Passagiere	15 im Kabinenvorderteil

Lockheed C-5 „Galaxy"

Ende der 1960er Jahre sollte bei der US Air Force ein neues Langstrecken-Transportflugzeug die veralteten Lockheed C-141 Starlifter und Douglas C-133 Cargomaster ersetzen. Geplant waren vorerst 200 Flugzeuge. Alle amerikanischen namhaften Flugzeughersteller stellten bald ihre Entwürfe für das Flugzeug und die Triebwerke vor. Im Oktober 1965 bekam dann Lockheed den Bauauftrag über 115 Transporter. Der erste Flug einer Lockheed C-5 fand am 30. Juni 1968 auf der Dobbins Air Force Base in Georgia statt, die erste „Galaxy" wurde im Dezember 1969 an das Military Airlift Command ausgeliefert. Zu dieser Zeit war die „Galaxy" das größte Flugzeug der Welt, das erst von der Antonow An-124 Ruslan im Jahr 1982 übertroffen wurde. Da sich die Kosten für den Transporter von 16,5 auf 60 Millionen US-Dollar gesteigert hatten, reduzierte die US Air Force im Jahr 1969 die Bestellung auf lediglich 81 Maschinen. Endgültig wurden 131 Expemplare Serie A und B gebaut und bis zum November 2003 geflogen. Während dieser Einsatzzeit gingen fünf Transporter der A-Serie durch Flugunfälle verloren. Im Oktober 2004 begann eine Modernisierung der C-5 zur C-5M „Super Galaxy". Am 13. September 2009 stellte eine C-5M insgesamt 41 Weltrekorde auf.

Tupolew Tu-144

Der geniale sowjetische Flugzeugkonstrukteur Alexei Andrejewitsch Tupolew konstruierte das erste Überschall-Verkehrsflugzeug Tu-144. Per Befehl hatte die sowjetische Regierung das Konstruktionsbüro Tupolew dazu gedrängt, innerhalb von nur viereinhalb Jahren fünf flugfertige Maschinen zu liefern. Tupolew musste jedoch nicht komplett Neuland betreten, denn beim Bau von Überschallflugzeugen wie dem Tu-22-Bomber oder den großen Verkehrsflugzeugen Tu-104 oder Tu-124 hatte er genügend Erfahrungen sammeln können. Baubeginn zur ersten Tu-144 war im Jahr 1965, und bereits am 31. Dezember 1968 hatte das große Passagierflugzeug seinen Erstflug. Erst mehr als zwei Monate später sollte eine erste Aérospatiale-BAC Concorde in den Himmel abheben. Doch die Konstruktion des Tu-144-Prototyps war noch unausgereift, und bis zur ersten Serienmaschine mussten noch viele Details geändert werden. Die zweifache Schallgeschwindigkeit als Zivilflugzeug erreichte die Tu-144 am 26. Mai 1970. Bevor im November 1977 der Passagierdienst zwischen Moskau und Alma-Ata in Kasachstan aufgenommen wurde, war die Tu-144 zunächst ab Dezember 1975 im Frachtdienst geflogen. 1978 wurde der Liniendienst nach nur 102 Flügen wieder eingestellt, als eine Treibstoffleitung an Bord einer Tu-144 in Brand geriet und das Flugzeug auf einem Feld notlanden musste. 1984 wurde das Programm komplett eingestellt, wobei bis dahin keine der 16 fertiggestellten Tu-144 den Boden wieder verlassen hatte.

Tupolew Tu-144 (Prototyp)	
Verwendung	Überschall-Verkehrsflugzeug
Produktionszeit	1968 bis 1981
Spannweite (mm)	28.800
Länge/Höhe (mm)	65.700/12.500
Leergewicht (kg)	85.000
max. Startmasse (kg)	207.000
Vmax in (km/h)	3000
Antrieb	4 x Kusnezow NK-144 Triebwerke, je 127,5 kN Schub
Besatzung	3
Passagiere	135

Aérospatiale-BAC Concorde	
Verwendung	Überschall-Verkehrsflugzeug
Produktionszeit	1969 bis 1979
Länge/Höhe (mm)	61.660/12.200
Leergewicht (kg)	78.900
max. Startmasse (kg)	186.880
Vmax in (km/h)	2.405
Antrieb	4 x Rolls-Royce/SNECMA Olympus 593-Mk-610 Turbojet Triebwerke, Nachbrenner, je 676,8 kN Schub
Besatzung	3
Passagiere	92 bis 128

Aérospatiale-BAC Concorde

Die „Concorde" wurde fast parallel zur Tu-144 entwickelt. Der Grund war das große Interesse der Fluggesellschaften im Westen an einem schnellen Passagierflugzeug. Das Projekt wurde schließlich von Frankreich und Großbritannien gleichzeitig beaufsichtigt. Die Deutsche Lufthansa wollte auch mit von der Partie des neuen Überschallzeitalters im Passagierdienst sein und bestellte 1967 drei Maschinen. Der Prototyp des Überschallflugzeugs hob in Toulouse am 2. März 1969 vom Boden ab, doch es sollte nochmals acht Jahre dauern, bis eine erste Concorde den Liniendienst aufnahm. Aber dann begann das Projekt „Concorde" zu erlöschen, denn die US-Bundesluftfahrtbehörde FAA hatte das Überfliegen der USA mit zivilen Überschallflugzeugen verboten. Das Resultat war, dass zahlreiche Luftfahrtgesellschaften ihre Kaufoptionen für die Concorde stornierten. Lediglich Frankreich und Großbritannien nahmen ihre bestellten Flugzeuge ab. So waren bis zur Einstellung des Projekts im Jahr 1979 nur insgesamt 20 Concorde gebaut worden. Der Absturz der Air-France-Concorde F-BTSC am 25. Juli 2000 beim Start vom Flughafen Paris-Charles-de-Gaulle, bei dem alle an Bord befindlichen Personen ums Leben kamen, war dann im Jahr 2001 das Ende auch dieses Überschall-Passagierflugzeugs.

Fairchild-Republic A-10 Thunderbolt II

Innerhalb des Attack-Experimental-(AX-)Programms der US Air Force wurde Ende der 1960er Jahre ein Nachfolger für den kolbenmotorgetriebenen „Skyraider" gesucht. 21 US-Unternehmen beteiligten sich an der Ausschreibung für das neue Flugzeug. Zuerst sollte die Maschine noch mit Turboprop-Triebwerken ausgestattet werden, dann schwenke man auf Strahlantrieb als Alternative um. Northrop und Fairchild-Republic wurde am 18. Dezember 1970 der Auftrag zum Bau von zwei Prototypen ihres Entwurfsmusters gegeben. Die beiden Prototypen flogen dann im Mai 1972. Angeliefert wurden die ersten Serien-A-10A im Oktober 1975 an die Davis-Monthan Air Force Base in Arizona. Um im Falle einer sowjetischen Invasion in Westdeutschland gewappnet zu sein und angreifende Panzerdivisionen ausschalten zu können, wurden A-10 nach England und Westdeutschland verlegt. Auch im Irak während der Operation „Desert Storm" im Jahr 1991 flogen A-10 über 8100 Einsätze und zerstörten ca. 3000 Militärfahrzeuge, darunter auch viele Panzer und 1200 Artilleriegeschütze. Auch im Kosovokrieg im Jahr 1999 und später in Afghanistan waren A-10 im Einsatz. Ab 2013 gingen auch die Budgetkürzungen im amerikanischen Militärhaushalt nicht spurlos an der Fairchild-Republic A-10 vorüber. Von den 365 Kampfflugzeugen wurden fünf Geschwader außer Dienst gestellt.

Fairchild-Republic A-10 Thunderbolt II	
Verwendung	Erdkampfflugzeug
Produktionszeit	1975 bis 1986
Spannweite (mm)	7700
Länge/Höhe (mm)	17.420/4420
Leergewicht (kg)	9761
Startmasse (kg)	22.680
Vmax in (km/h)	706
Antrieb	2 x General-Electric TF34-GE-100-Mantelstromtriebwerke, je 40,32 kN Schub
Besatzung	1
Bewaffnung	30-mm-Gatling-Maschinenkanone, bis 7,3 t Außenlast

Dornier/Dassault-Breguet Alpha Jet A	
Verwendung	leichter Jagdbomber
Produktionszeit	1973 bis 1984
Spannweite (mm)	9110
Länge/Höhe (mm)	12.460/4190
Leergewicht (kg)	3515
Startmasse (kg)	8000
Vmax in (km/h)	1000
Antrieb	2 x Snecma Turbomeca Larzac 04-C20 Mantelstromtriebwerke, je 14,12 kN Schub
Besatzung	1
Bewaffnung	2,2 t Kampfmittel

Alpha Jet

Die Wurzeln des kleinen Trainers und Jagdbombers liegen im Jahr 1966, als das Bundesverteidigungsministerium nach einem neuen Trainer zur Ausbildung von Kampfflugzeugführern für Strahlflugzeuge suchte. Während der Luftfahrtschau in Hannover im Jahr 1968 präsentierte Dornier seine Entwürfe für den als P-375 bezeichneten Jet, die alle Richtlinien und Vorgaben einschlossen. Der Entwurf erwies sich nach eingehendem Studium als sehr erfolgversprechend, außerdem suchte auch die französische Luftwaffe nach einem ähnlichen Strahlflugzeug, so vereinbarten Frankreich und Deutschland am 1. Mai 1969 ein gemeinsames Projekt fortzuführen. Nachdem die Entwicklungsphase abgeschlossen war, entstand ein zweisitziger Schulterdecker, dessen Prototyp im Mai 1973 die Werkshalle bei Dassault-Breguet verließ. Ein zweiter Prototyp aus deutscher Produktion unternahm am 9. Januar 1974 seinen Jungfernflug von Oberpfaffenhofen aus. Am 15. Juli 1975 beschloss der Deutsche Bundestag die Beschaffung von 175 Alpha Jets der einsitzigen Version A (A = Angriff). Auch die französische Luftwaffe hatte nun 144 Maschinen bestellt, und 33 zweisitzige E-Versionen (E = Ecole/Schule) hatte Belgien geordert. Nur 17 Jahre nach Baubeginn wurde der Betrieb des eleganten Jets im Jahr 1997 nach nur 508 gebauten Flugzeugen eingestellt.

Panavia 200 Tornado

1967 suchten die NATO-Staaten Belgien, Deutschland, Frankreich, Großbritannien, Italien und die Niederlande ein neues Mehrzweckkampfflugzeug als Nachfolger für den „Starfighter". Doch noch im gleichen Jahr zog sich Frankreich aus dem Projekt zurück. Da sich die zu erwartenden Kosten jedoch weiter erhöhten, stiegen Belgien und Kanada wenig später aus dem Projekt aus. So gründeten nur noch die vier Flugzeughersteller British Aerosoace, Fiat, Fokker und MBB das Entwicklungsunternehmen Panavia. Geplant waren zwei Varianten: die einsitzige Panavia 100 als Jagdflugzeug und die zweisitzige Panavia 200 als Jagdbomber und Aufklärer. Die revolutionärste Technik an dem Flugzeug sollte eine schwenkbare Flügelgeometrie sein, die die Forderungen erfüllen sollte. Im Juli 1969 erlitt das Programm einen ersten Rückschlag, als Fokker bekannt gab, das Projekt zu verlassen. Um die Kosten für die verbliebenen Hersteller nicht zu hoch ausfallen zu lassen, verzichtete man im Anschluss auf die Panavia-100-Version. Langsam nahm der erste Prototyp Gestalt an, und am 8. April 1974 wurde dem Publikum in Manching bei Ingolstadt die erste Maschine vorgestellt. Ein halbes Jahr später war es dann so weit, das Testflugzeug hob am 14. August zu einem 30-minütigen Flug ab. Noch im selben Jahr bekam der neue Militärjet den einprägsamen Namen „Tornado".

Panavia Tornado ADV	
Verwendung	Mehrzweckkampfflugzeug
Produktionszeit	1973 bis 1999
Spannweite (mm)	8580 bis 13.910
Länge/Höhe (mm)	18.680/5950
Leergewicht (kg)	14.501
Startmasse (kg)	27.987
Vmax in (km/h)	2414
Antrieb	2 x Turbofans Turbo-Union RB199-34R Mk.104, Nachbrenner, je 73,0 kN Schub
Besatzung	2
Bewaffnung	MK 27 und Waffenlast

Boeing E-3 „Sentry"	
Verwendung	AWACS-Luftaufklärer
Produktionszeit	1974 bis 1991
Spannweite (mm)	44.420
Länge/Höhe (mm)	46.610/12.700
Leergewicht (kg)	73.480
Startmasse (kg)	157.397
Vmax in (km/h)	858
Antrieb	4 x Pratt & Whitney TF33-W-100-Turbofans, je 93 kN Schub
Besatzung	4
Missionscrew	13 bis 19

Boeing E-3 „Sentry"

Der Vorgänger der heutigen AWACS-Aufklärungsflugzeuge war die Lockheed EC-121 „Warning Star". Das Flugzeug war eine Abwandlung der Verkehrsmaschine L-049 Constellation, die aus einer 27-köpfigen Besatzung bestand. In den 1960er Jahren sollte die „Warning Star" durch ein strahlgetriebenes Flugzeug mit den neuesten Technologien der luftgestützten Überwachung ersetzt werden. Boeing und Douglas nahmen an der Ausschreibung teil, und nach Vergleichstests am 9. und 10. Februar 1972 entschied man sich für die Boeing-707-320B-Variante. Ein erstes Vorserienmodell mit dem neuen AWACS-System E-3A Sentry flog am 21. Juli 1975. Ab dem März 1977 wurde die 552nd Airborne Warning and Control Wing in Tinker AFB in Oklahoma mit den ersten 22 Serienmaschinen ausgerüstet. Die ersten NATO-Aufklärer kamen unter der Bezeichnung NE-3A ab dem 24. Februar 1982 auf den NATO-Flugplatz in Geilenkirchen nach Nordrhein-Westfalen an der niederländischen Grenze. Bis zum Dezember 2008 wurden die 17 Boeing E-3A der NATO Airborne Early Warning & Control Force für 1,6 Milliarden US-Dollar modernisiert. Während der zahlreichen Missionen zur Luftaufklärung beträgt die Besatzung an Bord einer E-3 bis zu 16 Militärs. Bis 1991 wurden 68 E-3 „Sentry" in neun Varianten gebaut.

Bell 222 „Triple Two"

1974 war es bei Bell Helicopter Textron Inc. in Texas so weit, der erste zweimotorige Hubschrauber für zivile Zwecke wurde dem Fachpublikum vorgestellt. Das Hauptaugenmerk legte Bell vor allem auf den europäischen Markt mit einem eleganten Design, einer geräumigen Kabine und einem geräuscharmen Antrieb. Der erste Prototyp startete am 13. August 1976. Die Serienproduktion wurde zwei Jahre später aufgenommen. Eine stärkere Version wurde unter der Bezeichnung Bell 222B mit größeren Rotorblättern im Jahr 1982 vorgestellt. Bekannt wurde der Hubschrauber mit einziehbarem Räderfahrwerk vor allem durch die Fernsehserie „Airwolf", die von 1984 bis 1986 im TV-Programm lief. Die optisch verbesserte Bell 222 erhielt Waffenattrappen, ein Düsentriebwerk und Stummelflügel. Als die Dreharbeiten der Serie beendet waren, wurde der Hubschrauber ohne Anbauten nach Deutschland verkauft, wo er bis 1991 bei der HSD-Luftrettung flog. Am 6. Juli 1992 stürzte der Hubschrauber bei einem Einsatzflug während eines Gewitters im Nebel in ein bewaldetes Gebiet. Alle Insassen kamen beim Absturz ums Leben. Trotz des Problems mit einem sehr tief drehenden Rotorblatt im Stand wird das elegante Luftfahrzeug auch heute gerne als „VIP-Shuttle" eingesetzt.

Bell 222 „Triple Two"	
Verwendung	Mehrzweckhubschrauber
Produktionszeit	1980 bis 1995
Rotordurchmesser (mm)	12.200
Länge/Höhe (mm)	15.100/3560
Startgewicht (kg)	2066
max. Startgewicht (kg)	3560
Vmax in (km/h)	240
Antrieb	2 x Lycoming LTS-101-650C-3 Turbinen, je 461 kW
Besatzung	2
Passagiere	4 bis 8

Mikojan-Gurewitsch MiG-29A	
Verwendung	Kampfflugzeug
Produktionszeit	1977 bis heute
Spannweite (mm)	11.360
Länge/Höhe (mm)	17.320/4730
Leergewicht (kg)	10.980
Startmasse (kg)	20.500
Vmax in (km/h)	2390
Antrieb	2 x Klimow RD-33 Mantelstromtriebwerke, Nachbrenner, je 81,40 kN Schub
Besatzung	1
Bewaffnung	30-mm-Maschinenkanone, 3,5 t Waffenlast

Mikojan-Gurewitsch MiG-29

Entdeckt wurde ein Muster der MiG-29 das erste Mal von einem US-amerikanischen Satelliten im November 1977 bei Ramenskoye, dem sowjetischen Luftwaffen-Erprobungszentrum. Inzwischen ist bekannt, dass die Mikojan MiG-29 „Fulcrum" ihren Erstflug am 6. Oktober 1977 hatte und insgesamt elf Prototypen gebaut wurden. Nachdem Triebwerksprobleme der Vorserienmaschinen beseitigt werden konnten, erfolgte ab dem Oktober 1983 die Indienststellung des Kampfflugzeuges an die Regimenter in Kubinka und Ros. Als Einsatzvariante war die MiG-29 für die Luftüberlegenheit als Jagdbomber und Aufklärer vorgesehen. In der Praxis bekam die „Fulcrum" wegen ihrer Wendigkeit und Schnelligkeit bald einen besonderen Ruf bei den Militärs weltweit. Doch die Auflösung des Ostblocks und der Zerfall der Sowjetunion im Jahr 1991 ließen auch die Bestellungen der MiG-29 stark zurückgehen. Nun setzte die russische Luftwaffe auf eine Umrüstung und Modernisierung von 300 älteren MiG-29. Der Erstflug dieser neuen Generation von MiG-29 erfolgte am 29. November 1997. 24 MiG-29 aus Beständen der Nationalen Volksarmee der DDR wurden bei der Deutschen Luftwaffe 1990 in Dienst gestellt. Geflogen wird das sowjetische Muster seit dem 3. Mai 1988.

McDonnell Douglas F/A-18

Erste Studien eines leichten und schnellen Nachfolgers für die Northrop F-5 Freedom Fighter gingen bereits auf das Jahr 1966 zurück, und ein erstes Mock-up wurde bei der Luftfahrtschau in Paris im Jahr 1971 präsentiert. Da die Kosten des neuen Flugzeuges mit der Bezeichnung „Cobra" jedoch zu hoch wurden, verzichtete man zuerst auf den Bau eines Prototyps. Auch lag zu diesem Zeitpunkt das Budget auf der Entwicklung und Einführung der F-15 „Eagle". Doch war Amerika durch den Druck der Verbündeten, die auf einen Nachfolger des F-104 Starfigters warteten, in Zugzwang geraten. Schließlich entschied sich die Air Force, die „Cobra" in einem „Lightweight-Fighter-Programm" als billige Exportmaschine zu produzieren und gab Northrop und General Dynamics die Aufträge, je einen Prototyp unter den Bezeichnungen YF-16 und YF-17 zu entwickeln. Am 13. Januar 1975 gab die Air Force dann bekannt, dass die YF-16 von General Dynamics bevorzugt wurden. Aus dem Entwurf wurde dann die F-16 „Fighting Falcon". Doch Northrop gab nicht auf und konnte die US Navy für den Entwurf YF-17 begeistern. Da Northrop jedoch keinerlei Erfahrung mit trägergestützten Flugzeugen hatte, kooperierte der Flugzeughersteller mit McDonnell Douglas. Der Erstflug der nun als F-18 bezeichneten Maschine fand am 18. November 1978 statt. Seit dieser Zeit sind fast 2000 Exemplare gebaut worden.

McDonnell Douglas F/A-18C/D Hornet	
Verwendung	Mehrzweckkampfflugzeug
Produktionszeit	1978 bis heute
Spannweite (mm)	11.430
Länge/Höhe (mm)	17.070/4660
Leergewicht (kg)	10.455
Startmasse (kg)	25.401
Vmax in (km/h)	2203
Antrieb	2 x General Electric F404-GE-402 Turbofans, Nachbrenner, je 79,0 kN Schub
Besatzung	1
Bewaffnung	Bordkanone M61 Vulcan, 7,7 t Waffenlast

NASA AD-1

Der US-amerikanische Ingenieurwissenschaftler, Flugzeugingenieur und Aerodynamiker Robert T. Jones befasste sich bereits in den 1930er Jahren mit der Stabilität von Luftfahrzeugen und ab 1944 mit der Pfeilung von Flügeln bei Überschallflügen. In den 1970er Jahren arbeitete er bei der NASA als Luftfahrtingenieur und entwickelte dort das Schräg-Flügel-Konzept. Das Konzept beruhte auf der Idee, dass ein Flügel, der bei Erreichen der Überschallgeschwindigkeit um bis zu 60 Grad horizontal gedreht wurde, durch den geringeren Luftwiderstand eine bessere Leistung erreichen kann. Bei niedrigeren Geschwindigkeiten stand der Hauptflügel konventionell wie bei einem normalen Flugzeug. Am 21. Dezember 1979 startete das Experimentalflugzeug mit NASA-Forschungspilot Thomas C. McMurtry am Steuer zum ersten Flug, ohne die Flügelstellung zu ändern. Während der nachfolgenden 18 Monate wurde die Drehung nach und nach immer mehr vergrößert. Dabei stellte sich heraus, dass durch die ungleiche Verteilung des Auftriebs Probleme bei der Steuerung auftraten. Dennoch wurde das Flugzeug bis zum 7. August 1982 weitergetestet, um wichtige Daten bei verschiedenen Geschwindigkeiten und Flügelwinkeln zu gewinnen. Insgesamt absolvierte die AD-1 79 Testflüge. Danach kam das Flugzeug in das Hiller Aviation Museum in San Carlos nach Kalifornien, wo es auch heute noch besichtigt werden kann.

NASA AD-1	
Verwendung	Experimentalflugzeug
Produktionszeit	1979
Spannweite (mm)	4930 bis 9850
Länge/Höhe (mm)	11.830/2060
Leergewicht (kg)	648
Startmasse (kg)	973
Vmax in (km/h)	322
Antrieb	2 x Microturbo TRS 18 Turbojets, je 0,98 kN Schub
Besatzung	1

PASSAGIER- UND FRACHTFLUGZEUGE

Airbus A380

Mit dem größten in Serie produzierten Passagierflugzeug der zivilen Luftfahrt setzte Airbus mit der A380 einen Meilenstein in der Luftfahrtgeschichte. Im zweistöckigen Innenraum des „Riesenvogels" können in der Einklassenbestuhlung bis zu 853 Passagiere befördert werden. In der Dreiklassenbestuhlung können 525 Fluggäste bis zu 14.816 Kilometer reisen. Unter der Bezeichnung A3XX wurde das Mock-up der A380 in Originalgröße auf der Paris Air Show im Jahr 1997 vorgestellt. Roll-out und Erstflug fanden im Jahr 2005 statt, und die Erstzulassung für die USA und Europa wurde im Dezember 2006 freigegeben. Singapur Airlines begann am 25. Oktober 2007 als erste Fluggesellschaft mit der A380 den Linienflugbetrieb aufzunehmen.

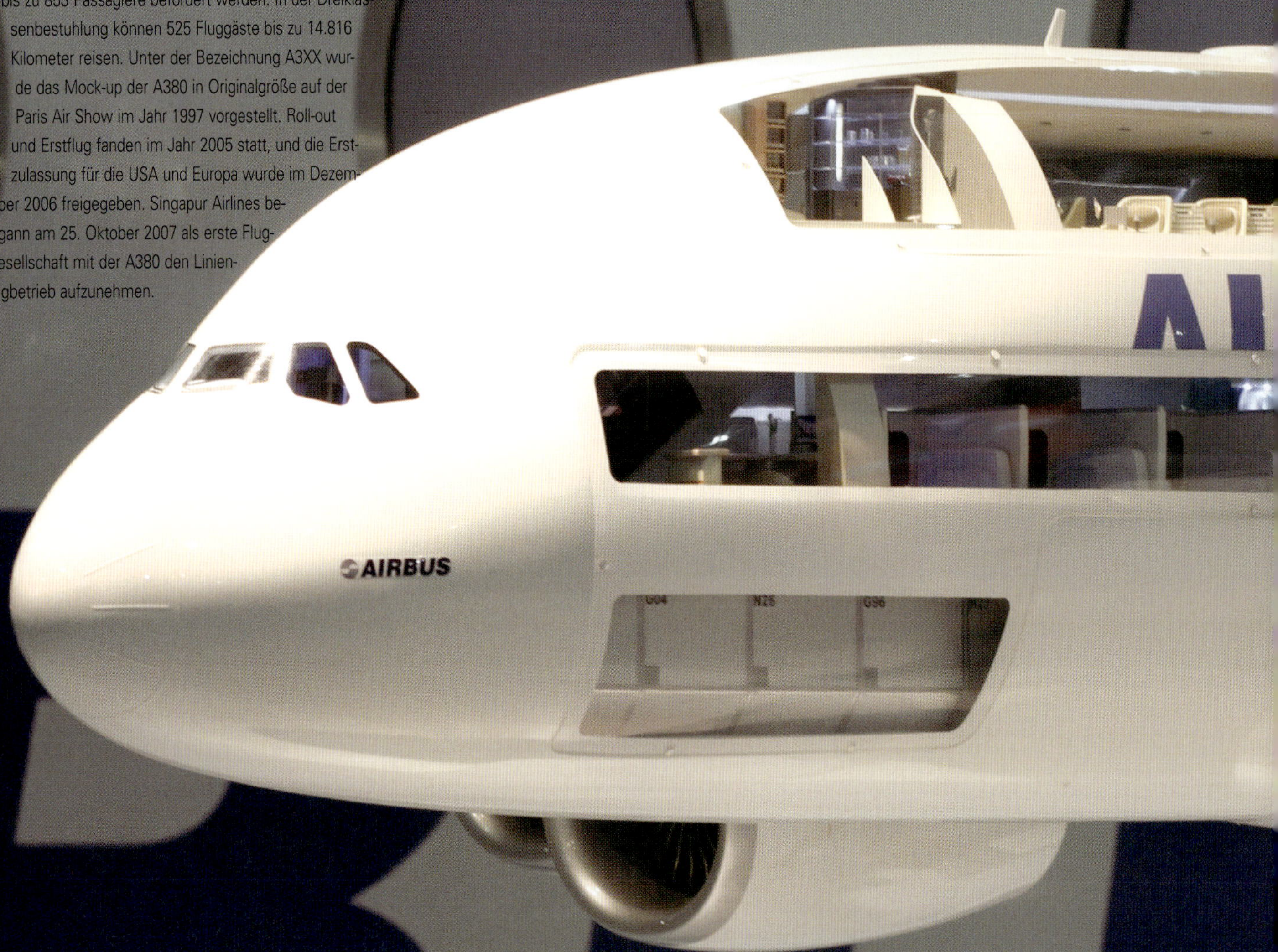

A380

Airbus A300 B4-600	
Verwendung	Großraumflugzeug
Produktionszeit	1974 bis 2007
Spannweite (mm)	44.840
Länge/Höhe (mm)	54.080/16.620
Leergewicht (kg)	78.201
Startmasse (kg)	170.500
Vmax in (km/h)	890
Antrieb	2 x Pratt & Whitney JT9D-7R4H1 Turbofan-Triebwerke, je 237 kN Schub
Besatzung	2
Passagiere	251 bis 345

Airbus A300

Den eigentlichen Ausschlag zum Bau gab die US-amerikanische Fluggesellschaft American Airlines, die um 1966 zur Ergänzung ihres Fuhrparks mit vorhandenen Passagierflugzeugen ein größeres strahlgetriebenes Muster zur Überquerung des Atlantiks suchte. Doch Boeing hatte zu dieser Zeit nichts Passendes zu bieten. Zur gleichen Zeit hatten sich Deutschland, Großbritannien und Frankreich darüber geeinigt, in Europa ein Flugzeug zu bauen, das der amerikanischen Stärke in der Luftfahrt Einhalt gebieten sollte. Obwohl die französische und die englische Regierung dem Projekt „Airbus 300" anfangs eher skeptisch gegenüberstanden und England später auch ausscheiden sollte, gründeten Deutschland und Frankreich im Jahr 1970 die „Airbus Industrie". Erstbesteller des für Kurz- und Mittelstrecken vorgesehenen Passagierjets war die staatliche französische Fluggesellschaft Air France. Zwei Jahre später, im Jahr 1973, bestellte auch die Lufthansa. Inzwischen war auch das erste Muster am 28. Oktober 1972 erfolgreich zu einem ersten Flug gestartet. Obwohl die Bestellungen anfänglich nur langsam eintrafen, hatten bis 1975 Air Siam, Indian Airlines, Korean Air und South African Airlines mehrere A 300 bestellt. Da sich im Flugbetrieb herausstellte, dass der Airbus beim Treibstoffverbrauch sparsamer als die Konkurrenz war, folgten ab 1978 auch Bestellungen von American Airlines, Continental Airlines und PAN AM.

Airbus A300 zero g

Die meisten A300-Exemplare waren zwar Passagiermaschinen, dennoch wurden auch einige Flugzeuge zu Frachtmaschinen umgebaut. Letzte Muster bestellten noch im Jahr 1999 Japan Air System und 2002 Japan Airlines. Von der A300 gab es mehrere Varianten. Die beiden Prototypen mit der Kennung B1 flogen bis 1990 bzw. 2003. Die ersten Serienmaschinen erhielten die Typenbezeichnung B2. Parallel zur B2 wurde die Variante B4 entwickelt, um auch ein konkurrenzfähiges Modell für Mittelstrecken zu haben. Die erste Serienmaschine der A300 mit der Seriennummer 003, die im Jahr 1973 gebaut worden war, kaufte im Jahr 1998 die französische Raumfahrtbehörde „CNES". Als Airbus A300 zero g wurde das Flugzeug für Parabelflüge umgebaut und von der Firma Novespace für diese besonderen Flugmanöver eingesetzt. Bei diesen Flügen leitet der Pilot der zero g in der dritten und vierten Flugphase die Schwerelosigkeit ein. Diese Phase dauert im Durchschnitt ungefähr 22 Sekunden. In der Phase 5 wird das Flugzeug wieder abgefangen. Dieser Vorgang dauert nochmals 20 Sekunden und erzeugt bis zu 2 g. Meist werden zwischen fünf und 30 Parabelflüge hintereinander geflogen. Der Zeitraum zwischen den einzelnen Flügen im freien Fall beträgt zwei Minuten.

Airbus A300 zero g	
Verwendung	Flugzeug für Parabelflüge
Produktionszeit	1998
Spannweite (mm)	44.840
Länge/Höhe (mm)	53.620/16.530
Leergewicht (kg)	79.600
Startmasse (kg)	142.000
Vmax in (km/h)	917
Antrieb	2 x Pratt & Whitney JT9D-59A Turbofan-Triebwerke, je 236 kN Schub
Besatzung	2

Airbus A310-300	
Verwendung	Großraumflugzeug
Produktionszeit	1982 bis 2007
Spannweite (mm)	43.900
Länge/Höhe (mm)	46.660/15.800
Leergewicht (kg)	83.100
Startmasse (kg)	168.000
Vmax in (km/h)	901
Antrieb	2 x Pratt & Whitney JT9D-7R4H1 Turbofan-Triebwerke, je 237 kN Schub
Besatzung	2
Passagiere	178 bis 280

Airbus A310

Da die A300 schließlich doch erfolgreich vermarktet werden konnte, regten einige Fluggesellschaften an, auch ein kleineres Muster des Passagierflugzeugs anzubieten. Um die Entwicklung des neuen Flugzeugs mit der Typenbezeichnung A310 so kostengünstig wie möglich zu gestalten, blieb der Rumpfquerschnitt, und die Länge des Flugzeugs wurde um ca. sieben Meter verringert. Lediglich die Tragflächen wurden bei British Aerospace völlig neu entwickelt. Gegenüber der A300 konnten mit der A310 bis zu 20 Prozent des kostbaren Treibstoffs gespart werden. Das Roll-out des ersten Airbus A310 war der 16. Februar 1982, und am 2. April hob die Maschine in Toulouse bereits zum Erstflug ab. Eine geplante Kurzstreckenversion mit der Bezeichnung A310-100 wurde nicht realisiert, die erste gebaute Serienversion hieß A310-200. Von dieser Version wurden 85 Maschinen gebaut. Die Weiterentwicklung der A310-100 war die A310-300 mit einem Abfluggewicht von 164.000 Kilogramm. Der Erstflug fand am 8. Juli 1985 statt. Am 16. Juli 1989 nahm Austrian Airlines mit zwei Airbus A310-300 den Liniendienst auf der Strecke Wien–New York und Wien–Tokio auf. Im Jahr 1991 bekam die A310 als erstes westliches Linienflugzeug die Zulassung in Russland.

Airbus A 319

Auch der kleine Airbus A 319 gehört zur A320-Familie und war vor allem für den Kurzstreckendienst vorgesehen. Zwischen den Baureihen A 319, A 320 und A 321 sind 95 Prozent aller Bauteile gleich. Der Beginn des A319-Programms war der 10. Juni 1993. Zwei Jahre später, am 23. März 1995, begann die Endmontage eines ersten Musters. Das Roll-out der ersten A 319 fand am 24. August 1995 statt, und am nächsten Tag startete das Flugzeug bereits zum Jungfernflug, der drei Stunden und 50 Minuten dauerte. Swissair führte im April 1996 den ersten Linienflug durch, und Air Canada erhielt am 14. Januar 1997 die erste von 35 bestellten Maschinen. Die lange Strecke von Europa nach Winnipeg mit 6645 Kilometern legte das Flugzeug in neun Stunden und fünf Minuten zurück. Die Lufthansa bekam am 18. Februar 1997 das erste Passagierflugzeug, und im August 1998 wurde bereits das 100ste Flugzeug ausgeliefert, der Preis betrug etwa ca. 52,4 Millionen US-Dollar. Ab dem Jahr 1997 bot Airbus auch ein Reisegeschäftsflugzeug auf der Basis der A 319 an. Bei acht bis 15 Passagieren war die Reichweite der A 319 CJ/ACJ bis zu 11.700 Kilometer. DaimlerChrysler, die Regierungen von Brasilien, Deutschland, Italien und Tschechien betrieben einige dieser VIP-Flugzeuge.

Airbus A319-100	
Verwendung	Großraumflugzeug
Produktionszeit	1995 bis 2007
Spannweite (mm)	34.100
Länge/Höhe (mm)	33.840/11.760
Leergewicht (kg)	40.100
Startmasse (kg)	75.500
Vmax in (km/h)	840
Antrieb	2 x CFMI-CFM56-5B Turbofan-Triebwerke, je 106 kN Schub
Besatzung	2
Passagiere	124 bis 156

Airbus A320-100	
Verwendung	Mittelstreckenflugzeug
Produktionszeit	1987 bis heute
Spannweite (mm)	34.100
Länge/Höhe (mm)	37.570/11.760
Leergewicht (kg)	41.900
Startmasse (kg)	78.000
Vmax in (km/h)	840
Antrieb	2 x CFMI-CFM56-5A Turbofan-Triebwerke, je 118 kN Schub
Besatzung	2
Passagiere	150 bis 180

Airbus A320

Anfang des Jahres 1984 gab Airbus Industrie die Entwicklung eines neuen Kurz- und Mittelstreckenflugzeugs bekannt. Der Airbus A320 wurde nicht wie viele andere Muster weiterentwickelt, sondern war eine komplette Neuentwicklung mit einer Vielzahl an technischen Neuerungen. Erstmals kam in einem Verkehrsflugzeug auch eine Fly-by-wire-Steuerung zum Einbau. Der Computer für die Sidestick-Steuerung war so programmiert, dass das Flugzeug nicht außerhalb seines Leistungsbereichs in einen kritischen Bereich geflogen werden konnte. Als die erste A320 am 14. Februar 1987 ihr Roll-out hatte, lagen bei Airbus bereits 262 Bestellungen des Flugzeugs vor. Zum Jungfernflug startete das Passagierflugzeug am 22. Februar vom Flughafen in Toulouse aus. Nach drei Stunden und 23 Minuten hatte das Flugzeug den Ausgangspunkt wieder erreicht. Für die Flugerprobung wurden insgesamt vier Prototypen gebaut, die nach eingehenden Tests am 26. Februar 1988 ihre europäische Typenzulassung erhielten. Die ersten Serienmaschinen gingen am 28. März 1988 an die Air France und drei Tage später an British Airways. Bereits vier Jahre nach ihrer Indienststellung hatten die weltweit eingesetzten A320 über eine Million Flugstunden absolviert. Bis Oktober 2013 wurden insgesamt 5802 Flugzeuge der A320-Familie gebaut.

Airbus A321

Ab dem 27. November 1989 stand eine Weiterentwicklung der A320 an. Das neue Muster mit der Bezeichnung A321 sollte auf Strecken mit einem erhöhten Passagieraufkommen eingesetzt werden. Mit einer Reichweite von bis zu 4500 Kilometern war sie als Kurz- oder Mittelstreckenflugzeug bestens geeignet. Das Flugzeug wurde so konstruiert, dass die Muster A319, A320 und A321 mit nur einer Typenberechtigung der Piloten geflogen werden konnten. Am 15. Juni 1992 begann die Endmontage der ersten A321. Das erste Probemuster der vier geplanten Prototypen fand am 11. März 1993 statt, die Zulassung bekam das Flugzeug ein Jahr später. Am 27. Januar 1994 stellte die Lufthansa ihr erstes A321-Flugzeug in Dienst. Bald zeigte sich, dass die Größe des Passagierflugzeugs immer noch nicht ausreichte, und so entschloss sich Airbus, eine schwerere Ausführung unter der Bezeichnung A321-200 zu bauen. Das erste Muster der A321-200 hob am 12. Dezember 1996 vom Boden ab. Ab dem Mai 2002 wurde nur noch die Variante A321-200 ausgeliefert, doch bereits ab dem Jahr 2005 begannen erste Überlegungen zu einem Nachfolgetyp, der A320neo (New Engine Option). Die offizielle Bekanntgabe für den Nachfolger fand im Dezember 2010 statt. Bei diesem neuen Typ liegt das Hauptaugenmerk auf moderneren Triebwerkenn von Pratt & Whitney, die sich komplett von herkömmlichen Turbofan-Triebwerken unterscheiden.

Airbus A321-200	
Verwendung	Mittelstreckenflugzeug
Produktionszeit	1989 bis heute
Spannweite (mm)	34.100
Länge/Höhe (mm)	44.510/11.760
Leergewicht (kg)	46.960
Startmasse (kg)	93.500
Vmax in (km/h)	840
Antrieb	2 x CFMI-CFM-56-5B Turbofan-Triebwerke, je 142,3 kN Schub
Besatzung	2
Passagiere	185 bis 220

Airbus A330-300	
Verwendung	Langstreckenflugzeug
Produktionszeit	1992 bis heute
Spannweite (mm)	60.300
Länge/Höhe (mm)	63.660/16.820
Leergewicht (kg)	122.000
Startmasse (kg)	187.000
Vmax in (km/h)	912
Antrieb	2 x General-Electric CF6-80E1A2 Turbofan-Triebwerke, je 320 kN Schub
Besatzung	2
Passagiere	221 bis 440

Airbus A330

Mit der Entwicklung eines zweistrahligen Mittel- und Langstreckenflugzeugs, der A330, und eines vierstrahligen Langstreckenjets mit der Bezeichnung A340 begann man bei Airbus im Juni 1987. Inzwischen war das Fly-by-wire-System so erprobt, dass es in alle Airbus-Muster eingebaut wurde. Als Triebwerke standen die General Electric CF6-80E1, die Pratt & Whitney PW4000 oder die Rolls-Royce 700 zur Auswahl. Als Versionen gab es die Basisvariante A330-300 und die A330-200 mit erhöhtem Startgewicht von 230.000 Kilogramm. Beim aus 100 Teilen bestehenden Leitwerk ging man neue Wege, indem man es komplett aus CFK fertigte, was ein geringeres Gewicht von 140 Kilogramm brachte. Der Erstflug des Prototyps fand am 2. November 1992 in Toulouse statt, dabei war die A330 mit General-Electric-Triebwerken ausgestattet. Bereits bis Ende April 1993 hatten die beiden Prototypen schon 173 und über 516 Flugstunden absolviert. Ein dritter Prototyp nahm die Flugerprobung am 28. Juni 1993 auf. Im August des gleichen Jahres nahm eine A330 die erste Nordatlantiküberquerung unter ihre Flügel, bei der sie sechs Stunden lang mit nur einem Triebwerk flog. Eine erste Bestellung kam von der französischen Fluggesellschaft Air Inter, die ihr Flugzeug am 30. Dezember 1993 erhielt und Anfang Januar 1994 den Liniendienst aufnahm.

Airbus A340

Eine der erfolgreichsten Baureihen von Airbus war die A340, die am 25. Oktober 1991 ihren Erstflug hatte. Die erste Linienmaschine bekam die Lufthansa im Februar 1993. Bereits einen Monat später startete das Muster zum ersten Linienflug. In der Anfangsphase hatte das Flugzeug sehr wenige Kinderkrankheiten, die der Maschine bald eine hohe Zuverlässigkeit attestierten. Zwischen dem 16. und 18. Juni 1993 stellte ein Airbus A340 auch einen Langstreckenweltrekord auf. In nur 48 Stunden und 22 Minuten flog eine A340 mit nur einem Stopp in Neuseeland um die Erde. Um den Kundenwünschen nachzukommen, lieferte Airbus 1996 eine mit einem höheren Startgewicht und stärkeren Triebwerken ausgestattete A340 mit der Bezeichnung 300E an Singapore Airlines. 2003 erschien die verbesserte 300 Enhanced auf dem Markt. Die „nächste Generation" der A340 mit größeren Triebwerken und einer weiterentwickelten Flugsteuerung wurde als Baureihe A340-500 erstmalig während der Pariser Airshow im Jahr 1997 gezeigt. Um nochmals 7,5 Meter länger präsentierte sich wenig später der Airbus A340-600, der damit das längste Passagierflugzeug der Welt wurde. 2010 übernahm die Flugbereitschaft der Bundeswehr zwei A340 aus dem Bestand der Lufthansa. Diese beiden Flugzeuge wurden zu Regierungsflugzeugen umgebaut und erhielten im 2011 die Namen „Theodor Heuss" und „Konrad Adenauer".

Airbus A340-300	
Verwendung	Großraumflugzeug
Produktionszeit	1991 bis 2011
Spannweite (mm)	60.300
Länge/Höhe (mm)	63.660/16.820
Leergewicht (kg)	129.000
Startmasse (kg)	271.000
Vmax in (km/h)	880
Antrieb	4 x CFMI-CFM56-5C2 Turbofan-Triebwerke, je 151 kN Schub
Besatzung	2
Passagiere	bis 335

Airbus A300-600ST Beluga	
Verwendung	Super-Transporter
Produktionszeit	1994 bis heute
Spannweite (mm)	44.840
Länge/Höhe (mm)	56.150/17.240
Leergewicht (kg)	86.000
Startmasse (kg)	155.000
Vmax in (km/h)	780
Antrieb	2 x General-Electric GE-CF6-80C2A8 Turbofan-Triebwerke, je 262,4 kN Schub
Besatzung	2
Frachtvolumen (m³)	1210

Airbus Beluga

Um die von der Aéromaritime übernommenen und bei Airbus eingesetzten Boeing Super Guppys zu ersetzen, baute Airbus Anfang der 1990er Jahre eine besondere Form der A300-600, den Airbus A300B4-600ST. Das große und an einen Belugawal erinnernde Transportflugzeug wurde speziell zur Beförderung großvolumiger Lasten entwickelt, um Sektionen von Airbus-Flugzeugen an die jeweiligen Standorte liefern zu können. Der Erstflug des „Beluga" fand im September 1994 statt. Insgesamt wurden bis jetzt fünf Exemplare dieses außergewöhnlichen Transporters gebaut. Im Laderaum, der bis zu 7,4 Meter hoch und 37,7 Meter lang ist, kann eine Nutzlast von bis zu 47 Tonnen transportiert werden. Mit maximaler Beladung kann das Flugzeug Strecken bis zu 1700 Kilometer zurücklegen, mit einer Halbierung der Nutzlast sind sogar Flugstrecken von bis zu 4600 Kilometer möglich. Die „Belugas" werden inzwischen von der Airbus-Tochter „Airbus Transport International" betrieben und mittlerweile auch von der ESA und der Deutschen Bundeswehr benutzt. Um eine nicht zu „alte" Flotte von Frachtflugzeugen zu bekommen, liegen inzwischen erste Überlegungen vor, den Airbus A300-600ST Beluga zu ersetzen. Im Gespräch ist eine Version der A330 als Variante 200XL.

Airbus A350XWB

Am 6. Oktober 2005 gaben die BAE Systems und die EADS „grünes Licht" zum Bau des Airbus A350. Bereits zu diesem Zeitpunkt lagen 140 Bestellungen für das Langstreckenflugzeug vor. Mit neuen Triebwerken ausgestattet, war die A350 kein neuer Flugzeugtyp, sondern eine moderne Version der A330. Der Jungfernflug war für das Jahr 2009 und der Start der Serienfertigung und Auslieferung der ersten Flugzeuge für 2011 geplant. Alleine die Entwicklungskosten eines ersten Entwurfs schätzte Airbus auf ca. 4,5 Milliarden Euro. Doch im Jahr 2006 wurden immer mehr Stimmen der internationalen Fluggesellschaften laut, statt einer A330-Weiterentwicklung ein völlig neues Passagierflugzeug zu konzipieren. Auf einer Pressekonferenz im Mai 2006 räumte Airbus schließlich ein, die Konkurrenzmuster von Boeing (777-300ER und 787) unterschätzt zu haben, und stellte im Juli einen zweiten Entwurf der A350 als A350 XWB vor. Die zuerst in Serie gehende Variante sollte eine A350-900 sein. Sie war für Mitte 2011 angekündigt. Doch es sollte bis zum 14. Juli 2013 dauern, bis eine A350-900 vom Flughafen Toulouse-Blagnac erstmals abhob. Danach begann ein 2500 Flugstunden umfassendes Testprogramm. Die erste Serienmaschine wurde am 22. Dezember 2014 an Qatar Airways übergeben. Bis 2016 soll auch eine kürzere Variante als A350-800 und bis 2017 eine Langversion als A350-1000 entstehen.

Airbus A350-900	
Verwendung	Großraumflugzeug
Produktionszeit	2013 bis heute
Spannweite (mm)	64.740
Länge/Höhe (mm)	66.890/17.390
Leergewicht (kg)	115.700
Startmasse (kg)	268.000
Vmax in (km/h)	945
Antrieb	2 x Rolls-Royce Trent XWB Mantelstromtriebwerke, je 374,5 kN Schub
Besatzung	2
Passagiere	314

Airbus A380

Eigentlich begann die Idee, ein derart großes Flugzeug zu bauen, bereits in den 1980er Jahren. Doch erst in den 1990er Jahren kramte Airbus diese Machbarkeitsstudien aus der Schublade, da die Nachfrage nach so einem Flugzeug für den Passagier- und Frachtverkehr immer stärker wurden. Als Airbus im Jahr 2000 erste 50 Kaufabsichten vorlagen, begann der Flugzeughersteller mit der Realisierung dieser kühnen Idee. Begleitende Forderungen der Fluggesellschaften zur Entwicklung der A380 waren um 15 Prozent geringere Betriebskosten und eine wesentliche Lärmreduzierung gegenüber aktuellen Mustern. Zwischen dem Oktober 2004 und dem Januar 2005 wurde ein erster Prototyp gefertigt und am 18. Januar in feierlichem Rahmen der Presse vorgestellt. Die Feierlichkeit wurde vom Fernsehen direkt übertragen, und auch die Staats- und Regierungschefs der internationalen Airbus-Standorte, Tony Blair (GB), Jacques Chirac (F), Gerhard Schröder (D) und José Luis Zapatero (ES), wohnten der Zeremonie bei. Unter den Augen von über 1000 Zuschauern fand am 27. April 2005 der Jungfernflug des Super-Jumbos von Toulouse-Blagnac statt. Zwischen dem Juli und dem August 2006 führte das DLR (Deutsches Zentrum für Luft- und Raumfahrt) anschließend Wirbelschlepptests durch, die der Luftverkehrssicherheit dienten. Der Test für Flüge mit Passagieren begann im September 2006, Tests für die Langstrecken- und Flughafentauglichkeit begannen zwei Monate später. Am 15. Oktober 2007 bekam Singapore Airlines die erste A380 für die Strecke Singapur–Sydney.

Airbus A380-800	
Verwendung	Großraumflugzeug
Produktionszeit	2005 bis heute
Spannweite (mm)	79.800
Länge/Höhe (mm)	72.300/24.100
Leergewicht (kg)	275.000
Startmasse (kg)	569.000
Vmax in (km/h)	958
Antrieb	4 x Trent-970(B) Turbofan-Triebwerke, je 356 kN Schub
Besatzung	2
Passagiere	558 bis 853

Antonow An-12BP	
Verwendung	Transportflugzeug
Produktionszeit	1957 bis 1973
Spannweite (mm)	38.000
Länge/Höhe (mm)	33.100/10.530
Leergewicht (kg)	28.000
Startmasse (kg)	61.000
Vmax in (km/h)	777
Antrieb	4 x Iwtschenko AI-20M Propellerturbinen, je 4250 PS
Besatzung	5
Passagiere	je Ausführung bis 132

Antonow An-12

In den 1950er Jahren entwickelte der Flugzeugbauer Antonow aus dem sowjetischen Passagierflugzeug An-10 die mit vier Propellerturbinentriebwerken ausgerüstete An-12. Der freitragende Schulterdecker mit dem NATO-Code „Cub" wurde in kürzester Zeit eines der meistgeflogenen Muster der sowjetischen Luftstreitkräfte. Insgesamt wurden bis zum Jahr 1973 ungefähr 1250 Transportflugzeuge gebaut, von denen etwa 200 Maschinen ab 1966 auch im zivilen Frachtverkehr bei der sowjetischen Fluggesellschaft Aeroflot eingesetzt wurden. Auch Jugoslawien setzte die Antonow An-12 im zivilen Frachtverkehr ein. Der Jungfernflug der ersten An-12 wurde am 16. Dezember 1957 durchgeführt und führte zu einer ersten Serienvariante An-12A als taktischer Kampftransporter. Eine Spezialität des Frachtflugzeugs war die große Heckklappe, die vor allem das Verladen von sperrigen Gegenständen und Fahrzeugen ermöglichte. Im Jahr 1964 rüstete man zwei Versuchsmaschinen des Typs An-12PL mit Skiern für Einsätze in der Arktis aus. Auf der Basis der An-12 baute das chinesische Unternehmen Shaanxi Aircraft Corporation die Shaanxi Y-8 als mittelschweres Transportflugzeug. Durch sich häufende Unfälle der Antonow An-12 verboten die Vereinigten Arabischen Emirate ab März 2010 das Überfliegen von An-12-Maschinen.

Antonow An-22

Um ein Transportflugzeug zur Bewältigung großer Lasten über große Entfernungen zu erhalten, entschloss sich Antonow, den schweren Transporter An-22 zu entwickeln. Als das mit vier jeweils gegenläufigen Turboprop-Triebwerken ausgestattete Flugzeug am 27. Februar 1965 das erste Mal vom Boden abhob, war es das größte Serienflugzeug der Welt, und auch heute hält die An-22 noch den Rekord, das größte Flugzeug mit Propellerantrieb zu sein. Das Fahrwerk der An-22 besaß insgesamt 14 Räder, die es dem Flugzeug ermöglichten, auch auf Behelfspisten von 1,5 Kilometern zu starten und 1100 Metern zu landen. Als Frachtmaschinen wurden zwischen 1965 und 1972 insgesamt 68 Serienflugzeuge gebaut. Die Transportmaschine mit dem 33 Meter langen und 4,4 Meter breiten Frachtraum konnte mit einer maximalen Nutzlast von 80 Tonnen beladen werden. Eine ursprünglich geplante Passagierversion mit bis zu 724 Sitzplätzen wurde zwar angekündigt, wegen zu wenig Käuferresonanz jedoch nicht verwirklicht. Mitte der 1960er Jahre wollte das sowjetische Militär eine An-22 mit einem Nuklearantrieb ausstatten. Dabei sollte der Reaktor während des Fluges die vier Triebwerke über Wärmetauscher mit Energie versorgen. Das Ziel sollte eine Einsatzdauer von ca. 50 Stunden und eine Reichweite von 27.500 Kilometern sein. Das Projekt wurde jedoch vor dem ersten Nuklearflug eingestellt.

Antonow An-22	
Verwendung	Transportflugzeug
Produktionszeit	1965 bis 1976
Spannweite (mm)	64.400
Länge/Höhe (mm)	57.800/12.530
Leergewicht (kg)	114.000
Startmasse (kg)	250.000
Vmax in (km/h)	680
Antrieb	4 x Kusnezow NK-12MA Turboprop-Triebwerke, je 15.211 PS
Besatzung	5 bis 6
Passagiere	bis 28

Antonow An-24	
Verwendung	Transportflugzeug
Produktionszeit	1960 bis 1978
Spannweite (mm)	29.200
Länge/Höhe (mm)	23.530/8320
Leergewicht (kg)	13.300
Startmasse (kg)	21.000
Vmax in (km/h)	680
Antrieb	4 x Iwtschenko AI-24A Turboprop-Triebwerke, je 2552 PS
Besatzung	3
Passagiere	bis 50 (Passagierkabine)

Antonow An-24

Ende der 1950er Jahre fehlte es im Flugverkehr der Sowjetunion an robusten Kurzstrecken-Flugzeugen mit Turboprop-Antrieb. Oleg Konstantinowitsch Antonow bekam den Auftrag auf Erlass des Ministerrates der Sowjetunion, ein kombiniertes Transport- und Passagierflugzeug zu entwerfen, das sowohl bei den verschiedensten Witterungsverhältnissen als auch auf schlecht befestigten kleinen Pisten operieren konnte. Die Entwicklung im Kiewer Planungsbüro begann Ende 1956. Im April 1960 hob ein erstes Versuchsmuster unter der Bezeichnung An-24 zum Erstflug vom Boden ab und drei Jahre später bekam die Aeroflot ein erstes Flugzeug für den Liniendienst. Vom erfolgreichen Modell An-24 wurden im Laufe seiner Bauzeit mehrere Versionen mit zusätzlichem Strahltriebwerk entwickelt, als Frachtversion (An-24T) und als Feuerlöschvariante (An-24P). Als die Produktion im Jahr 1978 nach ungefähr 1300 Exemplaren eingestellt wurde, übernahm China den Weiterbau. Dort wird das Muster An-24 als Xian Y-7 im Kurzstreckenbetrieb bis heute geflogen. Die verschiedenen Y-7-Varianten fliegen auch im Iran, in Kambodscha, in Mauretanien und in Simbabwe. Da die Antonow An-24 als unverwüstlich und robust galt, wurde das Muster ab dem Jahr 1989 vor allem an Fluggesellschaften in der „Dritten Welt" und an „Buschpiloten" verkauft. Weitere Flugzeuge gingen an Fluggesellschaften in Sibirien und als Geschenk nach Vietnam.

Antonow An-28

Vorläufer des Passagierflugzeugs Antonow An-28 war die zweimotorige An-14 Ende der 1950er Jahre. Die als Schulterdecker ausgelegte Maschine wurde durch zwei Propellerturbinen angetrieben und hatte STOL-Eigenschaften (Short Take-off and Landing), das heißt, das komplett aus Metall hergestellte Flugzeug konnte auf sehr kurzen Pisten starten und landen. Nach den ersten Tests für die An-28 im Jahr 1972 begann ein Jahr später der Aufbau eines ersten Prototyps. Als Antrieb waren leistungsfähige Gluschenko-TWD-10-Triebwerke vorgesehen. Im Sommer 1978 entstand ein zweiter Prototyp für Testzwecke. Inzwischen war die Serienfertigung an PZL Mielec in Polen vergeben worden, da auch ein Auftrag über die ersten 15 Maschinen aus Polen kam. Bis Anfang 1991 war der Bestelleingang auf 163 Passagierflugzeuge des Typs An-28 angewachsen. Um das Flugzeug auch auf dem westlichen Markt anbieten zu können, begann man ab 1991 auch amerikanische Pratt & Whitney-PT6A65B-Triebwerke in die An-28 einzubauen. Aus dieser Maßnahme entstand die Antonow An-28 PT, die im Frühjahr 1993 ihren Jungfernflug hatte. Zusätzlich entstand in Polen auf der Basis der An-28 auch das militärisch ausgelegte Transportflugzeug PZL M-28 Skytruck.

Antonow An-28	
Verwendung	Passagierflugzeug
Produktionszeit	1978 bis 1993
Spannweite (mm)	22.060
Länge/Höhe (mm)	13.100/4900
Leergewicht (kg)	3900
Startmasse (kg)	6500
Vmax in (km/h)	390
Antrieb	2 x Gluschenko TWD-10B-Turboprop-Triebwerke, je 973 PS
Besatzung	1 bis 2
Passagiere	bis 18

Antonow An-32B	
Verwendung	Frachtflugzeug
Produktionszeit	1976 bis heute
Spannweite (mm)	29.200
Länge/Höhe (mm)	24.260/8580
Leergewicht (kg)	16.800
Startmasse (kg)	27.000
Vmax in (km/h)	640
Antrieb	2 x Iwtschenko AI-20DM Turboprop-Triebwerke, je 5176 PS
Besatzung	3 bis 5
Passagiere	bis 50

Antonow An-32

Der Entwurf der An-32 basierte auf dem militärischen Transportflugzeug An-26 Ende der 1960er Jahre. Wie die Antonow An-26 war das Transportflugzeug An-32 mit einem einziehbaren Fahrwerk und zwei Turboprop-Triebwerken, die jedoch größer waren und höher lagen als bei der An-26, ausgestattet. Das Flugzeug war mit einer Druckkabine mit Klimaanlage ausgerüstet, da das Haupteinsatzgebiet Flugplätze mit besonders heißem Klima und in Höhenlagen bis zu 4500 Metern waren. Um unabhängig von einer Infrastruktur und Energieversorgung zu sein, hatte der Transporter einen Hilfsmotor. Der Prototyp der Standardversion, die Antonow An-32B, flog das erste Mal am 9. Juli 1976. Diese Frachtausführung kann Transportgüter von bis zu elf Metern Länge und einem Höchstgewicht von 7500 Kilogramm befördern. Beladen wird über eine Rampe am Heck des Flugzeugs. Inzwischen gibt es eine größere Anzahl von Varianten. Die Antonow An-32P ist als Brandbekämpfungsflugzeug ausgelegt. Sie kann bis zu 8000 Liter Löschmittel befördern und bis zu 30 Feuerwehrleute mit dem Fallschirm absetzen. Eine weitere Variante ist die Antonow An-32B-100, die mit modifizierten, wirtschaftlicheren Triebwerken mit einer höheren Zuladung und einem größeren Startgewicht im Frachtdienst ist. Eine als An-32W-100 angebotene Variante ist für den Betrieb mit nur zwei Mann Besatzung ausgelegt. Mit zusätzlichen Treibstofftanks von insgesamt 3000 Litern ist eine Reichweite von 3200 Kilometern möglich. Das Flugzeug ist für eine Einsatzdauer von mindestens 25 Jahren gebaut.

Antonow An-70

Um den in die Jahre gekommenen militärischen Transporter An-12 zu ersetzen, begannen Mitte der 1970er Jahre die Projektarbeiten an einem Nachfolgetyp. Doch die Suche sollte einige Jahre dauern, und erst am 20. Januar 1994 rollte ein erster Prototyp der Antonow An-70 aus den Montagehallen in Kiew. Am 16. Dezember 1994 war es dann so weit und das erste Testmuster hob vom Boden ab. Doch die Testreihe mit dem Prototyp stand unter keinem günstigen Stern, denn während des vierten Erprobungsflugs am 10. Februar 1995 stieß der An-70-Prototyp mit dem Begleitflugzeug, einer An-72, in der Luft zusammen und stürzte in einen Wald in der Nähe von Kiew. Dabei kamen alle sieben Besatzungsmitglieder ums Leben. Ein zweiter Prototyp war erst am 24. April 1997 für seinen Erstflug bereit. Doch auch dieser Transporter wurde am 27. Januar 2001 nach einem Triebwerksausfall und einer Bruchlandung erheblich beschädigt. Es war angedacht, dass eine Weiterführung des Projekts wieder aufgenommen werden sollte. Zunächst sollten drei Maschinen gebaut werden.

Antonow An-70	
Verwendung	Transportflugzeug
Produktionszeit	1994 bis heute
Spannweite (mm)	44.060
Länge/Höhe (mm)	40.730/16.380
Leergewicht (kg)	73.000
Startmasse (kg)	135.000
Vmax in (km/h)	750
Antrieb	4 x Iwtschenko Progress D-27 Propellerturbinen, je 14.194 PS
Besatzung	3
max. Zuladung (kg)	47.000

Antonow An-72G	
Verwendung	Transportflugzeug
Produktionszeit	1977 bis heute
Spannweite (mm)	31.890
Länge/Höhe (mm)	28.070/9200
Leergewicht (kg)	19.000
Startmasse (kg)	34.500
Vmax in (km/h)	705
Antrieb	2 x Iwtschenko Progress D-36 Turbofan-Triebwerke, je 63,7 kN Schub
Besatzung	3 bis 5
Passagiere	max. 68

Antonow An-72

Der sowjetische Schulterdecker Antonow An-72 war als Transportflugzeug für Kurz- und Mittelstrecken ausgelegt. Um auch auf kurzen und schlecht befestigten oder gar vereisten Pisten starten und landen zu können, war das Flugzeug mit STOL-Eigenschaften ausgelegt. Das Fahrwerk der An-72 war einziehbar. Bereits am 31. August 1977 fand der Erstflug des Prototyps statt. Der Einsatz einer ersten Vorserienmaschine begann im Dezember 1985. Der NATO-Codename für das Flugzeug war „Coaler". Danach wurden bei Antonow mehrere mögliche Varianten der An-72 erprobt. Für statische Tests wurden einige Rümpfe und flugfähige Maschinen als An-72 „Coaler-A" gebaut. Die erste Variante, die mit leicht verändertem Rumpf und breiteren Tragflächen gebaut wurde, lief unter der Bezeichnung An-72A „Coaler-C". Von dieser Serienversion wurde eine spezielle Ausführung zum Transport von Standard-Frachtcontainern als An-72AT „Coaler-C" gefertigt. Eine VIP-Variante mit Bordküche, Ruheraum und Platz für 24 Passagiere hört auf den Namen An-72S „Coaler-C". Weitere Varianten wurden für militärische Einsätze ausgerüstet. Die Exportversion der An-72 hat die Kennung „G". Im Jahr 1987 übernahm auch die sowjetische Luftwaffe die ersten Einheiten des Transporters. Seit des Serienstarts der An-72 wurden 102 Maschinen gebaut, die heute weltweit im Einsatz sind.

Antonow An-124

Um ein Transportmuster zu schaffen, das der US-amerikanischen Lockheed C-5A „Galaxy" ebenbürtig sein sollte, entwickelte der sowjetische Flugzeughersteller Antonow ein vorerst unter der Bezeichnung An-40 eingegliedertes Großtransportflugzeug. Erst als das damals größte Flugzeug der Welt zu seinem Erstflug am 26. Dezember 1982 startete, wurde die Antonow unter der Bezeichnung An-124 geführt. Mit ihrem möglichen Startgewicht von über 400 Tonnen überflügelte sie die Lookheed „Galaxy". Nach ihrer Präsentation auf dem Pariser Aérosalon am 28. Mai 1985 wurden von dem Transporter bis Mitte 2004 insgesamt 56 Exemplare gebaut, von denen bis heute noch 46 Flugzeuge im Einsatz sind. Eingesetzt werden die Maschinen von Aeroflot, Antonow Airlines, Aviastar, Libyan Arab Air Cargo, Maximus Air Cargo, Polet Airlines, der russischen Luftwaffe und Volga-Dnepr Airlines. Mit dem Ende der ehemaligen Sowjetunion endete auch die Produktion der An-124. Obwohl die Wiederaufnahme der Serienproduktion immer wieder diskutiert wird, scheint der Bau der An-124 fraglich. Im Jahr 1993 stellte eine An-124 einen Rekord auf, indem sie einen 135,2 Tonnen schweren Siemens-Generator auf dem Luftweg transportierte. Dies war bis dahin das schwerste Einzelstück, das von einem Flugzeug befördert wurde.

Antonow An-124	
Verwendung	Transportflugzeug
Produktionszeit	1982 bis 2004
Spannweite (mm)	73.300
Länge/Höhe (mm)	69.100/20.780
Leergewicht (kg)	175.000
Startmasse (kg)	405.000
Vmax in (km/h)	865
Antrieb	4 x Lotarjow D-18T Turbofan-Triebwerke, je 229,5 kN Schub
Besatzung	4 bis 6
Passagiere	bis 88

Antonow An-140	
Verwendung	Passagierflugzeug
Produktionszeit	1997 bis heute
Spannweite (mm)	24.505
Länge/Höhe (mm)	22.600/8230
Leergewicht (kg)	13.300
Startmasse (kg)	21.500
Vmax in (km/h)	575
Antrieb	2 x Pratt & Whitney Canada PW127A Turboprop-Triebwerke, je 2434 PS
Besatzung	2
Passagiere	52

Antonow An-140

Mit einer Tankkapazität von 3440 Kilogramm Treibstoff erreicht das für Kurzstrecken ausgelegte Passagierflugzeug Antonow An-140 eine Reichweite von über 3000 Kilometern. Die Entwicklung des Hochdeckers begann bereits Anfang der 1990er Jahre. Am 17. September 1997 hob das für den Regionalverkehr konzipierte Flugzeug vom Boden ab. Doch die Tests der mittlerweile zwei Prototypen zog sich hin, und erst im Januar 2000 waren sie nach geringen Umbaumaßnahmen am Leitwerk beendet. Schon zuvor war am 11. Oktober 1999 ein erstes Serienmuster der Antonow An-140 ausgeliefert worden. Die Musterzulassung bekam das Kurzstrecken-Passagierflugzeug am 25. April 2000. Mit dem Iran schlossen die ukrainischen Flugzeugwerke noch im gleichen Jahr ein Lizenzabkommen zum Bau von 80 Flugzeugen aus vorgefertigten Teilen. Gebaut wurden die Maschinen in den iranischen HESA-Werken in Isfahan. Der Erstflug eines iranischen Passagierflugzeugs vom Typ An-140 wurde am 7. Februar 2001 durchgeführt. Der Liniendienst mit einer Antonow An-140 wurde im März 2002 durch die ukrainische Fluggesellschaft Odessa Airlines gestartet. Bis zum Ende des Jahres 2013 wurden insgesamt 31. Flugzeuge gefertigt. Außer der Standardversion ist auch eine Version mit einer größeren Spannweite als An-140-100 erhältlich.

Antonow An-148

Anfang des Jahres 2000 suchten die russischen Fluggesellschaften nach einem Ersatz für die veralteten Verkehrsflugzeugtypen Jakowlew Jak-42 und Tupolew Tu-134. Ziel der Suche war ein wirtschaftliches und modernes Regionalverkehrsflugzeug. Die Suche konzentrierte sich schließlich auf den ukrainischen Flugzeughersteller Antonow, der auf der Basis der Antonow An-74 TK-300 ein solches Flugzeug vorschlug. Unter der ursprünglichen Bezeichnung An-74-400 entwickelte Antonow zunächst einen Prototyp, der am 17. Dezember 2004 das erste Mal flog. Zuvor hatten bereits mehrere Fluggesellschaften die Absicht zum Kauf dieses Musters erklärt. Nachdem die Zulassung der An-148 am 26. Februar 2007 erfolgt war, sollte die Serienproduktion beginnen. Doch der Bau der ersten Serienmaschinen verzögerte sich bis 2009, dann fand am 28. Juli die Präsentation des ersten Serienexemplars bei VASO in Woronesch statt. Die erste Serien-An-148 nahm am 21. Dezember 2009 unter der Flagge der russischen Fluggesellschaft „Rossija" aus Sankt Petersburg den Liniendienst auf. Seit dem 28. April 2010 ist auch eine längere Version der An-148 als An-158 erhältlich. Im Jahr 2009 kündigte der Iran an, die An-148 unter Lizenz im eigenen Land zu produzieren.

Antonow An-148A	
Verwendung	Passagierflugzeug
Produktionszeit	2004 bis heute
Spannweite (mm)	28.910
Länge/Höhe (mm)	29.130/8020
Leergewicht (kg)	22.490
Startmasse (kg)	39.900
Vmax in (km/h)	870
Antrieb	2 x Progress D-436-148 Mantelstromtriebwerke, je 62,71 kN Schub
Besatzung	2
Passagiere	75

Antonow An-225

Das heute größte Flugzeug kommt aus Russland. Der bei Antonow beschäftigte Chefingenieur Petro Balabujew entwickelte dieses gewaltige Transportflugzeug. Unter der Projektbezeichnung 402 sollten Mitte der 1980er Jahre drei Muster gebaut werden. Erst zur Fertigstellung der ersten Maschine bekam der Transporter die Bezeichnung An-225. Am 30. November 1988 fand das Roll-out der Antonow statt, und noch im selben Jahr, am 21. Dezember, startete die An-225 zu ihrem Erstflug. Während der nachfolgenden Flugerprobung stellte das sechsstrahlige Frachtflugzeug im März 1989 zahlreiche Gewichts-, Höhen- und Streckenrekorde auf. Unter anderem transportierte das Flugzeug eine Last von 506,8 Tonnen – das hatte bis dahin noch kein anderes Transportflugzeug geschafft. Um dem US-amerikanischen Raumfährenprogramm Paroli zu bieten, begannen die Sowjets die Raumfähre Buran 1.01 zu bauen. Um das sowjetische Shuttle, dessen Flugerprobung 1989 begann, transportieren zu können, setzte man dazu ebenfalls den Transporter An-225 ein. Im Juni 1989 zeigte man das Huckepack-Paar auf der Pariser Luftfahrtschau. Als das Buran-Shuttle-Programm eingestellt wurde, mottete man die An-225 „Mrija" ein. Im Jahr 2001 erinnerte man sich wieder an die stillgelegte An-225 und reaktivierte das riesige Flugzeug, um es als Transportmittel für sperrige Güter anzubieten. Seit dem Erstflug im Jahr 1988 hat das Flugzeug über 1000 Starts und über 5000 Flugstunden hinter sich gebracht. Ein zweites Exemplar des Transporters Antonow An-225 wurde zwar gebaut, jedoch unvollendet im Werk in Kiew eingelagert.

Antonow An-225	
Verwendung	Frachtflugzeug
Produktionszeit	1988 bis 1989
Spannweite (mm)	88.400
Länge/Höhe (mm)	85.300/18.200
Leergewicht (kg)	175.000
Startmasse (kg)	600.000
Vmax in (km/h)	850
Antrieb	6 x ZMKB Lotarjow D-18T Mantelstromtriebwerke, je 229,85 kN Schub
Besatzung	7
Frachtvolumen (m^3)	1220

ATR 42-300	
Verwendung	Verkehrsflugzeug
Produktionszeit	1984 bis heute
Spannweite (mm)	24.570
Länge/Höhe (mm)	22.670/7590
Leergewicht (kg)	10.285
Startmasse (kg)	16.700
Vmax in (km/h)	491
Antrieb	2 x Pratt & Whitney Canada PW120 Turboprop-Triebwerke, je 2000 PS
Besatzung	2
Passagiere	46 bis 50

ATR 42

Der italienisch-französische Flugzeughersteller Avions de Transport Régional (ATR) wurde im Jahr 1981 gegründet. Der erste Entwurf des Joint Ventures war das mit zwei Turboprop-Triebwerken ausgestattete Regionalflugzeug ATR 42. Der Erstflug fand am 16. August 1984 statt. Die französische Fluggesellschaft „Air Littoral" setzte als erste Fluglinie im Jahr 1985 eine ATR 42 ein. Inzwischen sind drei Varianten der ATR 42 mit den Bezeichnungen -300, -320 und -500 im Angebot. Mit stärkeren Turboprop-Triebwerken unterscheiden sich die Flugzeuge nur durch die Startgewichte und die Zuladung. Die ATR 42-500 ist äußerlich durch die zwei Hamilton-Standard-6-Blatt-Propeller zu unterscheiden. Zusätzlich zur Standardversion, die für den Transport von Personen auf Kurzstrecken ausgelegt ist, ist auch eine Frachtversion erhältlich, deren bekanntester „Ableger" der „Bulk Freighter" mit einer Frachtkapazität von fünf Tonnen ist. Zusätzlich wird die ATR 42 als militärische ATR 42 MP „Surveyor" für die Seeraumüberwachung von der italienischen „Guardia Costiera" und der „Guardia di Finanza" eingesetzt. Auch Libyen und Nigeria setzen diese militärische Version zur Überwachung der Küsten ein. Die größere Version der ATR 42 ist die ATR 72. Bis zum Dezember 2012 waren 422 Exemplare des Typs 42 ausgeliefert.

ATR 72

Der Erstflug der ATR 72 fand am 27. Oktober 1988 statt. Der Serienstart der Ausführungen -100 und -200 erfolgte ein Jahr später. Als um 4,5 Meter gestreckte Version der ATR 42 besitzt die ATR 72 auch größere Tragflächen und Tanks. Im Jahr 1992 wurde die Version ATR 72-210 vorgestellt. Sie besaß zwei Pratt & Whitney Canada PW127 Turboprop mit einer Leistung von je 2750 PS. Mit der ATR 72-500 kam der stärkste Konkurrent für die kanadische Bombadier-Q-Serie auf den Markt. Das jüngste Mitglied in der ATR-72-Reihe ist die Version -600, deren Erprobung am Boden am 18. Dezember 2008 begann. Sie erhielt neue Pratt & Whitney PW127M Triebwerke und eine neue Avionik. Der Erstflug der ATR 72-600 war der 24. Juli 2009 vom Flughafen Toulouse-Blagnac aus. Im November 2013 brach die österreichische Regionalfluggesellschaft InterSky mit einer ATR 72-600 einen Weitenrekord. Im schweizerischen St. Gallen gestartet, legte das Flugzeug mit einer Fußballmannschaft an Bord die Strecke von 2493 Kilometern nach Krasnodar am Schwarzen Meer nonstop in einer Flugzeit von fünf Stunden und 23 Minuten zurück. Auch für die Luftwaffe wurden eine Seeaufklärer- und eine U-Jagd-Variante entwickelt, die mit Torpedos und Zielflugkörpern ausgestattet werden können.

ATR 72-200	
Verwendung	Verkehrsflugzeug
Produktionszeit	1988 bis heute
Spannweite (mm)	27.060
Länge/Höhe (mm)	27.160/7650
Leergewicht (kg)	12.700
Startmasse (kg)	22.000
Vmax in (km/h)	513
Antrieb	2 x Pratt & Whitney Canada PW124 Turboprop Triebwerke, je 2400 PS
Besatzung	2
Passagiere	66 bis 74

Avro 748

Der britische Flugzeughersteller Avro mit Sitz in Manchester wurde von dem Flugzeugpionier Sir Edwin Alliott Verdon Roe im Jahr 1909 gegründet. 1913 firmierte das Unternehmen in „A.V. Roe & Company Ltd." (Avro) um. In den 1920er Jahren machten Avro-Flugzeuge vor allem bei Flugzeugrennen auf sich aufmerksam, wo sie regelmäßig Rekorde einflogen. Mit den Nachtbombern „Lancaster" und „Manchester" machte Avro dann im Zweiten Weltkrieg von sich reden. Nach dem Krieg widmete sich Avro nun auch den Passagierflugzeugen. Der erste Entwurf einer 20-sitzigen Kurzstrecken-Verkehrsmaschine lag 1958 vor, doch bald erkannte die Geschäftsleitung, dass man mit dieser Konzeption in direkter Konkurrenz zur modernen Fokker F-27 „Friendship" stand. Dieses Risiko wollte Avro nicht eingehen, und so entwarfen die britischen Ingenieure in Eigenverantwortung das Passagierflugzeug 748. Bis zum Jahr 1960 wurden zwei Prototypen und zwei statische Zellen für Tests gebaut. Am 24. Juni 1960 hob die Avro 748 das erste Mal vom Boden in Woodford ab. Ein Jahr später, am 10. April 1961, folgte der zweite Prototyp in die Lüfte. Als die Serienfertigung anlief, wurde Avro von der britischen Unternehmensgruppe übernommen und die Maschinen als Hawker Siddeley HS 748 weiterproduziert. Eine zweite Serie mit erhöhtem Startgewicht war ab 1961 im Programm. Insgesamt wurden 381 Avro/Hawker Siddeley HS 748 ausgeliefert. Als in den 1970er Jahren Hawker Siddeley in die Britsh Aerospace integriert wurde, wurde das Modell als BAe 748 weitergebaut. Die 748 ist bis heute das erfolgreichste in Großbritannien hergestellte zivile Flugzeug.

Avro 748 Series 2	
Verwendung	Verkehrsflugzeug
Produktionszeit	1960 bis 1987
Spannweite (mm)	30.020
Länge/Höhe (mm)	20.420/7570
Leergewicht (kg)	11.787
Startmasse (kg)	20.455
Vmax in (km/h)	452
Antrieb	2 x Rolls-Royce Dart RDa.7 Mk 536-2 Turboprop-Triebwerke, je 2311 PS
Besatzung	2
Passagiere	40 bis 62

British Aerospace BAe 146-100	
Verwendung	Passagierflugzeug
Produktionszeit	1981 bis 2003
Spannweite (mm)	26.340
Länge/Höhe (mm)	26.160/8610
Leergewicht (kg)	31.185
Startmasse (kg)	43.000
Vmax in (km/h)	780
Antrieb	4 x Lycoming-ALF-502 Turbofan-Triebwerke, je 31 kN Schub
Besatzung	2
Passagiere	70 bis 82

BAe 146

Im Jahr 1977 entstand die British Aerospace durch den Zusammenschluss der Flugzeughersteller British Aircraft Corporation, Hawker Siddeley Aviation, Hawker Siddeley Dynamics und Scottish Aviation. Der Entwurf der BAe 146 ist jedoch auf bereits bestehende Pläne von Hawker Siddeley aus dem Jahr 1973 zurückzuführen, die damals wegen mangelnder Nachfrage zunächst zurückgestellt worden waren. Die British Aerospace nahm im Jahr 1978 die Entwicklung des Zubringerflugzeugs wieder auf. Nun gingen die Arbeiten an der BAe 146 zügig voran, und bereits am 3. September 1980 fand der Erstflug einer Version 146-100 statt. Nach dem Serienstart konnte eine erste BAe 146-100 bereits im Jahr 1983 ausgeliefert werden. Fast parallel begann die Entwicklung einer um 2,4 Meter verlängerten Version mit der Bezeichnung -200. Um den Forderungen der Fluggesellschaften nach mehr Kapazität Genüge zu tun, bot BAe Ende 1988 eine nochmals um 1,5 Meter verlängerte -300-Version an. Ab dem Jahr 1992 wurde bei der 146er-Baureihe eine gründliche Modellüberarbeitung vorgenommen. Die Flugzeuge bekamen unter anderem leisere Triebwerke und eine moderne Avionik, und die Verkehrsmaschinen wurden in Avro RJ70 (BAe 146-100), RJ85 (136-200, im Bild) und RJ100 (146-300) umbenannt. Das „RJ" stand für „Regional Jet". Insgesamt wurden 387 146er-Modelle gebaut.

BAe/Handley Page Jetstream 31

Die Idee, ein schnelles Passagierflugzeug für zwölf bis 18 Fluggäste zu bauen, hatte der britische Flugzeughersteller Handley Page bereits im Jahr 1965. Vor allem die Amerikaner zeigten ein sehr großes Interesse an dem Entwurf. Der Erstflug der Handley Page Jetstream 1 fand am 18. August 1967 statt, doch während der nachfolgenden Testflüge stellte sich heraus, dass die Triebwerke zu wenig Leistung hatten. Die Reaktion auf diese Testresultate war der Einbau von GarrettAiResearch-TPE331-Triebwerken. Lieferverzögerungen und der problematische Antrieb hatten die Entwicklungskosten inzwischen um ein Mehrfaches übertroffen. Die Folge waren der Konkurs des Flugzeugherstellers und die Unterbrechung der Serienfertigung der „Jetstream" bis 1970. Lediglich zwei Jetstream 2 waren fertiggestellt worden. Als sich die Jetstream Aircraft gründete, begann die Produktion wieder unter der Bezeichnung Jetstream 200 weiterzulaufen. Als im Jahr 1978 auch die Scottish Aviation aufgab und in die BAe einfloss, begann man das Modell weiterzuentwickeln. Das Ergebnis war die Jetstream 31, die ihren Jungfernflug am 28. März 1980 hatte. Mit einem völlig neu entwickelten Rumpf bot British Aerospace ab Anfang der 1990er Jahren die gestreckte Version der 31 als Jetstream 41 an.

British Aerospace Jetstream 31	
Verwendung	Zubringerflugzeug
Produktionszeit	1967 bis 1997
Spannweite (mm)	15.850
Länge/Höhe (mm)	14.370/5320
Leergewicht (kg)	4360
Startmasse (kg)	6950
Vmax in (km/h)	488
Antrieb	2 x Garrett TPE331-10UG Turboprop-Triebwerke, je 953 PS
Besatzung	2
Passagiere	19

Berijew Be-30	
Verwendung	Passagierflugzeug
Produktionszeit	1967 bis heute
Spannweite (mm)	17.000
Länge/Höhe (mm)	15.700/5200
Leergewicht (kg)	4600
Startmasse (kg)	7600
Vmax in (km/h)	480
Antrieb	2 x Gluschenko TWD-10 Turboprop-Triebwerke, je 950 PS
Besatzung	1 bis 2
Passagiere	15

Berijew Be-30

Das sowjetische Konstruktionsbüro für Experimental-Luftfahrzeuge wurde im Jahr 1934 von Georgi Michailowitsch Berijew in Taganrog gegründet. Vor allem im Bereich „Flugboote" war Berijew ein Pionier. Doch als der sowjetische Politiker und Regierungschef Nikita Chruschtschow die Entwicklung von Flugbooten im Jahr 1960 einstellen ließ, musste sich der Flugzeughersteller nach einem neuen Betätigungsfeld umsehen. Zu dieser Zeit waren viele der in der UdSSR eingesetzten Kurzstrecken nicht mehr auf dem neuesten Stand der Technik. Daher entschloss sich das OKB Berijew, einen Schulterdecker für den Kurzstreckenverkehr zu bauen. Der Erstflug der Berijew Be-30 mit Sternmotoren fand am 3. März 1967 statt. Ein erster Prototyp wurde der Öffentlichkeit am 8. Juli 1967 auf dem Flughafen Moskau-Domodedowo vorgestellt. Am 13. Juli 1968 unternahm eine Turboprop-getriebene Be-30 ihren Jungfernflug. Mit diesen ersten erfolgreichen Flügen konnten alte Muster wie Antonow An-2, Lissunow Li-2 oder Iljuschin Il-14 ersetzt werden. Bei einem späteren Vergleichsfliegen für die Aeroflot mit der Antonow An-28 schnitten beide Maschinen gleich gut ab, dennoch entschied sich die sowjetische Fluggesellschaft für die Let L-410. So konnte die Berijew Be-30 mit nur drei gebauten Serienflugzeugen auf dem stark umkämpften Flugzeugmarkt nicht Fuß fassen.

Berijew Be-42 Albatros	
Verwendung	Transportflugzeug
Produktionszeit	1986
Spannweite (mm)	41.620
Länge/Höhe (mm)	45.700/11.000
Leergewicht (kg)	43.900
Startmasse (kg)	86.000
Vmax in (km/h)	760
Antrieb	2 x Solowjew D-30KPW, 2 x RD-60 (R-60K) Turbofans, je 117,8 kN/je 24,5 kN Schub
Besatzung	8
Nutzlast (kg)	6500

Berijew Be-42 Albatros

In den 1980er Jahren entstand im Konstruktionsbüro Berijew das größte Amphibienflugzeug mit Strahlantrieb der Welt. Das Luftfahrzeug mit einer Spannweite von über 41 Metern hatte als Antrieb zwei Solowjew-D-30KPW-Turbofan-Triebwerke über den Tragflächen in Gondeln und zwei weitere Klimow-RD-60K-Triebwerke als Starthilfen in den Fahrwerksgondeln an den Tragflächen. Der erste Start vom Wasser aus wurde im November 1987 durchgeführt, zuvor war das Flugzeug bereits von Land gestartet. Die Öffentlichkeit erfuhr jedoch erst am 20. August 1989 von dem „Riesenvogel", als er unerwartet während eines Flugtags in Tuschino nördlich von Moskau über den Himmel zog. Da die Zeit des Wettrüstens in der ehemaligen Sowjetunion jedoch zur Neige ging, bestand kein Bedarf mehr an den zwei gefertigten Prototypen der Be-42.

Berijew Be-200

Das Nachfolgemodell der Berijew Be-42 kam mit der Bezeichnung Be-200 „Altair" gegen Ende der 1990er auf den Markt. Auch die wesentlich kleiner dimensionierte Amphibienversion konnte auf Land- wie auch auf Wasserflächen starten und landen. Das Flugzeug war für zahlreiche Einsatzmöglichkeiten entwickelt worden, die den Transport von Passagieren und Fracht sowie Löscheinsätze oder die Luftraumüberwachung einschlossen. Ein erster Prototyp rollte im September 1996 aus den Werkshallen, der Jungfernflug fand am 24. September 1998 statt. Zwischen 2001 und 2003 erfolgte die Zulassung der russischen Behörden. Die ersten Einsätze flog eine Be-200 im August 2004 und im Jahr 2005 in Italien sowie im darauffolgenden Jahr in Portugal zur Feuerbekämpfung. Die Hafenstadt Taganrog in Aserbaidschan bekam am 25. April 2008 die erste Be-200 zur kommerziellen Nutzung. Als im Juli und August 2010 zwischen den Karelien, Woronesch und der Region südöstlich von Moskau ca. 700 Wald- und Torfbrände ausbrachen, war die Be-200 unermüdlich im Einsatz, um die Feuer auf den 188.500 Hektar großen Flächen einzudämmen. Bei den Einsätzen als Löschflugzeug kann die Be-200 in acht Behältern unter dem Flugzeug bis zu 12.000 Liter Wasser während des Gleitens über der Wasseroberfläche eines Gewässers aufnehmen. Das Füllen der Tanks dauert dabei gerade einmal 18 Sekunden. Bis heute wurden neun Be-200 in verschiedenen Varianten gebaut oder entwickelt, darunter eine Be-200 ES mit begrenzter europäischer Zulassung, eine Version mit 72 Sitzplätzen als Be-210, eine Be-220 für die Seeüberwachung und die Be-250 für die Frühwarnung.

Berijew Be-200	
Verwendung	Verkehrsflugzeug
Produktionszeit	1998 bis heute
Spannweite (mm)	32.780
Länge/Höhe (mm)	32.050/8900
Leergewicht (kg)	25.120
Startmasse (kg)	43.000
Vmax in (km/h)	750
Antrieb	2 x Iwtschenko Progress D-436TP Turbofan-Triebwerke, je 73,6 kN
Besatzung	2
Passagiere	bis 64

Boeing 707-138B	
Verwendung	Passagierflugzeug
Produktionszeit	1957 bis 1964
Spannweite (mm)	39.880
Länge/Höhe (mm)	44.220/12.700
Leergewicht (kg)	55.589
Startmasse (kg)	116.575
Vmax in (km/h)	885
Antrieb	4 x Pratt & Whitney JT3C-6 Turbojet Triebwerke, je 55,2 kN Schub
Besatzung	3 bis 4
Passagiere	110 bis 179

Boeing 707-100

Die erste Serienvariante der Boeing 707 war die 707-100, die ihren ersten Flug am 20. Dezember 1957 unternahm. Der vierstrahlige Tiefdecker war als Mittelstreckenflugzeug innerhalb der USA entwickelt worden. Doch mit Zwischenlandungen konnten mit dem Muster auch Transatlantikflüge durchgeführt werden. Die australische Fluggesellschaft betrieb ihren Liniendienst ab dem 1. April 1959 erstmalig mit einer Boeing 707-138B. Dieses Passagierflugzeug war um drei Meter kürzer als die Standardversion und konnte in einem Außenbehälter ein zusätzliches Ersatztriebwerk mitführen. Die 707-138B wurde später überarbeitet, um ihre Reichweite zu vergrößern. Der US-amerikanische Sänger, Schauspieler und Tänzer John Travolta ist seit 1989 ein begeisterter Pilot. Er besitzt fünf Flugzeuge, darunter auch eine Boeing 707-138B, die er zwar selbst nicht fliegen darf. Das mit einer luxuriösen Ausstattung versehene Privatflugzeug ist nach seinen Kindern „Jett Clipper Ella" benannt und trägt nach einer Vereinbarung mit der Fluggesellschaft Qantas die Lackierung der Airline aus den 1960ern. Die letzte 707-138B wurde am 10. September 1964 an Qantas geliefert. Am 25. Mai 1961 wurde eine verbesserte Version der 707 unter der Bezeichnung -100B an American Airlines ausgeliefert. Von diesem Muster wurden bis zum 22. April 1969 insgesamt 72 Flugzeuge an die unterschiedlichsten Fluggesellschaften verkauft.

Boeing 717-200	
Verwendung	Mittelstreckenflugzeug
Produktionszeit	1998 bis 2006
Spannweite (mm)	28.450
Länge/Höhe (mm)	37.810/8880
Leergewicht (kg)	30.618
Startmasse (kg)	54.885
Vmax in (km/h)	811
Antrieb	2 x Rolls-Royce BR715-A1-30 Turbofan-Triebwerke, je 82,3 kN Schub
Besatzung	2
Passagiere	106 bis 134

Boeing 717

Um 1995 entwickelte McDonnell Douglas unter der Bezeichnung MD-95 eine Version auf der Basis der MD-90. Als McDonnell Douglas 1997 mit Boeing fusionierte, führte Boeing Commercial Airplanes das Projekt des Mittelstreckenflugzeugs unter der Baureihe 717 fort. Eine erste Flugerprobung fand am 2. September 1998 mit dem Muster 717-200 statt. Eine kürzere Version (-100) und eine große Variante (-300) wurden zwar konzipiert, jedoch nie verwirklicht. Im Herbst 1999 erhielt die US-amerikanische Fluggesellschaft AirTran Airways Inc. das erste Serienmodell. Doch bis 2006 war ein massiver Rückgang der Nachfrage zu verzeichnen, und im Mai wurden die letzten von insgesamt 156 Maschinen ausgeliefert.

Boeing 720 B	
Verwendung	Mittelstrecken-Verkehrsflugzeug
Produktionszeit	1958 bis 1967
Spannweite (mm)	39.880
Länge/Höhe (mm)	41.500/11.680
Leergewicht (kg)	49.705
Startmasse (kg)	108.033
Vmax in (km/h)	948
Antrieb	4 x Pratt & Whitney JT3D-1 Turbojet-Triebwerke, je 75,6 kN
Besatzung	3 bis 4
Passagiere	110 bis 149

Boeing 720

Ausgehend von der Standardversion 707 kündigte Boeing im Jahr 1957 eine Mittelstreckenversion unter der Bezeichnung 707-020 an. Viele Größen des Standardmusters blieben gleich, neu waren vor allem die Tragflügel. Als Antrieb waren vier Pratt & Whitney JT3-C7 oder JT3C-12 Axial-Einwellen-Triebwerke vorgesehen. Das nun als Modell 720 bezeichnete Flugzeug startete am 23. November 1959 in Seattle zum Erstflug. Inzwischen waren bereits 29 Bestellungen eingegangen und nach der Typenzulassung startete die Boeing 720 zu ihrem ersten Liniendienst. Als man der Boeing 720 die neuen Mantelstromtriebwerke Pratt & Whitney JT3D-1 einbaute, änderte sich die Bezeichnung in 720 B. Der Erstflug der B-Version fand am 6. Oktober 1960 statt. Als im Sommer 1969 die Produktion der Baureihe auslief, hatten 154 Boeing 720 die Montagehallen verlassen. Im Jahr 2009 wurde die letzte Maschine aus dem aktiven Dienst genommen. Auch die Deutsche Lufthansa unterhielt acht Boeing 720, deren Laufbahnen jedoch unter keinem guten Stern standen. Bereits im Dezember 1961 war ein erstes Flugzeug abgestürzt. Am 15. Juli 1964 stürzte eine weitere 720 während eines Ausbildungsflugs nach einer Rolle brennend bei Ansbach ab. Um weiteren Unfällen mit dem Muster aus dem Weg zu gehen, trennte sich die Lufthansa schnell von den verbliebenen sechs Maschinen.

Boeing 727

Mit 1832 Flugzeugen war die Boeing 727 lange Zeit das meistgebaute Passagier- und Frachtflugzeug der Welt. Nach einer kurzen Entwicklungsphase war der Erstflug des ersten von vier Prototypen am 6. Februar 1963. Noch gegen Ende desselben Jahres wurde die Musterzulassung erteilt und die ersten Maschinen im Folgejahr an die US-amerikanische Linienfluggesellschaft United Airlines ausgeliefert. Die Boeing 727 war im Jahr 1964 auch das erste Verkehrsflugzeug mit Düsenantrieb, das auf dem Flughafen Berlin-Tempelhof landete. Durch eine ständige Weiterentwicklung entstanden Mitte der 1960er Jahre neben der Basisversion die -100 und die -200. Eine Frachtversion der Boeing 727 wurde im Jahr 1981 vorgestellt und im September an den Großkunden FedEx ausgeliefert. Ab 1964 setzte auch die Deutsche Lufthansa auf das neue Boeing-Muster, da sie die 720er-Baureihe inzwischen verkauft hatte. Im Laufe der Zeit wuchs der Flugpark von 727-Modellen auf über 50 Stück an, die sich mit dem Beinamen „Europajet" schmückten. Obwohl die Boeing 727 heute fast komplett aus dem Liniendienst verschwunden ist, setzen viele Fluggesellschaften das Verkehrsflugzeug als VIP- oder Regierungsmaschine ein.

Boeing 727-200	
Verwendung	Verkehrsflugzeug
Produktionszeit	1963 bis 1984
Spannweite (mm)	32.920
Länge/Höhe (mm)	46.690/10.360
Leergewicht (kg)	45.360
Startmasse (kg)	95.030
Vmax in (km/h)	965
Antrieb	3 x Pratt & Whitney JT8D-9A/11/15/17/17R Mantelstromtr., je 64,5 bis 77,4 kN
Besatzung	3
Passagiere	134 bis 189

Boeing 737-100	
Verwendung	Verkehrsflugzeug
Produktionszeit	1967 bis 1969
Spannweite (mm)	28.350
Länge/Höhe (mm)	28.650/11.280
Leergewicht (kg)	28.120
Startmasse (kg)	49.896
Vmax in (km/h)	917
Antrieb	2 x Pratt & Whitney JT8D Turbofan-Triebwerke, je 96,5 kN
Besatzung	2
Passagiere	85 bis 124

Boeing 737-100

Heute unterscheidet man drei Generationen der Boeing 737, die erste Generation, die klassischen 737er und die „Next Generation". Mit gerade einmal 28,63 Metern gehörte die Kurzversion 737-100 zur ersten Generation von erfolgreichen Verkehrsflugzeugen des US-Unternehmens Boeing. Cockpit und Rumpfquerschnitt entsprachen den beiden Modellen 707 und 727. Doch das ungewöhnliche, fast gleiche Verhältnis von Länge und Spannweite ließ bald Skeptiker auf die Bühne treten, die die Konstruktion zu Anfang als nicht gelungen ansahen. Nach dem Erstflug einer Boeing 737-100 am 9. April 1967 war die Deutsche Lufthansa AG, die auch an den Entwicklungsarbeiten des Flugzeugs beteiligt war, die erste Fluggesellschaft, der im Dezember 1967 eine 737-100 übergeben wurde. Bereits im März 1965 hatte die Lufthansa einen Vertrag über 21 737-Maschinen unterschrieben. Bis zum Oktober 1969 war das letzte Flugzeug ausgeliefert und in die Flotte der Lufthansa integriert. Nach über zehn Jahren Passagierdienst bei der Lufthansa wurden die Boing 737-100 zwischen 1981 und 1982 nach und nach aus dem Linienverkehr genommen. Die meisten der Lufthansa-737 wurden ab diesem Zeitpunkt von der US-Billigfluggesellschaft People Express übernommen. Insgesamt wurden 30 Flugzeuge der Baureihe 737-100 gebaut. Das erste Flugzeug steht im Freigelände des Museum of Flight in Seattle.

Boeing 737-800

Um der Übermacht der auf dem Flugzeugmarkt gut vertretenen Airbus-Typen Paroli bieten zu können, kündigte Boeing im Jahr 1993 eine neue 737-Familie unter der Bezeichnung „Next Generation" an. Neuerungen betrafen die Avionik, die Triebwerke und eine Neukonstruktion der Tragflächen. Als erste Baureihe kam die 737-700 auf den Markt, eine kürzere Version unter der Bezeichnung 737-600 startete am 23. Januar 1998 zum Erstflug. Die 737-800 mit einer Reichweite von bis zu 5500 Kilometern hatte ihren Jungfernflug am 31. Juli 1997. Im Anschluss folgten über 760 Testflüge mit diesem Muster. Hapag Lloyd hatte inzwischen 15 Flugzeuge bestellt und erhielt eine erste Maschine am 23. April 1998. Mit bisher 3129 ausgelieferten 737-800 ist diese Serie das erfolgreichste Verkehrsflugzeug von Boeing. Einer der größten Abnehmer dieses Musters ist die irische Billigfluggesellschaft Ryanair, die auf eine einheitliche Luftflotte setzt und bisher über 300 Boeing 737-800 bestellt hat. Die Boeing 737-900 stellt bis heute die längste Variante dieses Passagierflugzeugs dar. Das große Flugzeug hob am 3. August 2000 das erste Mal vom Boden ab. Die neueste Variante 737-900ER mit verstärkten Tragflächen und mehr Treibstoffkapazität startete am 1. September 2006 zu ihrem Erstflug.

Boeing 737-800	
Verwendung	Verkehrsflugzeug
Produktionszeit	1997 bis heute
Spannweite (mm)	34.320
Länge/Höhe (mm)	39.470/12.570
Leergewicht (kg)	41.413
Startmasse (kg)	79.016
Vmax in (km/h)	880
Antrieb	2 x CFM International CFM56-7B Turbofan-Triebwerke, je 122 kN
Besatzung	2
Passagiere	160 bis 189

Boeing 747-400	
Verwendung	Großraumflugzeug
Produktionszeit	1988 bis 2005
Spannweite (mm)	64.440
Länge/Höhe (mm)	70.600/19.400
Leergewicht (kg)	184.567
Startmasse (kg)	396.893
Vmax in (km/h)	913
Antrieb	4 x Pratt & Whitney PW4062 Turbofan-Triebwerke, je 281,6 kN Schub
Besatzung	2
Passagiere	416 bis 660

Boeing 747

Die Entwicklung des mit vier Triebwerken ausgerüsteten „Jumbo Jets" 747 geht auf eine Anfrage der US Air Force im Jahr 1965 zum Bau eines großen Transportflugzeugs zurück. Als Boeing die Ausschreibung gegen die Lockheed C-5 Galaxy verloren hatte, wollte es der Zufall, dass Pan Am mit dem Wunsch eines Verkehrsflugzeugs mit der doppelten Kapazität einer 707 an Boeing herantrat. Als Pan Am eine feste Bestellung von 25 Flugzeugen unterschrieb, begannen die Entwicklungen am 747-Projekt. Das bis dahin größte Passagierflugzeug der Welt hob am 9. Februar 1969 vom Boden ab. Bis zum Jahr 2014 wurden insgesamt 1482 Boeing 747 der unterschiedlichsten Varianten gefertigt. Eine interessante Version mit über 700 Bestellungen ist die 747-400, die von Boeing im Oktober 1985 angekündigt wurde. Der Erstflug fand am 29. April 1988 statt, und das Flugzeug wurde gegenüber den Vorgängerflugzeugen aerodynamisch komplett neu gestaltet. Das erste Serienflugzeug wurde an die US-amerikanische Fluggesellschaft Northwest Airlines geliefert. Die Lufthansa begann ihren Liniendienst mit der Boeing 747-400 am 10. Juni 1989. Seit dem Jahr 1984 wurde auch eine Kombiversion als Boeing 747-400 M mit einem Frachttor hinter dem linken Tragflügel angeboten. Zur Auswahl standen bei der 747-400 drei Triebwerke von General Electric, Pratt & Whitney und Rolls-Royce von 25.500 bis 27.488 kp Schub.

Boeing 747-400 LCF „Dreamlifter"

Boeing gab am 13. Oktober 2003 der Presse bekannt, ein großes Frachtflugzeug auf der Basis der Boeing 747-400 zu bauen. Geplant war ein Versenden der Bauteile der Boeing 787 von den einzelnen weltweit produzierenden Werken zur Endmontage in Everett. Um bereits getestete Baugruppen zu verwenden und eine bessere Umströmung zu erreichen, änderte Boeing das Leitwerk und ersetzte es durch den höheren Aufbau der 747-SP. Der Durchmesser des Rumpfs wurde nach oben hin vergrößert, und da während der ersten Testflüge starke Vibrationen auftraten, entfernte man die Winglets an den Flügelspitzen. Der Jungfernflug einer Boeing 747 LCF Dreamlifter erfolgte am 9. September 2006. Anfänglich wurden die vier Frachtflugzeuge von der amerikanischen Frachtfluggesellschaft Evergreen International Airlines eingesetzt. Seit dem Jahr 2010 betreibt die US-amerikanische Charterfluggesellschaft Atlas Air für Boeing die „Dreamlifter". Da die großen Transportflugzeuge nur für sperrige Bauteile von Boeing genutzt werden, haben die Ingenieure von Boeing das Heck so konstruiert, dass es komplett seitlich weggeschwenkt werden kann. Die Reichweite einer Boeing 747-400 Dreamlifter beträgt 7778 Kilometer.

Boeing 747-400 LCF „Dreamlifter"	
Verwendung	Frachtflugzeug
Produktionszeit	2006 bis heute
Spannweite (mm)	64.440
Länge/Höhe (mm)	71.680/21.540
Leergewicht (kg)	180.530
Startmasse (kg)	364.235
Vmax in (km/h)	878
Antrieb	4 x Pratt & Whitney PW4062 Turbofan-Triebwerke, je 281,6 kN Schub
Besatzung	2
Frachtvolumen (m^3)	1840

Boeing 757-200	
Verwendung	Verkehrsflugzeug
Produktionszeit	1982 bis 2005
Spannweite (mm)	38.050
Länge/Höhe (mm)	47.320/13.560
Leergewicht (kg)	57.840
Startmasse (kg)	99.790
Vmax in (km/h)	850
Antrieb	2 x Rolls-Royce RB211-535-E4-37 Turbofan-Triebwerke, je 189,2 kN Schub
Besatzung	2
Passagiere	186 bis 239

Boeing 757

Um die Boeing 727 abzulösen, begann der amerikanische Flugzeughersteller im Sommer 1978 mit dem Programm eines Nachfolgemusters. Anfänglich war für das neue Passagierflugzeug mit der Bezeichnung 757 eine Bestuhlung mit 150 Sitzplätzen, ähnlich der 727, angedacht. Doch da sich für diese -100-Version keine Kundschaft finden ließ, bot man Anfang der 1980er Jahre nur die Version 757-200 an. Der Jungfernflug des Kurz- und Mittelstreckenflugzeugs erfolgte am 19. Februar 1982 und am 22. Dezember 1982 bekam Eastern Airlines ihr erstes Serienmodell, British Airways nahm am 9. Februar 1983 den Liniendienst mit der Boeing 757-200 auf. Bereits im Jahr 1992 war die 500. Boeing 757 gebaut, und am 27. April 2005 lieferte Boeing die letzte 757 nach 1050 gebauten Exemplaren an die Fluggesellschaft Shanghai Airlines. Für den europäischen Markt wurde ab Mitte der 1990er Jahre eine gestreckte Version der 757-200 mit einer größeren Passagierkapazität entwickelt. Den Erstflug führte das Muster 757-300 am 2. August 1998 durch. Doch bis zum Jahr 2014 wurden lediglich 55 Exemplare bestellt, und vor allem die deutsche Fluggesellschaft Condor war ein eifriger Abnehmer, doch auch die britische Charterfluggesellschaft Thomas Cook Airlines setzt auf das Flugzeugmuster. Condor hat ihre 13 Flugzeuge in den Jahren 2009/2010 mit treibstoffsparenden Winglets ausgerüstet.

Boeing 757-200PF (Parcel Freighter)

Eine spezielle Version der Boeing 757-200 wurde unter dem Kürzel PF (Parcel Freighter) für UPS und DHL gebaut. Das erste Flugzeug startete im Jahr 1987 unter den Farben von UPS Airlines. Das Transportflugzeug kann bis zu 15 Container mit einem Gesamtvolumen von 187 Kubikmeter auf seinem Hauptdeck tragen. Im Unterdeck ist nochmals eine Kapazität von 51,8 Kubikmetern für Pakete vorhanden. Die gesamte Nutzlast beträgt fast 40 Tonnen, was ein maximales Startgewicht von 116 Tonnen ausmachen kann. Mit einer kompletten Ladung hat das Frachtflugzeug eine Reichweite von 5800 Kilometern, sodass auch ein Linienverkehr über den Atlantik möglich ist. Da alle Standard-Ausgangstüren und Kabinenfenster weggelassen wurden, ist die Beladung des Innenraums nur über das große Ladetor an der vorderen Backbordseite des Rumpfs möglich. Die Piloten verwenden eine separate Türe. Für Passagiere ist kein Platz vorgesehen. Von der Frachtmaschine 757-200PF wurden bis 2014 insgesamt 80 Flugzeuge gebaut, von denen noch 79 im Einsatz sind. Die 757-200PF des DHL-Flug 611 stieß am 1. Juli 2002 mit einer Tupolew Tu-154M der russischen Fluggesellschaft Bashkirian Airlines über Owingen in der Luft zusammen. Alle Besatzungsmitglieder und Passagiere kamen bei diesem Unglück ums Leben.

Boeing 757-200PF	
Verwendung	Frachtflugzeug
Produktionszeit	1987 bis heute
Spannweite (mm)	38.050
Länge/Höhe (mm)	47.320/14.000
Leergewicht (kg)	ca. 55.000
Startmasse (kg)	115.668
Vmax in (km/h)	850
Antrieb	2 x Pratt & Whitney PW2040 Turbofan-Triebwerke, je 178.4 kN Schub
Besatzung	2
Nutzlast (kg)	39.800

Boeing 767-300ER	
Verwendung	Großraumflugzeug
Produktionszeit	1981 bis heute
Spannweite (mm)	47.600
Länge/Höhe (mm)	54.900/15.800
Leergewicht (kg)	88.469
Startmasse (kg)	186.880
Vmax in (km/h)	851
Antrieb	2 x Pratt & Whitney PW4062-Turbofan-Triebwerke, je 269,6 kN Schub
Besatzung	2
Passagiere	261 bis 299

Boeing 767

Als parallele Entwicklung zur Boeing 757 hatte die 767 viele Baugruppen gemeinsam. Bereits im Juli 1978 meldete United Airlines einen Bedarf von 30 Großraumflugzeugen an. Damit konnte ein Jahr später, am 6. Juli, die Konstruktionsarbeiten beginnen. Am 26. September 1981 fand eine erste Flugdemonstration des Musters 767-200 statt. Mitte der 1980er Jahre bot Boeing auch ein verlängertes Muster unter der Bezeichnung 767-300 an. Um sich mit dem im Jahr 1992 präsentierten Airbus A330 messen zu können, überarbeitete Boeing die Serie 767-300 komplett und bot sie als Boeing 767-300 ER an. Im Jahr 2009 wurden alle -300 ER nochmals mit Winglets ausgerüstet. 1996 begannen auch die Entwicklungen an einer nochmals um 6,43 Meter verlängerten 767 mit der Bezeichnung 767-400.

Boeing 777-300	
Verwendung	Großraumflugzeug
Produktionszeit	1994 bis heute
Spannweite (mm)	60.900
Länge/Höhe (mm)	73.900/18.500
Leergewicht (kg)	159.570
Startmasse (kg)	299.370
Vmax in (km/h)	896
Antrieb	2 x Rolls-Royce Trent 892 Turbofan-Triebwerke, je 400 kN Schub
Besatzung	2
Passagiere	365 bis 550

Boeing 777

Unter der Projektbezeichnung 767-X entwickelte Boeing gegen Ende der 1980er Jahre ein weiteres Großraum-Passagierflugzeug, das eine Reichweite von 7500 Kilometern haben sollte. Im weiteren Verlauf der Planung bekam das Flugzeug schließlich die endgültige Bezeichnung Boeing 777. Während der Konstruktion der 777 flossen die neuesten technologischen Errungenschaften im Flugzeugbau, wie ein Fly-by-wire-Steuerungssystem, neue Tragflächenprofile und besonders widerstandsfähige Aluminiumlegierungen in das Projekt ein. Am 9. April 1994 erfolgte das Roll-out des Prototyps, ein Erstflug über drei Stunden und 48 Minuten war am 12. Juni 1994 angesetzt.

Boeing 777 Freighter	
Verwendung	Großraumflugzeug
Produktionszeit	2008 bis heute
Spannweite (mm)	64.800
Länge/Höhe (mm)	63.700/18.600
Leergewicht (kg)	144.379
Startmasse (kg)	347.450
Vmax in (km/h)	896
Antrieb	2 x General Electric GE90-110B1 Turbofan-Triebwerke, je 489 kN Schub
Besatzung	2
Nutzlast (t)	ca. 102

Boeing 777 Freighter

Um mit der Boeing 777 auch den Frachtverkehr abzudecken, gab Boeing am 15. November 2004 bekannt, die Version 777-200LR zu entwickeln. Im Laufe der Entwicklungszeit erhielt das Flugzeug die Bezeichnung 777 F (Freighter). Das hintere Hauptdeck sollte mit einer großen seitlichen Ladeluke mit einer Größe von 3,61 mal 3,05 Meter bestückt sein. Ein vorderer Vorraum zum Flugdeck dient auch als Ruheraum und bietet Platz für vier Businessclass-Sitze für Frachtbegleiter, eine Küche und ein WC. Die Sitzplätze können auch gegen neun Plätze der Standardklasse ausgetauscht werden. Mit einer Nutzlast von 102.000 Kilogramm bewältigte das Transportflugzeug eine Reichweite von bis zu 9000 Kilometern. Der Erstflug der 777 Freighter fand am 14. Juli 2008 statt. Danach erfolgte eine erste Auslieferung des Musters am 6. Februar des folgenden Jahres an die Air France. Bis zum Januar waren bei Boeing 132 Bestellungen der 777 von 15 Kunden eingegangen, von denen 86 Maschinen inzwischen ausgeliefert sind. Nach Lieferschwierigkeiten des Airbus A380 F zog FedEx im November 2006 seine Bestellung von zehn Frachtflugzeugen zurück und bestellte bei Boeing 15 Maschinen des Typs 777 F und gab eine Option auf weitere 15 Flugzeuge ab. Die Lufthansa Cargo unterschrieb im März 2011 eine Bestellung von fünf 777 F.

Boeing 787 Dreamliner

Airbus war inzwischen ein starker Gegner für den US-amerikanischen Flugzeughersteller Boeing geworden. Als Airbus am 27. April 2005 seinen Superjumbo A380 in den Himmel schickte, sah sich Boeing veranlasst, zu reagieren. Zunächst dachte der US-Konzern über eine besonders große Variante der 747 nach, doch das Interesse der Fluggesellschaften war sehr gering. So beschloss Boeing, ein völlig neues Flugzeug als „Super Efficient Airplane" zu bauen, die Boeing 787 „Dreamliner". Die Entscheidung zum Bau fiel im Unternehmen im Dezember 2003. Der Start des Dreamliner-Programms begann im April 2004, nachdem All Nippon Airways als erster Kunde 50 Maschinen ab 2008 fest bestellt hatte. Im Juni 2007 wurde der große „Flieger" das erste Mal aus den Fertigungshallen der Boeing-Flugwerft in Everett geschleppt und der Weltöffentlichkeit vorgestellt. Am 15. Dezember 2009 fand der erste Flug des Dreamliners statt. Einen Besuch stattete das Flugzeug am 25. Juni 2011 dem Flughafen in Berlin-Tegel ab, um sich dem Kunden Air Berlin zu präsentieren. Am 6. Dezember 2011 gelang der 787 ein Distanzrekord eines Nonstop-Flugs von 19.835 Kilometern in 42 Stunden und 27 Minuten. Mit Verspätung fand am 13. August 2011 eine erste Auslieferung einer 787 an die All Nippon Airways statt.

Boeing 787-8 Dreamliner	
Verwendung	Verkehrsflugzeug
Produktionszeit	2009 bis heute
Spannweite (mm)	60.100
Länge/Höhe (mm)	56.700/16.900
Leergewicht (kg)	117.707
Startmasse (kg)	227.930
Vmax in (km/h)	945
Antrieb	2 x Rolls-Royce Trent 1000 Mantelstromtriebwerke, je 280 kN Schub
Besatzung	2
Nutzlast (t)	210 bis 250

787
BOEING
747
INTERCONTINENTAL

Boeing 787 „Dreamliner"

Das Bild sagt mehr als 1000 Worte – im Formationsflug fliegen die Boeing 787 „Dreamliner" (ZA001) und Boeing 747-8 Intercontinental (RC020) Seite an Seite. Der Boeing-Vorzeigejet musste zeitweise am Boden bleiben und hat bereits eine Reihe von Pannen erlitten. Dieser Vorfall reiht sich in die Pannenserie der „Dreamliner" ein.

Bombardier CRJ-100	
Verwendung	Regionalverkehrsflugzeug
Produktionszeit	1991 bis 1996
Spannweite (mm)	21.230
Länge/Höhe (mm)	26.770/6220
Leergewicht (kg)	13.236
Startmasse (kg)	21.523
Vmax in (km/h)	830
Antrieb	2 x General Electric CF34-3A1 Turbofan-Triebwerke, je 38,83 kN Schub
Besatzung	2
Passagiere	bis 50

Bombardier CRJ-100

Der Bombardier Regional Jet basiert auf dem erfolgreichen Geschäftsreiseflugzeug Challanger 601-3A von Canadair. Während der Entwicklung des neuen Regionalverkehrsflugzeugs wurde der „Challanger" hinter den Tragflächen um 3,25 und davor um 2,84 Meter verlängert. Eine vergrößerte Spannweite um 1,83 Meter steigerte die Flügelfläche um 15 Prozent. Ausgelegt wurde der Regional Jet für einer Reichweite von 750 Kilometern. Das Roll-out erfolgte am 6. Mai 1991, und vier Tage später nahm ein erster Prototyp seine Flugerprobung in Montreal auf. Der Erstflug dauerte eine Stunde und 30 Minuten. Bis zum Herbst waren zwei weitere Prototypen einsatzbereit, die in die Testflüge einbezogen werden konnten. Eine Weiterentwicklung mit einer größeren Reichweite durch zusätzliche Flügelwurzeltanks war die Serie-100ER (Extended Range). Erstkunde war die Deutsche Luftverkehrsgesellschaft mbH (DLT), die Regional Jets der Serie -100ER in einem Umfang von 226 Exemplaren bestellte. Auf der Strecke von Köln nach Stockholm erfolgte die Indienststellung des Flugzeugs am 2. November 1992. Eine weitere Ausführung des Regional Jets war die -100LR (Long Range) mit einem auf 23.995 Kilogramm angehobenen Abfluggewicht und einer Reichweite von 3500 Kilometern. Die Weiterentwicklung der -100 war die CRJ-200, die neue Triebwerke bekam.

Bombardier CS-100

Unter der Bezeichnung BRJ-X stellte der kanadische Flugzeughersteller Bombardier Aerospace im September 1998 auf der Farnborough Airshow Trade ein neues Verkehrsflugzeug mit bis zu 110 Sitzplätzen vor. Doch sollte es bis 2004 dauern, als am selben Ort die CS-Series von Bombardier mit zwei Varianten mit 110 oder 130 Sitzplätzen vorgestellt wurde. In das offizielle Verkaufsprogramm kam das Verkehrsflugzeug bereits im März 2005. Im Jahr 2008 war der Erstflug geplant, doch es sollte anders kommen. Da Bombardier keine neuen Triebwerke für die CS-Familie entwickeln wollte, sahen sich die Kanadier auf dem vorhandenen Triebwerksmarkt um. Doch die Suche nach den geeigneten Triebwerken erwiesen sich als schwierig, da die verfügbaren Typen entweder zu schwach waren oder aber sehr viel Treibstoff verbrauchten. Ein zweites Problem kristallisierte sich beim Absatz des Flugzeugs heraus. Es fehlten einfach die Kundenbestellungen für den Mittelstrecken-Jet. Erst 2008 unternahm Bombardier einen zweiten Anlauf zur Vermarktung der CS-Familie, und am 13. Juli 2008 unterschrieb die Lufthansa eine Absichtserklärung für 30 Flugzeuge. Nun kamen weitere Bestellungen in das Unternehmen, und der Jungfernflug einer „CS" fand schließlich am 16. September 2013 statt.

Bombardier CS-100	
Verwendung	Verkehrsflugzeug
Produktionszeit	2013 bis heute
Spannweite (mm)	35.100
Länge/Höhe (mm)	35.000/11.500
Leergewicht (kg)	33.340
Startmasse (kg)	54.749
Vmax in (km/h)	871
Antrieb	2 x Pratt & Whitney PW1000G Getriebefan-Triebwerke, je 93,4 kN Schub
Besatzung	2
Passagiere	108 bis 125

Bombardier DHC Dash 8Q-400	
Verwendung	Regionalverkehrsflugzeug
Produktionszeit	1983 bis heute
Spannweite (mm)	28.420
Länge/Höhe (mm)	32.840/78340
Leergewicht (kg)	17.186
Startmasse (kg)	29.257
Vmax in (km/h)	530
Antrieb	2 x Pratt & Whitney Canada PW150A Turboprop-Triebwerke, je 5141 PS
Besatzung	2
Passagiere	78

Bombardier DHC Dash 8Q-400

In den 1970er Jahren beschäftigte sich de Havilland of Canada mit den Plänen für ein neues Verkehrsflugzeug, das die Lücke zwischen der „Twin Otter" und der Dash 7 schließen sollte. Zunächst bekam das Projekt die Bezeichnung Dash X und 1980 dann die endgültige Bezeichnung Dash 8. Bei dem Entwurf legte man besondere Schwerpunkte auf eine schnelle Reisegeschwindigkeit, einen niedrigen Geräuschpegel und eine hohe Wirtschaftlichkeit. Das Fahrwerk war durch eine Doppelbereifung auch für Schotterpisten ausgelegt. Die Startbahnlänge wurde auf 1000 Meter verlängert. Der Prototyp mit der Zulassungskennung C-GDNK hob am 20. Juni 1983 zu seinem Jungfernflug ab. Zu diesem Zeitpunkt lagen bereits 70 Kaufoptionen und 50 feste Bestellungen vor. Nach der Flugerprobung mit fünf Vorserienmodellen und 1600 Flugstunden wurde die Musterzulassung im September 1984 erteilt. Den Liniendienst mit einer Dash 8-100 eröffnete als erste Fluggesellschaft die kanadische Regionalgesellschaft NorOntair am 19. Dezember 1984. Anfang der 1980er Jahre kam die Dash 8-200 auf den Verkehrsflugzeugmarkt. Die langgestreckte Version 8-300 wurde im April 1986 eingeführt. Im Jahr 1995 stellte de Havilland zur Luftschau in Paris die 8Q-400 mit 32,8 Metern vor. Der Erstflug der Dash 8Q-400 erfolgte am 31. Januar 1998.

Bombardier CRJ-1000

Nachdem Bombardier Anfang der 2000er Jahre die CRJ-900 mit anfänglichen Schwierigkeiten beim Verkauf im Markt platziert hatte und bis 2008 insgesamt 215 Bestellungen vorlagen, ca. 100 Flugzeuge im Liniendienst waren, widmete sich der kanadische Flugzeughersteller einem nochmals längeren Regional Jet, der CRJ-1000. Die Arbeiten am Projekt wurden am 19. Februar 2007 bekannt gegeben. Kurz danach lagen Bestellungen von 38 Flugzeugen zu einem Listenpreis von 46 Millionen US-Dollar vor. Vom Werksflughafen bei Quebec fand am 3. September der Erstflug einer CRJ-1000 statt, der über drei Stunden dauerte. Außer der Standardversion konnte auch eine Extended-Range-Variante oder eine EuroLite-Version gewählt werden. Da während der Testphase Softwareprobleme beim Liebherr-Aerospace-Lindenberg-Fly-by-wire-System in der Seitenrudersteuerung auftraten, verzögerte sich eine Zulassung des Musters bis zum 10. November 2010. Die ersten zwei Exemplare wurden an die französische Regionalfluggesellschaft Brit Air und an die Spanische Fluggesellschaft Air Nostrum ausgeliefert. Bis 2012 waren insgesamt 28 Bombardier CRJ-1000 an verschiedene Fluggesellschaften gegangen, weitere 39 Bestellungen warten noch auf die Auslieferung.

Bombardier CRJ-1000	
Verwendung	Regionalverkehrsflugzeug
Produktionszeit	2008 bis heute
Spannweite (mm)	26.180
Länge/Höhe (mm)	39.130/7130
Leergewicht (kg)	23.179
Startmasse (kg)	40.823
Vmax in (km/h)	870
Antrieb	2 x General Electric CF34-8C5A2 Turbofan-Triebwerke, je 60,63 kN Schub
Besatzung	2
Passagiere	100 bis 104

Bristol Type 170 „Freighter"	
Verwendung	Frachtflugzeug
Produktionszeit	1946 bis 1958
Spannweite (mm)	29.870
Länge/Höhe (mm)	20.830/6600
Leergewicht (kg)	11.780
Startmasse (kg)	19.980
Vmax in (km/h)	267
Antrieb	2 x Bristol Hercules 672 14-Zylinder Sternmotoren, je 3380 PS
Besatzung	3
Passagiere	16 bis 44

Bristol Type 170

Das propellergetriebene zweimotorige Frachtflugzeug entstand um 1950 aus der Idee von Taffy Powel, ein Flugzeug zu entwerfen, das sowohl Passagiere als auch Automobile transportieren konnte. Der „Freighter" war ein Schulterdecker mit einem sich öffnenden Flugzeugbug, der sich beidseitig aufklappen ließ. Der Prototyp mit der Bezeichnung Type 170 Mk I Freighter stieg am 2. Dezember 1945 in den Himmel. Eine weitere Version mit 32 Sitzplätzen als Version Type 170 Mk II „Wayfarer" hob am 30. April 1946 ab. Der erste Kombinationsflug mit Passagieren und einem Automobil von Kent (Südostengland) nach Le Touquet (Nordküste Frankreichs) erfolgte am 7. Juli 1948 durch die Fluggesellschaft Silver City Airline. Auch Neuseeland nutzte die Flugzeuge zum Transport von Fracht zwischen Wellington auf der Nordinsel nach Blenheim auf der Südinsel. Militärisch wurden die Bristol „Freighter" von der Luftwaffe Argentiniens, Australiens, von Burma, Kanada, Irak, Pakistan und Neuseeland eingesetzt. Als die Schiffsfähren schneller wurden und „Hovercrafts" und Tragflächenboote mehr Kraftfahrzeuge transportieren konnten, wurden die „Freighter" unrentabel und viele Bristol-Transporter in den 1970er Jahren ausgemustert. Es blieb bis 2004 lediglich eine Maschine der kanadischen Fluggesellschaft Hawkair im Einsatz. Mehrere Muster findet man heute in Museen in Australien, Kanada und Neuseeland.

De Havilland Canada DHC-5

Ursprünglich wurde die de Havilland als „Caribou II" bezeichnet. Bereits die CHC-4 Caribou entstand als Kurzstart- und -landungsflugzeug, deren Erstflug am 30. Juli 1958 erfolgte. Als das amerikanische Heer als Ersatz für die de Havilland DHC-4 Caribou ein Flugzeug mit größerem Rumpf suchte, entwarf de Havilland die DHC-5 Buffalo. Am 9. April 1964 startete das Transportflugzeug zu einem ersten Testflug, der positiv bewertet wurde. Zunächst bestellte die US Army die „Buffalo" als YAC-2 und Kanada folgte mit einer Bestellung von 15 Exemplaren mit der Bezeichnung CC-115. Bald gehörten auch Brasilien und Peru zu den Käufern der de Havilland. Da immer mehr Streitkräfte, aber auch zivile Flugunternehmen Interesse an dem Schulterdecker zeigten, entschloss sich de Havilland, die Buffalo zu überarbeiten und als DHC-5D anzubieten. Die zivile Standardversion, die für 44 Passagiere konzipiert war, kam als DHC-5E auf den Markt und erhielt im Jahr 1981 die kanadische Musterzulassung. Das Innenleben des Flugzeugs ließ sich rasch für Transportflüge oder VIP-Flüge umgestalten. Bis zum Jahr 1982, dem Produktionsende der „Buffalo", wurden insgesamt 122 Maschinen gebaut. Das letzte Muster kam erst im April 1985 zur Auslieferung.

De Havilland Canada DHC-5 „Buffalo"	
Verwendung	Transportflugzeug
Produktionszeit	1964 bis 1982
Spannweite (mm)	29.260
Länge/Höhe (mm)	24.080/8730
Leergewicht (kg)	11.412
Startmasse (kg)	22.316
Vmax in (km/h)	467
Antrieb	2 x General Electric CT64-820-4 Propellerturbinen, je 3176 PS
Besatzung	3
Passagiere	bis 41 oder 24 Tragen

De Havilland Canada DHC-6 „Twin Otter"	
Verwendung	Verkehrsflugzeug
Produktionszeit	1965 bis 1988
Spannweite (mm)	19.810
Länge/Höhe (mm)	15.770/6020
Leergewicht (kg)	3400
Startmasse (kg)	5670
Vmax in (km/h)	340
Antrieb	2 x Pratt & Whitney Canada PT6A-34-Triebwerke, je 630 PS
Besatzung	1 bis 2
Passagiere	19

De Havilland Canada DHC-6

Bis heute wurden insgesamt 895 DHC-6 „Twin Otter" gebaut. Ihr Erstflug fand am 20. Mai 1965 statt. Der Schulterdecker De Havilland Canada DHC-6 zeichnete sich durch hervorragende STOL-Eigenschaften aus und benötigte eine Piste von nur 366 Metern. Es wurden die unterschiedlichsten Versionen der „Twin Otter" gebaut, mit Schwimmern, Kufen und mit Radfahrwerk. Mehrere Versionen dienten auch als Transporter oder Seeaufklärer militärischer Einheiten. Drei Flugzeuge dienten zur Ausbildung von Fallschirmspringern der US Air Force. Von den 895 Exemplaren gingen insgesamt 263 Muster durch Unfälle verloren oder wurden stark beschädigt, die letzte Maschine am 17. Febraur 2014. Seit dem Jahr 2008 ist das Wasserflugzeug bei Viking Air Limited wieder in Produktion, nachdem eine Bestellung von 27 Mustern des modernisierten Typs DHC-6 400 „Twin Otter" eingegangen waren. Der Erstflug des neuen Typs fand am 1. Oktober 2008 im kanadischen Victoria statt. Inzwischen bekamen Air Seychelles, Trans Maldivian Airways und die schweizerische Zimex Aviation das neue Muster. Neben der Dornier Do 228 gehört die „Twin Otter" zu den wenigen Flugzeugen, die auf dem kleinen Flugplatz Lukla in Neapel auf 2846 Metern über dem Meeresspiegel landen können.

De Havilland Comet

Zwar ist die Vickers Type 618 Nene-Viking das weltweit erste Verkehrsflugzeug mit Strahltriebwerken, doch die de Havilland Comet war das erste in Serie gebaute Düsenverkehrsflugzeug. Es war die Zeit des Wiederaufbaus nach dem Zweiten Weltkrieg, als der britische Flugzeugbauer Sir Geoffrey de Havilland die Pläne für ein ziviles Verkehrsflugzeug mit Strahltriebwerken der Brabazon-Kommission, die sich mit der zukünftigen zivilen Luftfahrt beschäftigte, vorstellte. Das Verkehrsflugzeug war als Tiefdecker konstruiert und hatte vier Triebwerke, die an den Tragflächenwurzeln angebracht waren. Der Prototyp des Jets startete am 27. Juli 1949 zu seinem Erstflug. Die British Overseas Airways Corporation nahm am 2. Mai 1952 den planmäßigen Liniendienst mit dem Düsenjet auf und verkürzte die Reisedauer um die Hälfte. Als es zwischen 1953 und 1954 zu einer Reihe von Unfällen wegen Materialermüdung kam, ereilte die gesamte Comet-Flotte bis zur Aufklärung der Unfälle ein Flugverbot. Nach einem weiteren Unfall nach der Wiederinbetriebnahme wurden beide Versionen, Comet 1 und 2, ausgemustert. Die Weiterentwicklung erhielt die Bezeichnung Mk. III, wurde jedoch wegen der Probleme an den Vorgängermaschinen nicht mehr weitergebaut. In den späten 1980er Jahren baute die Royal Air Force auf der Basis der „Comet" den Aufklärer „Nimrod", der 2002 grundlegend überarbeitet und erst 2011 außer Dienst gestellt wurde.

De Havilland Comet 4C	
Verwendung	Verkehrsflugzeug
Produktionszeit	1949 bis 1964
Spannweite (mm)	34.980
Länge/Höhe (mm)	35.970/8990
Leergewicht (kg)	34.212
Startmasse (kg)	73.480
Vmax in (km/h)	805
Antrieb	4 x Turbojets Rolls-Royce Avon 525B, 46,7 kN Schub
Besatzung	4
Passagiere	79 bis 119

Dornier Do 228-200	
Verwendung	Mehrzweckflugzeug
Produktionszeit	1981 bis heute
Spannweite (mm)	16.970
Länge/Höhe (mm)	16.560/4860
Leergewicht (kg)	3379
Startmasse (kg)	6400
Vmax in (km/h)	370
Antrieb	2 x Garrett TPE 331-10 Turboprop-Triebwerke, je 719 PS
Besatzung	2
Passagiere	19

Dornier Do 228

Als konsequente Weiterentwicklung der Do 28 D-2 „Skyservant" begann man am 27. November 1979 bei Dornier mit der Entwicklung eines einfachen, modernen Mehrzweckflugzeugs mit STOL-Eigenschaften. Das Ergebnis war eine bewährte Konstruktion unter Verwendung des „Tragflügels Neuer Technologie (TNT)". Das Flugerprobungsprogramm des Dornier TNT-Experimentalflugzeugs war am 14. Juni 1979 aufgenommen worden. Nach einem erfolgreich verlaufenen Erstflug am 21. März 1981 startete der erste Prototyp mit 15 Fluggästen sieben Tage später auf dem Dornier Werksflugplatz in Oberpfaffenhofen. Erstbesteller der Do 228 war die norwegische Fluggesellschaft A/S Norving. Als erster Abnehmer in den USA setzte Precision Airlines ab 1984 die Dornier Do 228-200 ein. Die außerordentlich zuverlässige Do 228 konnte von Flugplätzen, die in einer Höhe von 3050 Meter lagen, starten und landen. Zum Jahresende 1998 wurde die Produktion der Dornier Do 228 eingestellt. Im Jahr 2007 kündigte Dornier die Neuentwicklung der Do 228 NG (Neue Generation) und die Wiederaufnahme der Serienproduktion an. Bei RUAG Aerospace in Oberpfaffenhofen erfolgt die Ausrüstung und Montage des Flugzeugs, Rumpf, Flügel und Leitwerk werden in Indien hergestellt. Heute fliegt die Do 228 in über 40 Ländern auf der ganzen Welt.

Dornier Do 328

In den 1980er Jahren gesellte sich zur Do 228 eine größere Dornier, die als Kurzstrecken-Verkehrsflugzeug ausgelegt war. Marktforschungen hatten ergeben, dass in der Sequenz bei kleinen Flugzeugen mit einer Kapazität von 33 Passagieren eine Marktlücke vorhanden war. Basis der im Dezember 1988 begonnenen Entwicklung war die Do-228 mit TNT-Tragflügel. Drei Jahre später, am 6. Dezember 1991, fand der Erstflug des neuen Musters Do-328-100 statt. Doch mit den neuen Propellern, dem Leitwerk aus Verbundwerkstoff und dem Cockpit mit fünf Bildschirmen war zu dieser Zeit absehbar, dass sich die Entwicklung des Flugzeuges erst bei einer Abnahme von mindestens 300 verkauften Flugzeugen rentieren würde. Nach der Beendigung des „Kalten Kriegs" entschloss sich Dornier (DASA), den Flugzeugbau für regionale Muster an die Firma Fairchild abzugeben. In den 1990er Jahren entwickelte sich der Verkauf zuerst gut, doch mit der Zunahme an kleinen Regional-Jets wurden Turboprop-Maschinen immer unbeliebter. Diesem Trend kam Dornier mit der Entwicklung eines mit Strahltriebwerken ausgestatteten Flugzeugs entgegen, der 328 JET mit einer Kapazität von 44 Passagieren. Die größten Betreiber von Do 328 sind die USAF und die dänische Fluggesellschaft Sun Air of Scandinavia.

Dornier Do-328	
Verwendung	Verkehrsflugzeug
Produktionszeit	1991 bis 2008
Spannweite (mm)	20.980
Länge/Höhe (mm)	21.280/7200
Leergewicht (kg)	8810
Startmasse (kg)	13.990
Vmax in (km/h)	620
Antrieb	2 x Pratt & Whitney Canada PW119B Turboprop-Triebwerke, je 1903 PS
Besatzung	2
Passagiere	33

Douglas DC-6 „Red Bull"

Die viermotorige Douglas DC-6 ist heute eine Legende der Lüfte. In 700 Exemplaren zwischen 1946 und 1959 produziert, war das formschöne Verkehrsflugzeug weltweit bei vielen Fluggesellschaften als Konkurrenz zur Lockheed Constellation im Transatlantikeinsatz. Als gegen Ende der 1950er Jahre immer öfter auf die neuen Jets zurückgegriffen wurde, wurde die DC-6 auf kürzeren Reisestrecken in den Liniendienst geschickt. In den 1960er und 1970er Jahren kam schließlich das Ende für die meisten Propellermaschinen. Die DC-6, die nicht verschrottet wurden, wurden zu Frachtmaschinen umgebaut. Doch auch kleinere Länder mit niedrigem Etat nutzten die DC-6 lange als Regierungs- oder VIP-Flugzeug. Eine DC-6B, die im Jahr 1958 gebaut worden war, ging während dieser Zeit an die staatliche Fluggesellschaft JAT in Jugoslawien, wo sie vom Staatschef Josip Broz Tito bis zum Jahr 1975 benutzt wurde. Dann begann eine lange Reise nach Sambia ins südliche Afrika, wo sie schließlich abgestellt und ihrem Schicksal überlassen wurde. Erst im Jahr 2000 entdeckte Sigi Angerer, der Chefpilot der Flying Bulls, einer privaten österreichischen Flugzeugflotte, das lädierte Flugzeug. Kurzerhand wurde das Flugzeug gekauft und flugtauglich gemacht. Am 7. Juli 2000 hob die DC-6 in Richtung Österreich ab. Danach wurde das in die Jahre gekommene Muster bis 2004 gründlich restauriert und im Innenteil luxuriös ausgestattet sowie den modernen Gegebenheiten angepasst.

Douglas DC-6B „Red Bull"	
Verwendung	Verkehrsflugzeug
Baujahr	1958
Spannweite (mm)	35.810
Länge/Höhe (mm)	32.180/8710
Leergewicht (kg)	25.111
Startmasse (kg)	47.000
Vmax in (km/h)	550
Antrieb	4 x Pratt & Whitney R 2800 CB-3 Doppelsternmotoren, je 2500 PS
Besatzung	3

Embraer EMB 110	
Verwendung	Regionalverkehrsflugzeug
Produktionszeit	1968 bis 1990
Spannweite (mm)	15.330
Länge/Höhe (mm)	15.100/4920
Leergewicht (kg)	3393
max. Startmasse (kg)	5900
Vmax in (km/h)	426
Antrieb	2 x Pratt & Whitney Canada PT6A-34 Turboprop-Triebwerke, je 760 PS
Besatzung	2
Passagiere	15 bis 21

Embraer EMB 110

Das staatliche brasilianische Unternehmen Empresa Brasileira de Aeronáutica S.A. ist der viertgrößte Flugzeugbauer weltweit. Die Palette der Flugzeuge enthält militärische wie auch zivile Muster. Nach dem Zweiten Weltkrieg beschloss die brasilianische Regierung, eine eigene Luftfahrtindustrie aufzubauen, darum bat sie den deutschen Flugzeugkonstrukteur und Hubschrauberpionier Henrich Focke mit seinen Ingenieuren bei der Aufbauarbeit mitzuhelfen. Während dieser Zeit entstanden mehrere Hubschrauber, und im Jahr 1965 entwickelte man bei Embraer zusammen mit dem französischen Flugzeugkonstrukteur Max Holste ein kleines zweimotoriges Transportflugzeug mit der Bezeichnung YC-95 für das Militär. Ab dem Jahr 1969 wurde die Flugzeugfabrik verstaatlicht, kurz davor hatte die nun als Embraer EMB 110 bezeichnete Maschine am 22. Oktober 1968 ihren Erstflug. Bereits im Jahr 1972 flog die erste Serienmaschine. Bis zum Ende der Produktionszeit wurden ungefähr 500 Embraer EMB 110 in den verschiedensten Versionen gebaut, darunter die Militärversion C-95, das Luftbildüberwachungsflugzeug EMB 110B, die Seeüberwachungsversion EMB 111A, mehrere Fracht-, Forschungs- und Passagierversionen. Viele Embraer-EMB 110-Versionen sind auch heute noch im Einsatz.

Embraer EMB 120

Anfang der 1980er Jahre stellte der brasilianische Flugzeughersteller Embraer der EMB 110 ein größeres Modell zur Seite, die EMB 120. Das moderne Grundmuster war mit Turboprops (Propellerturbinenluftstrahltriebwerk) von Pratt & Whitney Canada ausgerüstet. Die EMB 120 war als Zubringermaschine entwickelt worden und sollte der Saab 340 Paroli bieten. Am 27. Juli 1983, nur sechs Monate nach der Saab, startete das Regionalverkehrsflugzeug zu seinem Jungfernflug. Das erste Serienmuster nahm in den USA im Oktober 1985 seinen Liniendienst auf. Auch die deutsche Lufthansa CityLine setzte ab dem Jahr 1986 Versionen dieses Musters ein. Eine Embraer EMB 120 kostete ca. 7.998.970 US-Dollar. Um auch ein Passagierflugzeug mit einer größeren Reichweite und einer höheren Kapazität im Programm zu haben, bot Embraer die Version EMB 120ER an. Die EMB 120 FC war als reiner „Luftfrachter" gedacht, die EMB 120QC war eine Version, die mit wenigen Handgriffen von einem Passagier- in ein Frachtflugzeug umgerüstet werden konnte. Als VC-97 ist die EMB 120 als VIP-Transporter bei der brasilianischen Luftwaffe im Einsatz. Während der gesamten Produktionszeit bis zum Jahr 2007 wurden insgesamt 354 Flugzeuge gebaut.

Embraer EMB 120	
Verwendung	Regionalverkehrsflugzeug
Produktionszeit	1983 bis 2007
Spannweite (mm)	19.780
Länge/Höhe (mm)	20.000/6350
Leergewicht (kg)	7070
max. Startmasse (kg)	11.500
Vmax in (km/h)	608
Antrieb	2 x Pratt & Whitney Canada PW118 Turboprop-Triebwerke, je 1822 PS
Besatzung	2
Passagiere	28 bis 30

Embraer ERJ 135	
Verwendung	Regionalverkehrsflugzeug
Produktionszeit	1989 bis heute
Spannweite (mm)	20.000
Länge/Höhe (mm)	26.300/6800
Leergewicht (kg)	11.115
max. Startmasse (kg)	22.500
Vmax in (km/h)	850
Antrieb	2 x Rolls-Royce/Allison AE3007A1/3 Turbofan-Triebwerke, je 33,2 kN Schub
Besatzung	2
Passagiere	37

Embraer ERJ 135

Um von den Turboprop-Maschinen EMB 110 und 120 wegzukommen, begann Embraer 1989 an einer strahlgetriebenen Flugzeugstudie mit der Bezeichnung EMB 145 „Amazon" zu arbeiten. Bei einem ersten Entwurf waren die Triebwerke noch auf den Tragflächen vorgesehen, eine zweite Variante sah eine mit 22,5 Grad gepfeilte Tragfläche mit Winglets und unter den Tragflächen angeordneten Triebwerken vor. Erst im Dezember 1991 wurden in einem weiteren Entwurf die Triebwerke an das Heck verlegt. Viele Elemente des Rumpfs wurden, um kostengünstig entwickeln und später fertigen zu können, von der EMB 120 übernommen. Der Rumpf wurde um sechs Meter verlängert, damit es möglich war, bis zu 37 Sitzplätze einzubauen. Im Jahr 1997 begann man mit dem Bau des Passagierflugzeugs, und am 4. Juli 1998 startete das erste Muster der ERJ 135 zu seinem Jungfernflug. Ein erstes Serienmodell kam im September 1999 zur Auslieferung.

Embraer ERJ 145

Die Embraer ERJ 145 war für längere Flugstrecken mit geringem Fluggastaufkommen vorgesehen. Die Planung des bis dahin größten in Brasilien gebauten Passagierflugzeugs begann im Jahr 1993. 15 Firmen beteiligten sich an der Entwicklung und am Bau des Flugzeugs. Der Erstflug der Embraer ERJ 145 erfolgte am 11. August 1995 vom Flugplatz São José dos Campos aus. Dabei erreichte der Prototyp während des zwei Stunden und 20 Minuten dauernden Flugs eine Höhe von 7620 Metern und erreichte eine Geschwindigkeit von 700 km/h. Die gesamte Flugerprobung mit insgesamt drei Prototypen umfasste 1300 Flugstunden und dauerte 14 Monate. Im Jahr 1996 wurde die brasilianische und die amerikanische FAA-Zulassung erteilt. Die ersten beiden Maschinen der ERJ 145 wurden noch im selben Jahr an die US-amerikanische Fluggesellschaft Continental Express ausgeliefert. In den folgenden Jahren sollten bei Embraer pro Monat vier Maschinen gebaut werden, und die Brasilianer rechneten mit 500 Maschinen in den folgenden zehn Jahren.

Embraer ERJ 145	
Verwendung	Regionalverkehrsflugzeug
Produktionszeit	1995 bis heute
Spannweite (mm)	20.000
Länge/Höhe (mm)	28.500/6800
Leergewicht (kg)	12.007
max. Startmasse (kg)	21.100
Vmax in (km/h)	850
Antrieb	2 x Rolls-Royce/Allison AE3007A1/3 Turbofan-Triebwerke, je 33,2 kN Schub
Besatzung	2
Passagiere	44 bis 50

Fokker F-28-1000 „Fellowship"	
Verwendung	Verkehrsflugzeug
Produktionszeit	1967 bis 1987
Spannweite (mm)	23.580
Länge/Höhe (mm)	27.400/8470
Leergewicht (kg)	16.780
max. Startmasse (kg)	29.485
Vmax in (km/h)	849
Antrieb	2 x Rolls-Royce Spey MK555-15 Turbofan-Triebwerke, je 44 kN Schub
Besatzung	2
Passagiere	65 bis 85

Fokker F-28 Fellowship

Als Gemeinschaftsprojekt der europäischen Flugzeughersteller Fokker, Messerschmitt AG, Short und VFW-Fokker wurde im Jahr 1962 das Projekt F-28 in Angriff genommen. Das zweistrahlige Kurzstrecken-Verkehrsflugzeug war als Tiefdecker mit zwei am Heck befestigten Rolls-Royce-Spey-Triebwerken ausgelegt. Als Besonderheit hatte die F-28 am hinteren Rumpfende eine aufklappbare Luftbremse. Der Prototyp der Fokker F-28 „Fellowship" hob am 9. Mai 1967 erstmals vom Boden ab und bekam im Jahr 1969 seine Erstzulassung. Insgesamt waren an dem Flugerprobungsprogramm drei Prototypen und bei den Ermüdungsversuchen zwei Flugzeuge beteiligt. Erste Kunden des kleinen Passagierflugzeugs, noch im gleichen Jahr, waren die deutsche LTU (Lufttransportgesellschaft) und die norwegische Fluggesellschaft Braathens. Die 1000er-Grundversion erhielt ab dem Jahr 1971 eine weitere, um 2,5 Meter längere 2000er-Version mit einem Platzangebot von 79 Sitzplätzen. Die F-28-5000 und -6000, von denen lediglich zehn Exemplare gebaut wurden, erhielten Vorflügel und stärkere Spey-Triebwerke. Im Jahr 1976 wurden nochmals zwei neue Versionen mit den Bezeichnungen -3000 und -4000 angeboten. Sie hatten eine größere Spannweite von 25,07 Metern. 241 Exemplare der „Fellowship" wurden bis 1986 produziert und in 37 Länder ausgeliefert.

Fokker 50

Im Jahr 1983 begann die Entwicklung der Fokker 50. Basis des Projekts war die Fokker F-27-500. Auch wenn die Fokker 50 der F-27 sehr ähnlich sah, war es doch ein völlig neues Muster eines Regionalverkehrsflugzeuges. Bis zur Serienfertigung waren rund 80 Prozent aller Teile verbessert und geändert worden. Komplett neu waren das elektrische System und die modernen Farbbildschirme des Flugzeugs im Cockpit. Durch die Verwendung von CFK-Baustoffen wurde das Leergewicht gegenüber der F-27 um rund 300 Kilogramm gesenkt. Gebaut wurden zunächst zwei Prototypen, von denen einer am 28. Dezember 1985 seinen Jungfernflug absolvierte. Der zweite Prototyp startete am 30. April 1986 zu seinem Erstflug. Am 7. August konnte DLT ihre erste Fokker 50 in den Liniendienst übernehmen. Ab 1993 bot Fokker eine verbesserte Version mit einer erhöhten Startmasse von 1390 Kilogramm an. Auch die niederländische Luftwaffe interessierte sich für die Fokker und bestellte vier spezielle Fokker der um 1,62 Meter verlängerten 60er-Version. Mit einer Reichweite von 1750 Kilometern war auch eine Frachtausführung unter der Bezeichnung Fokker 50 Freighter mit zwei großen Ladeluken im Angebot. Insgesamt wurden von dem Flugzeugtyp 213 Exemplare gebaut.

Fokker 50	
Verwendung	Regionalverkehrsflugzeug
Produktionszeit	1985 bis 1996
Spannweite (mm)	29.000
Länge/Höhe (mm)	28.870/8320
Leergewicht (kg)	13.375
max. Startmasse (kg)	22.950
Vmax in (km/h)	532
Antrieb	2 x Pratt & Whitney Canada PW127B Turboprop-Triebwerke, je 2787 PS
Besatzung	2
Passagiere	bis 58

Fokker 70	
Verwendung	Regionalverkehrsflugzeug
Produktionszeit	1993 bis 1997
Spannweite (mm)	28.080
Länge/Höhe (mm)	30.910/8510
Leergewicht (kg)	22.784
max. Startmasse (kg)	41.730
Vmax in (km/h)	856
Antrieb	2 x Rolls-Royce Tay 620-15 Turbofan-Triebwerke, je 61,6 kN Schub
Besatzung	2
Passagiere	70 bis 85

Fokker 70

Der erste Prototyp der Fokker 70 entstand durch den Umbau des zweiten Prototyps der Fokker 100. Zu dieser Zeit waren auch noch Versionen mit 80 und 130 Sitzplätzen geplant, diese Projekte wurden jedoch nicht mehr verwirklicht. Die Entwicklung der Fokker 70 begann im Juni 1992. Am 2. April 1993 begab sich das Regionalverkehrsflugzeug das erste Mal in die Luft. Eine erste Auslieferung einer Serienversion der Fokker 70 wurde 1995 durchgeführt. Doch bis Mitte der 1990er Jahre wurden lediglich 67 Muster verkauft, darunter auch eine Geschäftsreiseversion mit der Bezeichnung „Exclusive".

Fokker 100	
Verwendung	Regionalverkehrsflugzeug
Produktionszeit	1986 bis 1997
Spannweite (mm)	28.080
Länge/Höhe (mm)	35.310/8600
Leergewicht (kg)	24.375
max. Startmasse (kg)	44.450
Vmax in (km/h)	755
Antrieb	2 x Rolls-Royce Tay Mk. 650-15 Turbojet-Triebwerke, je 68 kN Schub
Besatzung	2
Passagiere	109 bis 122

Fokker 100

Der mit den stärkeren Tay-650-Triebwerken ausgestattete Prototyp der Fokker 100 hatte am 30. November 1986 seinen Erstflug. Eine Musterzulassung erhielt die Maschine ein Jahr später. Erstbesteller war die Swissair, die ihr erstes Serienflugzeug im Februar 1988 übernahm. Mit 75 Einheiten war jedoch die US-amerikanische Fluggesellschaft American Airlines der größte Abnehmer der Fokker 100. Auch nachdem die Firma Fokker im Jahr 1996 vom Markt verschwand, blieben Fokker-Flugzeuge lange Zeit auf dem Gebrauchtmarkt gefragte Flugzeugtypen.

Harbin Y-12

Seit dem Jahr 1980 wurde vom chinesischen Flugzeughersteller Harbin Aircraft Manufacturing Corporation für die Harbin Y-11 eine Nachfolgerin gesucht. Die Entwicklung des neuen Verkehrsflugzeugs führte zum Hochdeckerflugzeug Harbin Y-12. Zum Erstflug startete die zweimotorige Maschine am 14. Juli 1982. Die Basisversion war mit zwei Pratt & Whitney Canada PT6A-11-Turboprop-Triebwerken ausgerüstet, hatte jedoch keine Kurzstart- und -landungseigenschaften. Die Reichweite beträgt 1341 Kilometer. Im Jahr 1984 kam die verbesserte Version Y-12 II auf den Markt. Eine kleine Passagiermaschine mit jetzt 19 Sitzplätzen erhielt ihre Zulassung im Jahr 1995 mit der Bezeichnung Y-12 IV. Bei verschiedenen Luftstreitkräften in Afrika, Asien und Südamerika wird das kleine Flugzeug auch in einer modifizierten Frachtversion ausgeliefert. Diese Frachtversion fasst drei LD3-Standardcontainer mit einem Volumen von 4,3 Kubikmetern. Eine weitere Ausführung ist die Harbin Y-12 „Twin Panda" als Exportversion. Sie kam im Jahr 2000 auf den Markt. Die Seychellen bekamen im Jahr 2011 zwei Y-12E mit einer Länge von 14,6 Metern und einer Spannweite von 19,2 Metern von China zur Bekämpfung von Piraten. Inzwischen sind von dem chinesischen Passagierflugzeug über 100 Einheiten gebaut worden.

Harbin Y-12	
Verwendung	Verkehrsflugzeug
Baujahr	1982 bis heute
Spannweite (mm)	17.250
Länge/Höhe (mm)	14.860/5680
Leergewicht (kg)	3000
Startmasse (kg)	5300
Vmax in (km/h)	293
Antrieb	2 x Pratt & Whitney Canada PT6A-27 Turboprop-Triebwerke je 683 PS
Besatzung	2
Passagiere	17 bis 19

Hawker Siddeley Trident 1C	
Verwendung	Verkehrsflugzeug
Produktionszeit	1962 bis 1980er Jahre
Spannweite (mm)	27.380
Länge/Höhe (mm)	34.980/8230
Leergewicht (kg)	30.595
max. Startmasse (kg)	52.160
Vmax in (km/h)	959
Antrieb	3 x Rolls-Royce Spey 505-5 Turbofan-Triebwerke, je 43,8 Schub
Besatzung	3
Passagiere	115 bis 180

Hawker Siddeley Trident

Die staatliche British European Airways suchte Ende der 1950er Jahre nach einem neuen strahlgetriebenen Mittelstrecken-Verkehrsflugzeug, denn die bis dato verwendeten Vickers Viscount mit Propellerturbinenluftstrahltriebwerk galten inzwischen als veraltet. Außer Hawker Siddeley bemühten sich auch die Flugzeughersteller Bristol, Avro und Vickers um den lukrativen Auftrag. Da Hawker Siddeley ihren Entwurf genau nach den Vorstellungen der BEA entwickelte, bestellte die britische Fluggesellschaft zunächst 24 Exemplare. Dann wurde die „Trident" das Rückgrat der BEA-Luftflotte. Nach nur 117 Exemplaren wurde der Bau des Flugzeugs in den 1980er Jahren eingestellt.

Hawker Siddeley HS.125/British Aerospace 125

Das Mehrzweckflugzeug Hawker Siddeley HS.125 des britischen Flugzeugherstellers flog im August 1962 das erste Mal. Eigentlich war der Tiefdecker eine Konstruktion der De Havilland Aircraft Company Limited, die 1959 Teil der Hawker-Siddeley-Gruppe wurde. Als Hawker Siddeley wiederum im Jahr 1977 dem Flugzeugbauer British Aerospace einverleibt wurde, bekam das Flugzeug die Bezeichnung BAe 125. Beide Modelle gibt es bis heute in unzähligen Varianten vom militärischen Transporter bis hin zum zivilen VIP-Flugzeug. Als Geschäfts- oder Schulflugzeuge sind die zweistrahligen Jets immer noch weltweit im Einsatz. Eine besondere Variante der Geschäftsversion der Hawker Siddeley HS.125 wird von der britischen Royal Air Force als Dominie T1 geflogen. Insgesamt neun der Flugzeuge werden von No 55 (R) Squadron der Cranwell-Hochschule verwendet, um Waffensystem-Offiziere und Luftwaffeningenieure auszubilden. 1996 wurden die Flugzeuge mit modernster Avionik ausgestattet. Die maximale Besatzungsstärke der Ausbildungsjets beträgt sechs Personen.

Hawker Siddeley HS.125	
Verwendung	Mehrzweckflugzeug
Produktionszeit	1962 bis heute
Spannweite (mm)	16.600
Länge/Höhe (mm)	15.600/5500
Leergewicht (kg)	5826
max. Startmasse (kg)	12.700
Vmax in (km/h)	830
Antrieb	2 x Honeywell TFE731-5BR Turbofan-Triebwerke, je 20,8 Schub
Besatzung	2
Passagiere	bis 14

Hawker Beechcraft 1900 C	
Verwendung	Zubringerflugzeug
Baujahr	1982 bis 2002
Spannweite (mm)	17.610
Länge/Höhe (mm)	17.640/4540
Leergewicht (kg)	4803
Startmasse (kg)	7668
Vmax in (km/h)	487
Antrieb	2 x Pratt & Whitney Canada PT6A-65 Turboprop-Triebwerke je 1100 PS
Besatzung	1 bis 2
Passagiere	bis 19

Hawker Beechcraft 1900

Die zweimotorige Beachcraft 1900 wurde ab dem Jahr 1984 von der US-amerikanischen Beech Aircraft Corporation angeboten und basierte auf der viel kleineren Beech King Air 200. Es war als Kurzstreckenverkehrsflugzeug, Frachtflugzeug oder Geschäftsflugzeug entwickelt worden. Der Erstflug der Beechcraft 1900 fand im September 1982 statt. Im Jahr 1994 tat sich Beechcraft mit Hawker zusammen, und seit dem Jahr 2007 heißt das Unternehmen Hawker Beechcraft. Die Grundausführung der Beechcraft 1900 war die Version C mit einem Platzangebot von 19 Sitzplätzen. Die Ausführung „D" mit zusätzlichen Winglets hatte ein höheres Kabinendach, das die Gesamthöhe des Flugzeugs auf 4,72 Meter anwachsen ließ. Dadurch hatten die Passagiere eine größere Kopffreiheit. Die Version „D Exclusive" war als reines Geschäftsflugzeug mit unterschiedlicher Innenausstattung im Angebot. Auch als Frachtflugzeug wurde die Beechcraft 1900 unter der Bezeichnung 1900 C Cargo verkauft. Die maximale Zuladung betrug drei Tonnen, damit konnte das Flugzeug ca. 2778 Kilometer weit fliegen. Statt den Pratt & Whitney PT6A-65-Turboprop-Triebwerken konnte auch der Typ Pratt & Whitney DPT6A-67D mit einer Leistung von 1300 PS eingebaut werden. Bis zum Jahr 2002, als die Produktion des Musters eingestellt wurde, waren 695 Maschinen verkauft worden.

Iljuschin Il-18	
Verwendung	Passagierflugzeug
Produktionszeit	1957 bis 1978
Spannweite (mm)	37.400
Länge/Höhe (mm)	35.900/10.170
Leergewicht (kg)	35.000
max. Startmasse (kg)	64.000
Vmax in (km/h)	675
Antrieb	4 x Iwtschenko Progress AI-20M Turboprop-Triebwerke, je 4310 PS
Besatzung	4
Passagiere	100 bis 120

Iljuschin Il-18

Die staatliche sowjetische Fluggesellschaft Aeroflot benötigte Mitte der 1950er Jahre ein neues Passagierflugzeug mit bis zu 100 Sitzplätzen. Da der Flugzeughersteller bereits einen Prototyp aus dem Jahr 1948 mit der Bezeichnung Il-18 in der Schublade hatte, konnte schnell mit der Konstruktion eines viermotorigen Flugzeugs begonnen werden. Nachdem ein Erstflug mit dem Testpiloten und „Helden der Sowjetunion" Wladimir Kokkinaki erfolgreich absolviert worden war, wurden zunächst 20 Flugzeuge mit je 75 Sitzplätzen als Grundversion gebaut. Ab dem Jahr 1959 gelangten die ersten Maschinen zur Auslieferung. Bis 1968 wurden in vielen Versionen mehr als 850 Flugzeuge gebaut, sie sind teilweise bis heute im Einsatz.

Iljuschin Il-62 M

Verwendung	Langstrecken-Verkehrsflugzeug
Produktionszeit	1971 bis 1999
Spannweite (mm)	43.200
Länge/Höhe (mm)	53.120/12.300
Leergewicht (kg)	69.400
max. Startmasse (kg)	165.000
Vmax in (km/h)	950
Antrieb	4 x Solowjow D-30KU Turbofan-Triebwerke, je 112,8 kN Schub
Besatzung	4 bis 5
Passagiere	158 bis 186

Iljuschin Il-62

Von der Iljuschin Il-62 sind bis heute noch immer viele Maschinen im Einsatz. Die Geschichte des ersten vierstrahligen Langstrecken-Verkehrsflugzeugs begann Anfang der 1960er Jahre. Zunächst wurden fünf Prototypen gebaut, der Erstflug einer Iljuschin Il-62 fand im Januar 1963 statt. Der Linienverkehr konnte am 10. März 1967 durch die sowjetische Aeroflot aufgenommen werden und löste auf der Flugstrecke von Moskau nach Montreal die Tu-114 ab. Im Jahr erhielt die Il-62 sparsamere und leistungsstärkere Triebwerke, die ihr die Bezeichnung Iljuschin Il-62 M einbrachten. Der Ganzmetall-Tiefdecker wurde in einer Stückzahl von 292 Maschinen bis zum Jahr 1999 gebaut.

Iljuschin Il-86

Bereits Anfang der 1970er Jahre versuchte die Sowjetunion mit den westlichen Flugzeugherstellern mit ihren Mustern McDonnell Douglas DC-10 und Boeing 747 mitzuhalten und ebenfalls ein Großraumflugzeug zu präsentieren. Es sollte jedoch noch fast zehn Jahre dauern, bis auch die Aeroflot mit diesem Flugzeugtyp den Liniendienst aufnehmen konnte. Diese Verzögerung lag vor allem an dem Fehlen eines leistungsstarken Triebwerks. Zunächst wurden Kusnezow-NK-86-Triebwerke mit je 127,5 kN Schub eingebaut, ab dem Jahr 1983 sollten dann stärkere und wirtschaftlichere Solowjew-D-30KP-Triebwerke verwendet werden. Der Erstflug einer Iljuschin Il-86 mit der Kennnummer CCCP-86000 fand bereits am 22. Dezember 1976 statt, und die Flugerprobung endete im Jahr 1978. Am 24. September 1979 wurde die erste Il-86 an die Aeroflot übergeben. Der erste internationale Flugverkehr wurde auf der Strecke Moskau–Berlin am 12. Oktober 1981 eröffnet. In den Westen konnten keine Iljuschin Il-86 verkauft werden, und auch die weiteren Ostblockländer hatten kein Interesse an der unwirtschaftlichen Maschine.

Iljuschin Il-86

Verwendung	Großraumflugzeug
Baujahr	1976 bis 1994
Spannweite (mm)	48.060
Länge/Höhe (mm)	59.940/15.820
Leergewicht (kg)	121.000
Startmasse (kg)	206.000
Vmax in (km/h)	950
Antrieb	4 x Kusnezow NK-86 Turbofan-Triebwerke je 127,5 kN Schub
Besatzung	5
Passagiere	234 bis 350

Iljuschin Il-96-300	
Verwendung	Großraumflugzeug
Produktionszeit	1988 bis 2012
Spannweite (mm)	57.600
Länge/Höhe (mm)	55.300/17.600
Leergewicht (kg)	117.000
max. Startmasse (kg)	250.000
Vmax in (km/h)	900
Antrieb	4 x Awiadwigatel PS-90A Turbofan-Triebwerke, je 160 kN Schub
Besatzung	3
Passagiere	bis 300

Iljuschin Il-96

Das Äußere der Iljuschin Il-96 weist sehr viele Ähnlichkeiten mit der Il-86 auf, doch handelte es sich um eine komplette Neuentwicklung des sowjetischen Flugzeugherstellers. Bei der Entwicklung der Il-96 wurden die neuesten technischen Erkenntnisse mit Farbbildschirmen, Fly-by-wire-Steuerung, superkritischen Tragflügeln, Winglets und Mantelstromtriebwerken mit hohem Nebenstromverhältnis eingebaut. Das Basismuster war die Iljuschin Il-96-300, deren Rumpf 4,2 Meter kürzer war als der Rumpf der Il-86. Durch moderne Verbundtechnik konnte das Gewicht der Il-96 erheblich reduziert werden. Am 28. September 1988 konnte ein erster Prototyp der Il-96 vom Stadtflugplatz in Moskau erstmalig vom Boden abheben. Während der Luftfahrtschau in Paris-Le Bourget wurde eine Il-96-300 das erste Mal dem Westen vorgestellt. Bis Mitte der 1980er Jahre hatten fast alle Fluggesellschaften des Ostblocks die Maschine bestellt, doch es sollte ganz anders kommen. Durch den politischen Umschwung Ende der 1990er Jahre erwarben viele Fluggesellschaften in Osteuropa europäische oder US-amerikanische Muster. Dennoch hielt Iljuschin am Bau der Il-96 fest, und die Produktion wurde mit drei Exemplaren pro Jahr bis 2012 fortgeführt. Heute sind etwa 29 Il-96 auf verschiedenen Flugrouten unterwegs.

Iljuschin Il-114

Um ein leichtes Passagier- und Frachtflugzeug für den russischen Binnenlinienverkehr zu haben, entwickelte Iljuschin Ende der 1980er Jahre die Il-114 mit einer Reichweite von 1000 bis 3500 Kilometern. Mit dem neuen Flugzeug sollte die Antonow An-24 abgelöst werden. Die ersten Entwicklungsarbeiten begannen bereits im Jahr 1986. Als Antrieb wurden zwei russische Isotow-TV7-117S-Propellerturbinen mit Sechs-Blatt-Luftschrauben ausgewählt. Der erste von sechs Prototypen startete am 29. März 1990 zu seinem Jungfernflug, ging jedoch durch einen Unfall am 5. Juli 1993 verloren. Gefertigt werden die Iljuschin Il-114 in Taschkent in Usbekistan. Die erste Serienmaschine wurde im Januar 1994 ausgeliefert. Inzwischen werden zusätzlich zur Basisvariante auch eine Exportvariante mit Pratt & Whitney Canada PW-127-Turboprops für 64 Passagiere, die ihren Erstflug am 26. Januar 1999 hatte, eine Frachtversion Il-114T, die ihre Zulassung im März 2001 erhielt, und verschiedene Versionen für die Marine und das Heer gebaut, darunter Patrouillen-, Aufklärungs-, Umweltüberwachungs-, Rettungs- und Truppentransportvarianten. Ingesamt wurden von dem russischen Flugzeugmuster 14 Exemplare, darunter zwei Frachtversionen, gebaut.

Iljuschin Il-114-100	
Verwendung	Mehrzweckflugzeug
Produktionszeit	1990 bis heute
Spannweite (mm)	30.000
Länge/Höhe (mm)	26.880/9320
Leergewicht (kg)	13.700
max. Startmasse (kg)	21.000
Vmax in (km/h)	498
Antrieb	2 x Isotow TV7-117S Propellerturbinen, je 2500 PS
Besatzung	2
Passagiere	60 bis 64

Lockheed L-1649A „Starliner"	
Verwendung	Verkehrsflugzeug
Produktionszeit	1956 bis 1958
Spannweite (mm)	45.700
Länge/Höhe (mm)	35.400/7600
Leergewicht (kg)	41.569
max. Startmasse (kg)	70.762
Vmax in (km/h)	535
Antrieb	4 x Curtiss-Wright R3350-988TC 18EA2, 18-Zylinder Doppelsternmotoren, je 3450 PS
Besatzung	4 + 4
Passagiere	40 bis 99

Lockheed L-1649 „Starliner"

Die viermotorige „Starliner" des US-amerikanischen Flugzeugherstellers Lockheed war die letzte Generation in der langen Entwicklung der „Constellation"-Baureihe. Bei Air France „Super Starliner", bei der deutsche Lufthansa „Super Star" und bei der Trans World Airlines „Jetstream" genannt, war das Modell das erste Verkehrsflugzeug, das von der Ostküste der USA bis nach Europa nonstop auch mit einer Last von 12,5 Tonnen fliegen konnte. Die Entwicklungsarbeiten an der L 1649A hatten bereits Mitte der 1950er Jahre begonnen. Der Start zum Jungfernflug erfolgte am 10. Oktober 1956. Ab dem Jahr 1957 wurde der „Starliner" dann im internationalen Liniendienst eingesetzt. Die TWA kaufte mit 29 Mustern die meisten „Starliner", Air France zehn Exemplare und die Lufthansa lediglich vier Lockheed L-1649A als Übergangslösung, da die Fluggesellschaft auf die Auslieferung der ersten Boeing 707 wartete. Insgesamt wurden 44 Flugzeuge gebaut. Später zählten dann die Alaska Airlines, Luxair und Trek Airways zu den Betreibern des Musters. Nach dem teilweisen Umbau in Frachtflugzeuge war Anfang der 1980er Jahre kein Flugzeug mehr im Dienst. Im Jahr 2007 erwarb die Stiftung drei der Flugzeuge mit umfangreichem Zubehör und beauftragte die Lufthansa Technik AG zur Restauration einer Maschine in einen flugfähigen Zustand. Sie soll neben der Ju 52 in der Zukunft bei historischen Flügen eingesetzt werden.

Lockheed L-1011 „TriStar"

In den 1960er Jahren benötigten die US-amerikanischen Fluggesellschaften ein neues Großraumflugzeug mit hoher Kapazität, das im Binnenlinienverkehr zwischen Chicago – Los Angeles und New York – Chicaco eingesetzt werden konnte. Weitere Bedingungen für die Konstruktion waren eine einfache Wartung, kurze Bodenstandzeiten und eine automatische Landefähigkeit. Da Boeing zu dieser Zeit mit der Boeing 747 vollkommen ausgelastet und Douglas in finanziellen Nöten war, fiel die Suche auf Lockheed. Im Januar 1966 begann die Planung und Entwicklung unter der Bezeichnung „193". Bereits im März 1968 waren die Auftragsbücher der Lockheed TriStar mit über 68 Bestellungen von Delta Airlines, Eastern Airlines und TWA gefüllt. Nach dem Roll-out der ersten TriStar am 1. September 1970 stieg der Prototyp am 16. November 1970 zu seinem Erstflug auf. Angetrieben wurde er mit drei Rolls-Royce-RB.211-524-Mantelstromtriebwerken. Als Rolls-Royce im Februar 1971 überraschend Konkurs anmeldete, war die Fertigung der „TriStar" gefährdet und musste vorübergehend eingestellt werden. Erst am 5. April 1972 bekam Easter Airlines die erste Lockheed L-1011 TriStar, die ihren Liniendienst am 26. April 1972 auf der Strecke New York – Miami aufnahm.

Lockheed L-1011-200 „TriStar"	
Verwendung	Großraumflugzeug
Produktionszeit	1970 bis 1984
Spannweite (mm)	47.350
Länge/Höhe (mm)	54.400/16.8700
Leergewicht (kg)	105.687
max. Startmasse (kg)	215.003
Vmax in (km/h)	970
Antrieb	3 x Rolls-Royce RB.211-524 Mantelstromtriebwerke, je 213,5 kN Schub
Besatzung	3
Passagiere	246 bis 400

McDonnell Douglas DC-10-10	
Verwendung	Großraumflugzeug
Produktionszeit	1970 bis 1988
Spannweite (mm)	47.430
Länge/Höhe (mm)	55.550/17.700
Leergewicht (kg)	110.710
max. Startmasse (kg)	186.025
Vmax in (km/h)	907
Antrieb	3 x General Electric CF6-6D Turbofan-Triebwerke, je 191 kN Schub
Besatzung	3
Passagiere	255 bis 380

McDonnell Douglas DC-10/MD-10

Die McDonnell Douglas DC-10 hatte ihren Erstflug am 29. August 1970. Doch bereits zwei Jahre danach, am 12. Juni 1972, bekam das Flugzeugmuster erste negative Schlagzeilen, als sich während eines Fluges die Frachttüre öffnete und zu einem Druckabfall führte. Durch weitere Vorkommnisse wurde die DC-10 nach und nach ausgemustert, und das weltweit operierende US-amerikanische Kurier- und Logistikunternehmen FedEx ließ erste Passagiermaschinen zu modernen „Frachtern" als Baureihe MD-10 umbauen. Im März 2014 waren noch 61 McDonnell Douglas MD-10 im Dienst.

McDonnell Douglas MD-11 Cargo	
Verwendung	Großraumflugzeug
Produktionszeit	1990 bis 2000
Spannweite (mm)	51.700
Länge/Höhe (mm)	61.200/17.300
Leergewicht (kg)	125.870
max. Startmasse (kg)	273.300
Vmax in (km/h)	967
Antrieb	3 x Pratt & Whitney PW 4460 Turbofan-Triebwerke, je 266,9 kN Schub
Besatzung	2
Passagierversion	323 bis 410

McDonnell Douglas MD-11

Als Nachfolger der DC-10 fand der Erstflug der McDonnell Douglas MD-11 am 10. Januar 1990 statt. Das erste Muster wurde am 29. November 1990 an Finnair ausgeliefert. Es wurden Varianten als reines Passagierflugzeug sowie auch als reine Frachtversion angeboten. Das letzte Flugzeug mit der Kennung D-ALCN wurde am 22. Februar 2001 an Lufthansa Cargo ausgeliefert. Inzwischen sind fast alle Muster nur noch als Frachtflugzeuge anzutreffen. Im Februar 2014 waren noch 116 der 200 produzierten Maschinen im Dienst.

McDonnell Douglas MD-81	
Verwendung	Kurz- u. Mittelstreckenflugzeug
Produktionszeit	1979 bis 1999
Spannweite (mm)	32.800
Länge/Höhe (mm)	45.100/9050
Leergewicht (kg)	35.369
max. Startmasse (kg)	63.503
Vmax in (km/h)	811
Antrieb	2 x Pratt & Whitney JT8D-209 Turbofan-Triebwerke, je 82 kN Schub
Besatzung	2
Passagiere	152 bis 172

McDonnell Douglas MD-80

Da die DC-Baureihe von McDonnell Douglas durch zahlreiche Unfälle der DC-10 in Verruf geraten war, entschloss sich der amerikanische Flugzeughersteller, die gestreckte Version der DC-9 als DC-9-80 und später unter dem Namen „Super 80" zu verkaufen. Doch bald wurde auch diese Bezeichnung verworfen und das neue Kürzel „MD" für McDonnell Douglas eingeführt. Als Boeing im Jahr 1997 McDonnell Douglas übernahm, wurde das Flugzeug sogar als Boeing MD-80 verkauft. Der Erstflug der MD-80 fand am 25. Oktober 1979 statt. Die MD-81 war die Basisversion des Kurz- und Mittelstreckenflugzeugs und wurde an die Erstkunden Austrian Airlines und Swissair ab dem Jahr 1980 ausgeliefert. Als schwerere Version wurde ein Jahr später die MD-82 in den Liniendienst gestellt. Mit Pratt & Whitney JT8D-217- oder -219-Triebwerken hatte sie eine wesentlich größere Reichweite als die MD-81. Mit der MD-83 kam nochmals eine schwerere Maschine im Jahr 1985 auf den Markt. Die Entwicklung der MD-Variante 87 begann am 3. Januar 1985. Gegenüber der Basisvariante war der Rumpf 4,5 Meter kürzer. Der Hauptabnehmer war die größte spanische Fluggesellschaft Iberia mit 24 Exemplaren. Mit allen Varianten wurden bis 1999 insgesamt 1191 McDonnell Douglas MD-80 gebaut.

McDonnell Douglas MD-90

Die McDonnell Douglas MD-90 wurde als dritte Generation der DC-9 ab dem Jahr 1988 entwickelt und mit einem modernen Cockpit mit EFIS-Bildschirmen und einem Flight-Management-System ausgestattet. Am 22. Februar 1993 hob die Version MD-90-30 vom Flugfeld zum Jungfernflug ab. Die US-amerikanische Fluggesellschaft Delta Air Lines hatte bereits 31 Stück bestellt, die ab dem 31. Februar 1995 zur Auslieferung kamen. Als schließlich McDonnell Douglas 1997 von Boeing übernommen wurde, kündigte der neue Besitzer an, das Muster einzustellen. So bekam Saudi Arabian Airlines am 23. Oktober 2000 nach 116 gebauten Flugzeugen das letzte Exemplar für den Liniendienst. Auch wurden durch den Verkauf an Boeing weitere Projekte der verkürzten MD-90-10 und der verlängerten MD-90-50 auf Eis gelegt. Die Entwicklung der MD-90-50 wurde nicht mehr weiterverfolgt, da die Maschine mit den Boeing 737 konkurrierte. Die Idee der MD-90-10 übernahm Boeing als Boeing 717 in sein Programm auf. Ursprünglich war geplant, als Lizenz noch 40 MD-90-30T in Shanghai fertigen zu lassen, doch es wurden nur zwei Maschinen produziert. Teile aus diesem Lizenzgeschäft wurden später für den chinesischen Comac ARJ21 Advanced Regional Jet verwendet. Heute sind von den insgesamt 116 gebauten Exemplaren noch 76 Flugzeuge im aktiven Liniendienst, die von Delta Air Lines und den chinesischen Airlines EVA Air und Uni Air betrieben werden.

McDonnell Douglas MD-90-30	
Verwendung	Kurz- u. Mittelstreckenflugzeug
Produktionszeit	1993 bis 2000
Spannweite (mm)	32.870
Länge/Höhe (mm)	46.500/9400
Leergewicht (kg)	39.994
max. Startmasse (kg)	70.760
Vmax in (km/h)	811
Antrieb	2 x Int. Aero Engines V2525-D5 Triebwerke, je 111 kN Schub
Besatzung	2
Passagiere	152 bis 172

N313FE

McDonnell Douglas MD-11

Die McDonnell-Douglas MD-11 ist heutzutage nur noch als Frachtflugzeug anzutreffen. Lediglich die KLM setzt die Jets auf zahlreichen internationalen Strecken als Passagierflugzeuge ein. Grund dafür sind die Probleme bei der Landung, die bereits oft zu Unfällen führten. Da die MD-11 wegen der kleinen Steuerflächen bei der Landung mit einer weit höheren Geschwindigkeit landen muss als andere Jets, ist sie schwer zu kontrollieren.

Saab 340	
Verwendung	Regionalverkehrsflugzeug
Produktionszeit	1983 bis 2005
Spannweite (mm)	21.440
Länge/Höhe (mm)	19.730/6970
Leergewicht (kg)	8035
max. Startmasse (kg)	13.200
Vmax in (km/h)	463
Antrieb	2 x General Electric CT7-9A Turboprop-Triebwerke, je 1305 WPS
Besatzung	2 bis 3
Passagierversion	33 bis 37

Saab 340

Das schwedische Unternehmen Saab begann zusammen mit Fairchild Industries die Entwicklung eines Regionalflugzeugs, das auch für den Zubringerverkehr geeignet sein sollte. Eine erste Vorstellung des Entwurfs wurde im September 1980 gezeigt. Saab sollte den Bau des Rumpfs übernehmen und war für die Endmontage verantwortlich. Fairchild fertigte die Flügel und das Leitwerk und führte den Innenausbau durch. Die Triebwerke kamen von General Electric. Die schweizerische Fluggesellschaft Crossair gehörte zu den ersten Kunden, die im November 1980 fünf Saab-Fairchild SF 340 bestellten. Ein erster Prototyp startete am 25. Januar 1983 nach Roll-out und nachfolgender Zulassung zum Erstflug. Die folgende Flugerprobung wurde mit insgesamt fünf Flugzeugen durchgeführt und umfasste 1730 Flugstunden. Crossair bekam das erste Flugzeug am 6. Juni 1984, das neun Tage später den Liniendienst aufnahm, der von Basel über Frankfurt/Main nach Paris führte. Im Oktober 1985 zog sich Fairchild aus dem Projekt zurück, und Saab übernahm die alleinige Verantwortung für die Produktion. Im Jahr 1987 konnte bereits die 100ste Saab 340 die Werkshallen in Schweden verlassen und bei der Salair of Sweden den Liniendienst antreten. Im Jahr 1989 wurde eine verbesserte Version 340 B angeboten, die auch stärkere Triebwerke erhielt. Bis zum Produktionsende im Jahr 2005 wurden insgesamt 459 Muster gebaut.

Saab 2000

Zu dem Zeitpunkt, da sich Fairchild aus den Flugzeugprojekten des Unternehmens Saab ausklinkte, standen bereits erste Überlegungen an, ein Nachfolgemuster der Saab 340 zu entwickeln. Das Flugzeug war mit erhöhter Bestuhlung von 58 Sitzplätzen für Regionalrouten von 1800 Kilometern und einer Flugzeit von 90 Minuten gedacht. Bei der Konstruktion des Flugzeugs arbeiteten die Schweden eng mit der NASA zusammen. Das Ergebnis war ein superdünnes Flügelprofil, das speziell auf den Geschwindigkeitsbereich der Saab 2000 zugeschnitten war. Als Neuheit war in die Saab 2000 erstmalig ein Active Noise Control-System eingebaut. Dabei ermitteln mehrere Mikrofone in der Kabine die Geräuschfrequenz. Ein Mikroprozessor rechnet dann eine phasenverschobene Gegenfrequenz aus, die durch entsprechende Lautsprecher in die Kabine abgestrahlt wird. Durch diese Maßnahme konnte der Geräuschpegel um 80 Prozent gesenkt werden. Der Erstflug erfolgte am 26. März 1992. Im Mai 1994 erhielt Saab für das Muster nur eine beschränkte Zulassung, da die mechanische Höhensteuerung nicht störungsfrei arbeitete. Crossair erhielt am 30. August 1994 eine überarbeitete Version.

Saab 2000	
Verwendung	Regionalverkehrsflugzeug
Produktionszeit	1992 bis 1999
Spannweite (mm)	24.760
Länge/Höhe (mm)	27.280/7730
Leergewicht (kg)	13.800
max. Startmasse (kg)	22.999
Vmax in (km/h)	682
Antrieb	2 x Rolls-Royce AE 2100A Turboprop-Triebwerke, je 4209 PS
Besatzung	2 bis 3
Passagierversion	50 bis 52

Shaanxi Y-8

In den 1960er Jahren kaufte China mehrere sowjetische Antonow An-12 zusammen mit einer Lizenz, diese Flugzeuge in der Volksrepublik China bei der Shaanxi Aircraft Company zu produzieren. Der Entwurf des Transportmusters war im Februar 1972 abgeschlossen, dabei wurde vor allem die Rumpfform gegenüber der An-12 abgeändert. Die ersten Muster wurden noch mit zwei seitlichen Türen gebaut, später gab es auch Varianten mit einer Be- und Entladungsrampe im Heck des Flugzeuges. Ein erster Flug einer Shaanxi Y-8 fand im Dezember 1972 statt. Danach wurde es still um den mittelschweren Transporter. Erst im Jahr 1975 wurden die Testflüge mit dem Flugzeug wieder aufgenommen. Nach 66 Testflügen war es im Jahr 1981 dann so weit und die Serienproduktion der Shaanxi Y-8 begann. Der Einsatz des Transportflugzeugs umfasst den zivilen wie auch den militärischen Bereich. Es kann bis zu 20 Tonnen Ladung aufnehmen. So werden die Flugzeuge für den Krankentransport sowie für Fallschirmjäger oder zum Transport von Fracht eingesetzt. In den späten 1980er Jahren versuchten die Chinesen mithilfe von Lockheed, die Y-8 zu verbessern, und unternahmen Versuche im Windkanal des Unternehmens Lockheed. Zusätzlich wurden die chinesischen Piloten besser geschult. Zwischen 2001 und 2002 begann man bei Antonow und Shaanxi an moderneren Rümpfen und Flügeln für die Y-8 zu arbeiten. Länder wie Myanmar, Pakistan, der Sudan, Tansania und Venezuela fliegen heute das chinesische Muster. Insgesamt wurden bis 2014 ca. 120 Maschinen verkauft.

Shaanxi Y-8	
Verwendung	Transportflugzeug
Produktionszeit	1972 bis heute
Spannweite (mm)	38.000
Länge/Höhe (mm)	34.020/11.600
Leergewicht (kg)	35.490
max. Startmasse (kg)	61.000
Nutzlast (t)	20
Vmax in (km/h)	660
Antrieb	4 x Zhuzhou WoJiang-6 Turboprop-Triebwerke, je 4250 PS
Besatzung	2 bis 5

Suchoi Superjet 100

Bis in die 1990er Jahre hatte sich der russische Flugzeughersteller Suchoi mehr auf militärische Flugmuster und sportliche Kunstflugzeuge spezialisiert. Doch der Markt im zivilen Sektor der Passagierflugzeuge war stark umkämpft, und so wollte auch der Traditionsflugzeugbauer weltweit im Passagiertransport mitmischen. Eine intern gefertigte Studie ergab, dass vor allem an einem Flugzeug mit 100 Sitzplätzen großer Bedarf bestand und ein Absatz von 250 Flugzeugen im Binnenmarkt und weiteren 550 Jets im internationalen Markt möglich war. Studien liefen ab dem Jahr 2003 unter der Bezeichnung „RRJ" (Russian Regional Jet) und sahen drei verschieden lange Jets vor. Am 17. Juli 2006 wurde auf der Farnborough International Airshow das RRJ-Projekt, nun unter der Bezeichnung „Suchoi Superjet 100", vorgestellt. Um die westlichen Märkte für das Flugzeugmuster zu öffnen, wurde ein Kooperationsvertrag mit dem amerikanischen Flugzeughersteller Boeing geschlossen und eine Zusammenarbeit beim Verkauf, Marketing und Service ausgebaut. Der Jungfernflug des ersten „SuperJets" unternahm Suchoi am 19. Mai 2008 in Komsomolsk. Der Flug dauerte lediglich eine Stunde und fünf Minuten, wobei Cheftestpilot Alexander Jablonzew und Leonid Tschikunow die Maschine nur sehr vorsichtig flogen, dabei eine Höchstgeschwindigkeit von 333 km/h und eine maximale Flughöhe von 1200 Metern erreichten. Nach verschiedenen Zulassungsverfahren in den Jahren 2011 und 2012 fand der erste Linienflug einer Suchoi Superjet 100 am 21. April 2011 vom armenischen Flughafen Swartnoz nach Moskau-Scheremetjewo statt.

Suchoi Superjet 100-60	
Verwendung	Regionalverkehrsflugzeug
Produktionszeit	2008 bis heute
Spannweite (mm)	28.800
Länge/Höhe (mm)	23.870/10.280
Leergewicht (kg)	27.000
max. Startmasse (kg)	35.790
Vmax in (km/h)	870
Antrieb	2 x PowerJet SaM146 Mantelstromtriebwerke, je 77,7 kN Schub
Besatzung	2
Passagiere	78 bis 98

Tupolew Tu-134	
Verwendung	Regionalverkehrsflugzeug
Produktionszeit	1963 bis 1984
Spannweite (mm)	29.010
Länge/Höhe (mm)	34.950/9020
Leergewicht (kg)	27.000
max. Startmasse (kg)	44.000
Vmax in (km/h)	870
Antrieb	2 x Solowjow D-30 Turbofan-Triebwerke, je 66,7 kN Schub
Besatzung	4
Passagiere	64 bis 72

Tupolew Tu-134

Der sowjetische Flugzeughersteller Tupolew präsentierte Anfang der 1960er Jahre einen Entwurf zu einem Kurz- und Mittelstreckenflugzeug mit einer Personenkapazität von 44 bis 60 Passagieren. Die Reichweite sollte 2500 Kilometer haben. Der erste Prototyp der Tupolew Tu-134 startete unter der Kennung CCCP-45075 am 7. Dezember 1963 zu seinem Jungfernflug. Im Westen wurde das neue Regionalflugzeug das erste Mal während der Luftfahrtschau in Le Bourget im Juli 1965 gezeigt. Von der Aeroflot betrieben, startete die Tu-134 am 26. August 1967 auf der Strecke von Moskau nach Murmansk zum Liniendienst. Außerhalb der UdSSR hatte die Interflug mit 36 Maschinen die größte Flotte von Tu-134 im Dienst. Die Produktion wurde im Jahr 1984 nach 853 gebauten Flugzeugen eingestellt.

Tupolew Tu-154

Im Jahr 1966 wurden erste Informationen über ein neues Mittelstreckenflugzeug des sowjetischen Flugzeugherstellers Tupolew bekannt. Wie die Tu-134 wies die Tu-154 eine negative V-Stellung der Tragflächen auf. Die erste Ausführung sollte 144 Passagieren Platz bieten und hatte eine Reichweite von 3800 Kilometern. Der Erstflug eines Prototyps fand am 3. Oktober 1968 statt. Ihr Debüt im Westen feierte die Tu-154 auf dem alle zwei Jahre stattfindenden Aérosalon in Paris. Ab dem Juli 1971 ging das Muster zunächst als Frachtvariante bei Aeroflot in den Liniendienst. Am 1. August 1972 flog eine Tu-154 das erste Mal eine internationale Strecke nach Prag. Bis zum Jahr 2009, als die letzte Maschine an das russische Verteidigungsministerium ging, wurden über 1000 Tupolew Tu-154 gebaut.

Tupolew Tu-154	
Verwendung	Verkehrsflugzeug
Produktionszeit	1968 bis 2009
Spannweite (mm)	37.550
Länge/Höhe (mm)	47.920/11.400
Leergewicht (kg)	55.300
max. Startmasse (kg)	100.000
Vmax in (km/h)	950
Antrieb	3 x Aviadvigatel D-30KU-154 Turbofan-Triebwerke, je 102.97 kN Schub
Besatzung	3
Passagiere	160 bis 170

Tupolew Tu-204-100	
Verwendung	Regionalverkehrsflugzeug
Produktionszeit	1989 bis heute
Spannweite (mm)	42.000
Länge/Höhe (mm)	46.000/13.880
Leergewicht (kg)	59.000
max. Startmasse (kg)	103.000
Vmax in (km/h)	850
Antrieb	2 x Awiadwigatel PS-90A Turbofan-Triebwerke, je 157 kN Schub
Besatzung	2
Passagiere	170 bis 210

Tupolew-Tu-204

Als Nachfolger der Tupolew Tu-154-100 startete am 2. Januar 1989 erstmalig die Tu-204 in Shukowski in den Himmel. Die Planung des Mittelstrecken-Verkehrsflugzeugs begann bereits in den 1980er Jahren. Im Juni desselben Jahres stellte Tupolew das Muster in Paris Le Bourget vor. Vnukovo Airlines übernahm am 9. August 1993 zwei Tu-204 zur Zulassungs- und Einsatzerprobung. Am 31. März 1994 folgte die Produktion der Tu-204-200 mit erhöhter Startmasse und der mit Rolls-Royce-Triebwerken ausgestatteten Tu-120-220. Weitere Varianten folgten ab 2003. Inzwischen gibt es auch Testflugzeuge wie die Tu-206, die mit Erdgas betrieben wird.

Tupolew-Tu-214

Die Tupolew Tu-214 war die Weiterentwicklung der Tu-204. Sie war schwerer als die Tu-104 und konnte sehr vielseitig nach Kundenwunsch oder den gegebenen Erfordernissen im Passagier-, Fracht- oder kombinierten Flugverkehr ausgestattet werden. Neben einer Basisvariante mit einer Reichweite von ca. 6500 Kilometern, die für den reinen Mittelstreckenverkehr ausgelegt ist, gibt es auch eine Langstreckenvariante, die mit Zusatztanks eine Reichweite von 8150 Kilometern hat. Sogar eine spezielle VIP-Version mit einer Reichweite von über 9000 Kilometern ist im Angebot von Tupolew. Die Variante Tu-214 C3 wird als „Quick-change"-Version angeboten. Dieses Muster kann ohne große Probleme von einem Passagierflugzeug in einen Frachter umgewandelt werden. Ihren Erstflug hatte die Tu-214 am 21. März 1996, die Serienfertigung begann im Jahr 2001. Das Flugzeug ist eines der billigsten Muster in seiner Klasse und hält allen Kriterien für eine westliche Zulassung stand. Zu Testzwecken wurde die Tupolew Tu-216 entwickelt, die einen Wasserstoffantrieb benutzt.

Tupolew Tu-214	
Verwendung	Regionalverkehrsflugzeug
Produktionszeit	1996 bis heute
Spannweite (mm)	42.000
Länge/Höhe (mm)	46.000/13.880
Leergewicht (kg)	59.000
max. Startmasse (kg)	110.750
Vmax in (km/h)	823
Antrieb	2 x Awiadwigatel PS-90A Turbofan-Triebwerke, je 157 kN Schub
Besatzung	2
Passagiere	170 bis 210

Vickers Vanguard 952	
Verwendung	Verkehrsflugzeug
Produktionszeit	1959 bis 1962
Spannweite (mm)	36.150
Länge/Höhe (mm)	37.450/10.640
Leergewicht (kg)	37.421
max. Startmasse (kg)	66.448
Vmax in (km/h)	684
Antrieb	4 x Rolls-Royce Tyne 512 Turboprop-Triebwerke, je 5545 PS
Besatzung	3
Passagiere	bis 139

Vickers Vanguard

Bereits im Jahr 1951 begann die Planung eines neuen viermotorigen Verkehrsflugzeugs für die British European Airways (BEA), das die Vickers Viscount ablösen sollte. Zurerst wurden einige der Bauteile aus der Viscount für die Vickers Vanguard übernommen, doch sollte das „Projekt 900" schließlich eine komplette Neukonstruktion werden. Die Vorgaben waren eine Kapazität von 93 Sitzplätzen und eine Zuladung von 9,5 Tonnen. Als Antriebseinheiten sollten vier Rolls-Royce-Tyne-Propellerturbinen Verwendung finden. Bald stellte sich jedoch heraus, dass diese Flugzeugbaureihe sich nicht wirtschaftlich betreiben ließ. So mutierte das Projekt zur 930 Vanguard mit einem Startgewicht von über 61 Tonnen. Angetan vom neuen Entwurf bestellte die BEA im Juli 1956 insgesamt 20 Flugzeuge, und bereits sechs Monate später trudelte ein weiterer Auftrag von Trans-Canada Air Lines über eine Stückzahl von 23 Maschinen ein. Der Erstflug einer Vickers Vanguard fand am 20. Januar 1959 vom Werk in Weybridge aus statt und dauerte lediglich 18 Minuten. Der Flugbetrieb bei der BEA begann am 1. März 1961. Die Vanguard blieb bei der BEA sieben Jahre im Passagierdienst, bevor sie neun Vickers zu reinen Frachtflugzeugen unter der Bezeichnung „Merchantman" umbauen ließ. Die indonesische Fluglinie Merpati Nusantara Airlines flog bis zum Jahr 1984 die letzte gebaute Vickers Vanguard.

Vickers Viscount

Die Vickers-Armstrongs Ltd. dachte bereits Mitte der 1940er Jahre über ein Verkehrsflugzeug mit Turboprop-Triebwerken nach. Bis Ende des Jahres 1945 hatte Vickers in Zusammenarbeit mit der BEA das Projekt so weit vorangetrieben, dass bereits am 9. März 1946 ein erster Auftrag von zwei Prototypen erteilt werden konnte. Das Projekt lief anfänglich unter der Bezeichnung „Viceroy", doch zugunsten der Unabhängigkeitserklärung Indiens benannte man das Projekt schließlich in „Viscount 609" um. Der Baubeginn der Viscount war der Dezember 1946. Als Antriebseinheiten dienten Dart-504-Triebwerke. Am 16. Juli 1948 startete eine erste Maschine in Wisley zu einem Testflug, doch erreichte das Flugzeug nicht die gewünschten Flugleistungen. Bis 1949 sollte es dauern, bis Rolls-Royce ein leistungsstärkeres Triebwerk präsentieren konnte, das in die Vickers Viscount passte. Der Erstflug dieses Modells 700 war der 28. August 1950 und führte zu einem ersten Auftrag von 20 Verkehrsflugzeugen für die BEA. Die Bestellung wurde kurz vor Jahresende auf 47 Maschinen erhöht. Der Liniendienst wurde am 17. April 1953 aufgenommen, als eine Vickers Viscount von London nach Nikosia auf Zypern flog. Bald interessierten sich weitere Fluggesellschaften wie die irische Aer Lingus, die Air France und die Trans Australia Airlines für das Verkehrsflugzeug. Die größere Version war das Modell 800, das auch die Lufthansa von 1959 bis 1971 einsetzte.

Vickers Viscount 800	
Verwendung	Verkehrsflugzeug
Produktionszeit	1948 bis 1964
Spannweite (mm)	28.550
Länge/Höhe (mm)	26.110/8150
Leergewicht (kg)	18.700
max. Startmasse (kg)	32.884
Vmax in (km/h)	522
Antrieb	4 x Rolls-Royce-Dart-510 Turboprop-Triebwerke, je 1768 PS
Besatzung	3 bis 4
Passagiere	bis 75

Vickers VC 10

Im Jahr 1956 beauftragte die britische Fluggesellschaft British Overseas Airways Corporation (BOAC) Vickers-Armstrong, ein Langstrecken-Verkehrsflugzeug mit Strahltriebwerken zu entwickeln. Mit diesem Muster sollten Flughäfen in Australien oder Südafrika nonstop angeflogen werden. Da sich gezeigt hatte, dass Düsentriebwerke an den Tragflächen sehr störanfällig waren, entschied sich Vickers für Turbinen am Heck. Der Entwurf der VC 10 wurde so positiv bewertet, dass am 14. Janaur 1958 bereits 55 Bestellungen oder Optionen eingegangen waren. Im Jahr 1960 vereinigten sich Bristol, English Electric, Hunting Aircraft und Vickers-Armstrong durch die inzwischen große Konkurrenz im Flugzeugbau zur British Aircraft Corporation (BAC). Der Prototyp des neuen Verkehrsjets hob am 29. Juni 1962 vom Boden ab. BOAC nahm am 1. April 1965 auf der Strecke London–New York seinen Liniendienst mit der VC 10 auf. Doch die Boeing 707 und die DC-8 machten der Vickers das Leben schwer, und die meisten Fluggesellschaften waren an den leistungsfähigeren Mustern aus Amerika interessiert. So bezogen lediglich die staatliche BOAC und mehrere Fluggesellschaften aus Afrika und Asien das britische Verkehrsflugzeug. So war der Stopp der Produktion nach nur 54 Exemplaren vorprogrammiert. Anders verlief der Lebenslauf der militärischen Ausführung der VC 10 als Langstreckentransporter und später als Tankflugzeug. Weltweit im Einsatz, stellte eine VC 10 der RAF im April 1987 mit 16 Stunden, einer Minute und 30 Sekunden einen neuen Weltrekord auf der Strecke von London nach Sydney auf. Zwar sollten die VC 10 bis zum Jahr 2010 durch die hohen Wartungs- und Reparaturkosten moderneren Airbus A330 gewichen sein, doch befanden sich bis zum Februar 2012 immer noch neun der 28 VC 10 im Einsatz. Letzte Trainingsflüge zweier RAF-Maschinen fanden am 24. und 25. September 2013 statt.

Vickers VC 10	
Verwendung	Langstreckenflugzeug
Produktionszeit	1962 bis 1970
Spannweite (mm)	44.550
Länge/Höhe (mm)	48.360/12.040
Leergewicht (kg)	63.280
max. Startmasse (kg)	141.000
Vmax in (km/h)	915
Antrieb	4 x Conway 42 Mk301 Turbofan-Triebwerke, je 97,8 kN Schub
Besatzung	4
Passagiere	bis 135

Jakowlew Jak-40	
Verwendung	Kurzstrecken-Verkehrsflugzeug
Produktionszeit	1966 bis 1981
Spannweite (mm)	25.000
Länge/Höhe (mm)	20.360/6500
Leergewicht (kg)	9400
max. Startmasse (kg)	17.200
Vmax in (km/h)	550
Antrieb	3 x Iwtschenko AI-25 Mantelstromtriebwerke, je 14,7 kN Schub
Besatzung	2
Passagiere	32

Jakowlew Jak-40

Das Jakowlew-Experimental-Konstruktionsbüro erhielt Mitte der 1960er Jahre den Auftrag zum Bau eines Kurzstrecken-Verkehrsflugzeugs aus sowjetischer Produktion. Das Verkehrsflugzeug sollte die chinesische Lizenzversion Lissunow Li-2 aus den ersten Nachkriegsjahren ersetzen. Der neue Tiefdecker mit der Bezeichnung Jakowlew Jak-40 sollte auch auf unbefestigten Flugplätzen oder Behelfspisten starten und landen können. Mit einem an Bord befindlichen Hilfstriebwerk sollte eine Unabhängigkeit von am Boden befindlichen Geräten gewährleistet sein. Die Entwicklung des Jets begann 1965, und bereits ein Jahr später, am 21. Oktober 1966, fand der Jungfernflug eines ersten Prototyps statt. Insgesamt beteiligten sich fünf Prototypen an der Flugerprobung. Im Juli 1967 fand dann die Präsentation des Verkehrsflugzeugs auf dem Flughafen Moskau-Domodedowo statt. Die Aeroflot erhielt ein Jahr später die ersten Maschinen und setzte am 30. September 1968 eine erste Jak-40 ein. Insgesamt wurden 1011 Jak-40 produziert, von denen auch einige von westlichen Fluggesellschaften wie der deutschen General Air betrieben wurden. Da dieser Maschinentyp vor allem im asiatischen Raum immer noch eingesetzt wird, bietet Jakowlew inzwischen eine Umrüstung auf zwei Textron-Lycoming-Triebwerke LF 507-1N mit 31,14 kN Schub an. Die Vorteile sind eine höhere Leistung bei geringerem Verbrauch und niedrigeren Betriebskosten.

Jakowlew Jak-42

Die Jakowlew Jak-42 weist eine gewisse Ähnlichkeit mit der Boeing 727 auf. So sind bei dem Tiefdecker der Rumpfquerschnitt, die Triebwerksauslegung und auch die Reichweite weitgehend identisch. Lediglich die Kapazität der Passagiere und die Länge weichen voneinander ab. Der Erstflug der Jakowlew Jak-42 war am 7. März 1975 und sie nahm 1980 den Flugbetrieb auf. Gebaut wurde das Passagierflugzeug in Saratow an der Wolga und in Smolensk an der Grenze zu Weißrussland. Bereits in der Anfangsphase des Linienbetriebs gab es acht Unfälle mit dem Flugzeugmuster, bei denen 570 Menschen ums Leben kamen. Dies führte ab dem 28. Juni 1982 zu einer Einstellung des Linienbetriebs und einer Stilllegung der Flugzeuge. Erst nach umfangreichen Überarbeitungsmaßnahmen wurde der Flugbetrieb wieder aufgenommen. Ein weiterer Flugzeugabsturz ereignete sich im September 2011 bei Jaroslawl kurz nach dem Start, bei dem fast die gesamte Mannschaft des Eishockeyclubs Lokomotive Jaroslawl ums Leben kam. Dies führte zu einer erneuten Stilllegung der Jak-42.

Jakowlew Jak-42	
Verwendung	Verkehrsflugzeug
Produktionszeit	1975 bis 2002
Spannweite (mm)	34.880
Länge/Höhe (mm)	36.380/9830
Leergewicht (kg)	34.500
max. Startmasse (kg)	57.000
Vmax in (km/h)	750
Antrieb	3 x Iwtschenko Progress D-36 Mantelstromtriebwerke, je 63,7 kN Schub
Besatzung	2
Passagiere	90 bis 126

Luxuriöse Innenausstattung

Heute bieten Business-Jets gut zahlenden Kunden mit Arbeits-, Schlafzimmern und in die Wände integrierten Videoscreens einen fast unvorstellbaren Luxus. Private Geschäftsflugzeuge können nach jedem nur erdenklichen Kundenwunsch eingerichtet werden. Die „fliegenden Paläste" werden von vermögenden Männern wie dem russischne Oligarchen Roman Abramovich, den beiden Google-Gründern Larry Page und Sergey Brin oder von dem Kungfu-Star Jackie Chan genutzt. Ob Regierungsmaschinen, VIP-Versionen oder edle Geschäftsflieger, im 21. Jahrhundert des Fliegens gibt es einen stetigen Anstieg bei den Verkaufszahlen dieser Edelflieger.

Aviat A-1 „Husky"	
Verwendung	Leichtflugzeug
Produktionszeit	1986 bis heute
Spannweite (mm)	10.730
Länge/Höhe (mm)	6880/2300
Leergewicht (kg)	580
max. Startmasse (kg)	816
Vmax in (km/h)	225
Antrieb	Textron Lycoming O-360 Boxermotor, 180 PS
Besatzung	2

Aviat A-1 „Husky"

Aviat Aircraft begann im Jahr 1985 mit der Entwicklung eines zweisitzigen Leichtflugzeugs mit Hilfe eines Computer-Aided-Design-Programms. Mit CAD ist ein Computerprogramm gemeint, unter dessen Zuhilfenahme man technische Lösungen berechnet. Der Prototyp der Aviat Husky flog 1886 das erste Mal, und die FAA-Zulassung wurde ein Jahr später erteilt. Der Rumpf des Schulterdeckers besteht aus einem Stahlrohrgerüst, das mit wetterbeständigem Kunststoff aus Polyethylenterephthalat (PET) überzogen ist. Der Schwerpunkt der Einsätze ist wegen der optimalen Sicht vor allem der Patrouillenflug, doch auch als Schleppflugzeug oder für den Agrarflug wird die Maschine gerne benutzt. Durch das sehr gute Leistungsgewicht und die großen Flügelflächen in Verbindung mit dem leistungsstarken Vierzylinder- Textron-Lycoming-Boxermotor mit Verstellpropeller ergeben sich ausgezeichnete Start- und Landefähigkeiten. Eine breite Modellpalette offeriert die „Husky" mit unterschiedlichen Abfluggewichten. Auch sind Varianten mit Schwimmern oder Schneekufen erhältlich. Diese Versionen machen es möglich, dass die Aviat A-1 „Husky" von Betonpisten bis zu Tiefschneeebenen zu ihren Einsätzen starten kann. Als eines der meistverkauften Leichtflugzeuge sind inzwischen über 650 Flugzeuge produziert worden.

Beagle B.121 „Pup"

Der „junge Hund" (Pub) des britischen Flugzeugherstellers Beagle Aircraft unternahm am 8. April 1967 seinen Erstflug. Der Ganzmetall-Tiefdecker basierte auf der Miles M-117. Das Flugzeug wurde entweder für den Kunstflug oder als kleiner Transporter angeboten. Zunächst trieb ein Rolls-Royce Continental O-200A-Kolbenmotor mit 100 PS den ersten Prototyp an. Die beiden nachfolgenden Prototypen bekamen dann bereits den Lycoming 0-320-A2B-Motor. Die erste „Pub" wurde am 12. April 1968 an die Flugschule Shoreham-by-Sea in West Sussex ausgeliefert. Von den „Series 2" genannten Flugzeugen mit Lycoming-Motoren gingen weitere Exemplare an viele Fliegerclubs und Privatpersonen weltweit. Eine spezielle Version als „Series 3" (Pub 160) mit Lycoming 0-360-A-Triebwerk wurde zur zivilen Pilotenausbildung im Iran produziert. Das kleine Flugzeug war so gefragt, dass 1969 eine Maschine pro Tag produziert wurde. Doch als Ende jenes Jahres die britische Regierung die finanzielle Unterstützung der Firma einstellte, rutschte die Firma in die roten Zahlen und die Produktion wurde trotz 276 Bestellungen, die noch nicht gebaut waren, eingestellt.

Beagle B.121 „Pup"	
Verwendung	Sport- u. Schulflugzeug
Produktionszeit	1967 bis 1970
Spannweite (mm)	9450
Länge/Höhe (mm)	7060/2290
Leergewicht (kg)	495
max. Startmasse (kg)	873
Vmax in (km/h)	222
Antrieb	Textron Lycoming O-320-A2B 4-Zylinder-Boxermotor, 152 PS
Besatzung	1
Passagiere	3

Beagle/Scottish Aviation „Bulldog"	
Verwendung	Schulflugzeug
Produktionszeit	1969 bis 1976
Spannweite (mm)	10.110
Länge/Höhe (mm)	7080/2730
Leergewicht (kg)	649
max. Startmasse (kg)	1066
Vmax in (km/h)	240
Antrieb	Lycoming IO-360-A1B6 4-Zylinder-Boxermotor, 203 PS
Besatzung	1 bis 3

Scottish Aviation „Bulldog"

Noch kurz vor der Auflösung der Beagle Aircraft hatten die Arbeiten an einem leistungstärkeren Tiefdeckerflugzeug mit Dreibeinfahrwerk auf der Basis der „Pub" begonnen, der Beagle B.125 „Bulldog". Es entstand jedoch unter Beagle-Regie nur noch ein Ganzmetall-Prototyp. Dieser Prototyp startete zu seinem Jungfernflug am 19. Mai 1969, dann übernahm der britische Flugzeughersteller Scottish Aviation die weitere Konstruktion der „Bulldog". Zwar gingen auch einige „Bulldogs" an private Kunden, doch die meisten Flugzeuge wurden an das Militär als Ausbildungsmuster geliefert. Das Schulflugzeug war sehr gefragt, da Lehrer und Flugschüler durch die große Breite des Flugzeugs nebeneinander sitzen konnten. Die ersten 58 „Bulldogs" wurden im Jahr 1971 als SK 61A und B an die schwedische Luftwaffe geliefert. Es folgten ein Jahr später weitere 20 Modelle nach Schweden an die Armee. Diese Flugzeuge wurden nach ihrer Ausmusterung im Jahr 2001 an Ungarn weiterverkauft. Größter Kunde war jedoch die britische RAF, die im Jahr 1972 über 130 Bulldog T1 in Dienst stellte. Von den bis 1970 gebauten 320 Flugzeugen werden auch heute noch viele Muster in Afrika, Asien, im Libanon, auf Malta, in Schweden und in Großbritannien genutzt.

Beechcraft 58 „Baron"

Der Flugzeughersteller, der sich heute auf Privat- und Geschäftsflugzeuge spezialisiert hat, wurde im Jahr 1932 gegründet. Das erste Modell war die Beech Staggerwing Model 17R. Der direkte Vorgänger der Beechcraft Baron war die Beechcraft Travel Air 95 aus den 1950er Jahren. Das schnelle Flugzeug hatte seinen Erstflug am 29. Februar 1960 und wurde ein Jahr später in den Markt eingeführt. Während seiner langen Bauzeit war die „Baron" in zwei Varianten, der Baron 55 mit kurzem Rumpf und der Baron 58 mit langem Rumpf, zu haben. Heute wird nur noch die Baron mit langem Rumpf gebaut. Das Flugzeug kostet etwa 1,2 Millionen US-Dollar. Die Ausführung Baron G 58 ist mit dem Garmin-G1000-Glascockpit, einem integrierten Avioniksystem, ausgestattet. Die beiden Teledyne Continental IO-550-C-Triebwerke leisten 300 PS. Damit erreicht das Flugzeug eine Spitzengeschwindigkeit von 374 km/h und eine Dienstgipfelhöhe von 6306 Metern. Im Roman „Der Bruchpilot" von Mark Childress stürzt der Popstar Ben Willis mit einer Beechcraft Baron am weißen Strand einer paradiesischen Insel ab. Schwer verletzt kämpft er um sein Überleben.

Beechcraft 58 „Baron"	
Verwendung	Privat- u. Geschäftsflugzeug
Produktionszeit	1960 bis heute
Spannweite (mm)	11.530
Länge/Höhe (mm)	9090/2970
Leergewicht (kg)	1468
max. Startmasse (kg)	2495
Vmax in (km/h)	374
Antrieb	2 x Teledyne Continental IO-550-C 6-Zylinder-Boxermotoren, 300 PS
Besatzung	1
Passagiere	5

Beechcraft Bonanza G 36	
Verwendung	Leichtflugzeug
Produktionszeit	1945 bis heute
Spannweite (mm)	10.210
Länge/Höhe (mm)	8380/2620
Leergewicht (kg)	1142
max. Startmasse (kg)	1656
Vmax in (km/h)	325
Antrieb	Teledyne-Continental IO-550-B 6-Zylinder-Boxermotor, 300 PS
Besatzung	1
Passagiere	5

Beechcraft „Bonanza"

Um im Gegensatz zu Clyde Vernon Cessna, der Hochdecker baute, Tiefdecker zu bauen, trennte Walter Beech sich von dem gemeinsamen Unternehmen. Erste eigene Flugzeugmuster wurden von der US Army verwendet. Anfang der 1940er Jahre begann er die Beech Bonanza 35 mit hydraulisch einziehbarem Bugfahrwerk und V-Leitwerk zu konstruieren. Den Jungfernflug hatte die „Bonanza" am 25. März 1947. Das Leichtflugzeug hatte Platz für vier bis fünf Personen und erreichte seine Flugleistung durch einen Sechszylinder-Teledyne-Continental-Boxermotor mit 185 PS. In den vielen Jahren der Produktion wurde die Beechcraft Bonanza immer weiter verbessert. So bekam sie ab 1959 ein standardisiertes „Kreuzleitwerk" mit der Bezeichnung Bonanza 33. Die „33" ist auch Ausbildungsflugzeug bei der Lufthansa. Eine weitere Version war die Bonanza 36, die einen längeren Rumpf mit bis zu sechs Sitzplätzen besaß. Bekannt wurde die „Bonanza" vor allem durch das Brechen vieler Rekorde im Geschwindigkeits- und Langstreckenflugbereich. Die aktuelle Beechcraft Bonanza A36 hat einen Neun-Liter-Turbomotor mit einer Leistung von 300 PS. Bis zum Jahr 2007 konnten insgesamt über 17.000 Exemplare ausgeliefert werden.

Beechcraft „Duke"

Ab dem Frühjahr 1965 begann die Entwicklung eines zweimotorigen Reiseflugzeugs mit Druckkabine und Bugrad-Einziehfahrwerk, der Beechcraft Duke. Das neue Flugzeug sollte die Lücke im Verkaufsprogramm zwischen der „Baron" und der „Queen Air" schließen. Ein erster Prototyp startete am 29. Dezember 1966 zu seinem Jungfernflug. Er erhielt seine FAA-Zulassung am 1. Februar 1968. Ein erstes Serienmodell wurde im Juli 1968 ausgeliefert. Im Jahr 1970 stellte Beechcraft eine verbesserte „Duke" unter der Bezeichnung A60 vor. Sie hatte nun noch leistungsfähigere Turbolader, die die Höhenleistung wesentlich verbesserten, und eine überarbeitete Druckkabine. Die letzte Variante B60 wurde im Jahr 1974 auf dem Flugzeugmarkt eingeführt. Sie bekam nochmals eine Leistungssteigerung durch verbesserte Turbolader, außerdem wurde der Innenraum des Flugzeugs modernisiert und der Zeit angepasst. Da der Unterhalt der „Duke" sich durch die komplizierte Technik als sehr kostenintensiv erwies, war dem Flugzeug nur ein kleiner Verkaufserfolg beschieden. Lediglich 584 Exemplare gingen bis zum Produktionsstopp im Jahr 1982 an zahlungskräftige Kunden.

Beechcraft Model B60 „Duke"	
Verwendung	Geschäftsreiseflugzeug
Produktionszeit	1966 bis 1982
Spannweite (mm)	11.960
Länge/Höhe (mm)	10.310/3760
Leergewicht (kg)	1860
max. Startmasse (kg)	3050
Vmax in (km/h)	395
Antrieb	2 x Lycoming TIO-541-E1C4 6-Zylinder-Turbomotor, je 388 PS
Besatzung	1
Passagiere	5

Beechcraft King Air C 90	
Verwendung	Geschäftsreiseflugzeug
Produktionszeit	1963 bis heute
Spannweite (mm)	16.360
Länge/Höhe (mm)	10.820/4340
Leergewicht (kg)	3282
max. Startmasse (kg)	4756
Vmax in (km/h)	504
Antrieb	2 x Pratt & Whitney Canada PT6 Turboprop-Triebwerke, je 748 P
Besatzung	1 bis 2
Passagiere	7 bis 8

Beechcraft „King Air"

Erste Testflüge mit dem neuen Geschäftsreiseflugzeug „King Air" begannen bei Beechcraft am 15. Mai 1963, als ein erster Prototyp vom Boden abhob. Das erste Serienmodell wurde am 9. September1964 ausgeliefert und kostete 320.000 US-Dollar. Auch die US-Army zeigte Interesse an dem Beechcraft-Flugzeugmuster und bestellte im Herbst 1966 insgesamt 48 „King Air". Bis heute gibt es viele Varianten der „King Air", und am 11. November 2009 rollte das 2000ste Exemplar aus der Werkshalle in Wichita.

Beechcraft „Musketeer"

Einmotorig und preiswert sollte das Leichtflugzeug von Beechcraft des Modelljahrs 1963 sein. Heraus kam nach der Entwicklungszeit eine Baureihe unter den bezeichnenden Namen „Musketeer", „Sierra" und „Sundowner". Das erste Modell, die „25 Musketeer" flog am 23. Oktober 1963 das erste Mal. Die Tiefdecker mit festem Propeller und starrem Fahrwerk waren in Kunststoff-Wabenbauweise ausgeführt, was zu dieser Zeit vollkommen neu war. Der zunächst eingebaute Motor war noch der Lycoming O-320-D2B-Boxer mit einer Leistung von 160 PS. Das kleine Maschinchen kostete 13.300 US-Dollar. Ein Jahr später wurde das Flugzeug mit dem Continental IO-346-A-Triebwerk mit 165 PS ausgerüstet. Im Jahr 1966 kam das Modell 19 Musketeer Sport auf den Markt. Davon gab es mehrere Versionen, die in einer Stückzahl von 922 Flugzeugen bis 1979 gebaut wurden. Es folgten die Versionen B 23 Musketeer Custom (1968) und C 23 (1970). Das zweite Modell wurde 1972 in Model C 23 Sundowner umbenannt. Ab dem Jahr 1974 wurde in dieser Baureihe das Model 24 Sierra angeboten. Der Sechssitzer hatte eine Leistung von 200 PS.

Beechcraft B 19 „Musketeer"	
Verwendung	Leichtflugzeug
Produktionszeit	1963 bis 1993
Spannweite (mm)	10.000
Länge/Höhe (mm)	7850/2510
Leergewicht (kg)	631
max. Startmasse (kg)	975
Vmax in (km/h)	282
Antrieb	Lycoming O-320-E2C Boxermotor, 152 PS
Besatzung	1
Passagiere	2 bis 3

Beechcraft Model 65 „Queen Air"	
Verwendung	Reise- u. Transportflugzeug
Produktionszeit	1958 bis 1977
Spannweite (mm)	15.320
Länge/Höhe (mm)	10.320/4330
Leergewicht (kg)	2324
max. Startmasse (kg)	3700
Vmax in (km/h)	385
Antrieb	2 x Lycoming IGSO480 A1E6 Kolbenmotoren, je 347 PS
Besatzung	1 bis 2
Passagiere	6 bis 9

Beechcraft „Queen Air"

Auf der Basis der Twin Bonanza, die als zweimotorige Version der Beechcraft „Bonanza" entwickelt wurde, entstand Ende der 1950er Jahre die leichte Beechcraft Model 65 „Queen Air". Fahrgestell, Leitwerk, Motoren und Tragflächen waren identisch mit der Twin-Bonanza. Vom Boden hob das als Reiseflugzeug konzipierte Muster das erste Mal am 28. August 1958 ab. Die FAA-Musterzulassung bekam das Model 65 am 1. Februar 1959. Durch das Entfernen der Bestuhlung konnte die „Queen Air" in kürzester Zeit zu einer Frachtmaschine mit einem Ladevolumen von 7,53 Kubikmetern umgewandelt werden. Auch diese Beechcraft wurde vom Militär geflogen. Japan kaufte die „Beech 65" als Navigationsschulungsflugzeug und Tranporter, Die US-Army betrieb das Muster als Beechcraft U-8F „Seminole". Um die Startstrecke zu verkürzen, konnte das Flugzeug mit Starthilferaketen bestückt werden. In den 1960er Jahren kamen dann noch weitere Varianten mit stärkeren Motoren, größerer Spannweite oder höherem Startgewicht als Model 80, Model 88 und Model 70 hinzu. Zwischen 1960 und 1977 wurden insgesamt 1001 Maschinen gebaut.

Beechcraft „Starship"

Dieses ungewöhnliche Geschäftsreiseflugzeug wurde gegen Ende der 1970er Jahre bei Beechcraft entwickelt. Die am Bug angeordneten Stummelflügel und die beiden Triebwerke am Heck gaben dem Flugzeug ein unübliches Aussehen. Der Rumpf wurde komplett aus kohlenstofffaserverstärktem Kunststoff hergestellt, was zu diesem Zeitpunkt eine technische Neuentwicklung war. Dies war auch der Hauptgrund, der das Flugzeug mit einem Stückpreis von mehr als 3,9 Mio $ so teuer machte. Der Erstflug der Beechcraft Starship war am 15. Februar 1986. Insgesamt wurden von dem Flugzeug 53 Stück hergestellt, von denen im Jahr 2006 nur noch vier Exemplare im Einsatz waren.

Beechcraft 2000A „Starship"	
Verwendung	Geschäftsreiseflugzeug
Produktionszeit	1986 bis 1995
Spannweite (mm)	16.600
Länge/Höhe (mm)	14.100/3900
Leergewicht (kg)	4574
max. Startmasse (kg)	6759
Vmax in (km/h)	620
Antrieb	2 x Pratt & Whitney Canada PT6A-67A Turboprop-Triebwerke, je 1200 WPS
Besatzung	1
Passagiere	6

Beechcraft Model D95A „Travel Air"	
Verwendung	Reiseflugzeug
Produktionszeit	1957 bis 1968
Spannweite (mm)	11.530
Länge/Höhe (mm)	7900/2900
Leergewicht (kg)	1159
max. Startmasse (kg)	1905
Vmax in (km/h)	338
Antrieb	2 x Lycoming IO-360-B1B Kolbenmotoren, je 180 PS
Besatzung	1
Passagiere	4

Beechcraft „Travel Air"

Eigentlich sollte das Reiseflugzeug von Beechcraft, das Ende der 1950er Jahre auf den Markt kam, „Badger" heißen. Um es aber nicht mit der Tupolew Tu-16 mit dem NATO-Codenamen „Badger" zu verwechseln, entschied sich der US-amerikanische Hersteller für die Bezeichnung „Travel Air". Auch dieses Reiseflugzeug lehnte sich im Entwurf stark an die „Bonanza" an, von der sie den Rumpf bekam. Das Leitwerk war von der T-34 „Mentor". Das Urmodell bekam zwei Lycoming O-360-A1A-Kolbenmotoren eingebaut. Später kamen auch Lycoming IO-360-B1A- oder Lycoming IO-360-B1B-Triebwerke zum Einsatz. Der Erstflug des Modells fand im August des Jahres 1956 statt, und eine FAA-Musterzulassung bekam die Beechcraft Model 95 Travel Air am 18. Juni 1957. Als die Serienproduktion des Tiefdeckers in Ganzmetallausführung im Jahr 1958 begann, wurde das Flugzeug meist für Privatleute sowie als Geschäftsflugzeug eingesetzt. Heute sind die noch eingesetzten Maschinen vorwiegend bei Flugschulen in Betrieb. Mit insgesamt 720 Exemplaren endete im Jahr 1968 die Produktion der Beechcraft „Travel Air".

Boeing Business Jet

Die Basis des luxuriösen Reisejets war die Idee einer Kombination aus Boeing 737-700 und -800. Mit dem Boeing Business Jet wollte der US-Flugzeughersteller ein Muster anbieten, das im Bereich der privaten Luftfahrt eine große Palette von verschiedensten Ausstattungsvarianten für private Zwecke ermöglicht. So können eine Lounge, private Suiten mit Doppelbetten, eigenem Bad mit Dusche und sogar mit einem Fitnessstudio ausgestattet werden. Für Geschäftsreiseflugzeuge gibt es die Möglichkeit, das Flugzeug mit zwölf First-Class-Schlafsitzen und einem Konferenzraum zu bestücken. Inzwischen sind auch Versionen der 747, 767, 777 und 787 möglich.

Boeing BBJ (737-700)	
Verwendung	Geschäftsreiseflugzeug
Produktionszeit	1998 bis heute
Spannweite (mm)	35.790
Länge/Höhe (mm)	33.630/12.570
Leergewicht (kg)	45.730
max. Startmasse (kg)	79.015
Vmax in (km/h)	871
Antrieb	2 x CFM International CFM56-7 Turbofan-Triebwerke, je 117,4 kN Schub
Besatzung	2
Passagiere	24 bis 63

Bölkow Bo 209 „Monsun"	
Verwendung	Leichtflugzeug
Produktionszeit	1967 bis 1972
Spannweite (mm)	8400
Länge/Höhe (mm)	6400/2200
Leergewicht (kg)	515
max. Startmasse (kg)	820
Vmax in (km/h)	275
Antrieb	Lycoming O-320 4-Zylinder-Boxermotor, 160 PS
Besatzung	1
Passagiere	1

Bölkow Bo 209 „Monsun"

Nach dem Zweiten Weltkrieg hatte die Bölkow GmbH einen großen Entwicklungsrückstand gegenüber der internationalen Konkurrenz aufzuholen. Zunächst lag der Schwerpunkt des Unternehmens auf dem Bau eines leichten Hubschraubers, dessen Entwicklungskapital zu 60 Prozent als Darlehen von der Bundesrepublik Deutschland kam. Ende der 1950er Jahre wandte sich Bölkow dem Bau von leichten Sportflugzeugen zu. 1958 entstand das Leichtflugzeug Bo 208 „Junior" und 1960 die Sportmaschine Bo 207. Als Nachfolgemodell der „Junior", die ein Lizenzbau der Malmö-Flygindustri aus Schweden war, entschied sich Bölkow zu einer Neuentwicklung. Der Entwurf des leichten Flugzeugs dauerte fast zwei Jahre, und so konnte am 22. Dezember 1967 die erste Bölkow Bo 209 „Monsun" in Ottobrunn zum Jungfernflug abheben. Die Serienproduktion begann 1969 im Werk Laupheim. Der Verkaufspreis betrug je nach Ausstattung zwischen 38.700 und 59.950 D-Mark. Die Anschaffungskosten und die Technik überzeugten, und so konnten während der Luftfahrtschau in Hannover im Jahr 1970 57 Vorbestellungen unterzeichnet werden. Zwischen 1967 und 1972 wurden über 100 Bo 209 gefertigt.

Bombardier Challenger 300

Im Jahr 1990 übernahm die kanadische Bombardier Aerospace das US-amerikanische Unternehmen Learjet Corporation. Ab diesem Zeitpunkt hatte das kanadische Unternehmen auch Geschäftsreiseflugzeuge im Programm. Das Projekt mit großen Business-Jets für interkontinentale Reisen begann im Jahr 1998. Verschiedene Studien unter der Bezeichnung „Bombardier Continental" konnten bereits ein Jahr später auf der Pariser Luftfahrtschau gezeigt werden. Eine erste Bombardier Challenger 300 hob zu ihrem Erstflug im August 1981 ab und bekam ihre Zulassung im Jahr 2003. Der neuartige Jet ist mit der modernsten Avionik wie einem Glascockpit mit vier LED-Bildschirmen, Full Authority Digital Engine Control- und Traffic Alert and Collision Avoidance-System ausgestattet. Außer den üblichen Metalllegierungen wurde bei der Herstellung großer Wert auf die Verwendung von Verbundwerkstoffen gelegt. Mit den beiden Honeywell- HTF7000-Turbofan-Triebwerken und einer maximalen Treibstoffmenge von 6,5 Tonnen lässt sich eine Reichweite von bis zu 5750 Kilometern erzielen. Der Kaufpreis des Jets beträgt elf Millionen Euro.

Bombardier Challenger 300	
Verwendung	Business-Jet
Produktionszeit	2001 bis heute
Spannweite (mm)	19.460
Länge/Höhe (mm)	20.920/6200
Leergewicht (kg)	10.591
max. Startmasse (kg)	17.622
Vmax in (km/h)	870
Antrieb	2 x Honeywell HTF7000 Turbofan-Triebwerke, je 30,4 kN Schub
Besatzung	2
Passagiere	8 bis 16

Bombardier Challenger 600	
Verwendung	Business-Jet
Produktionszeit	1978 bis heute
Spannweite (mm)	18.850
Länge/Höhe (mm)	20.850/6300
Leergewicht (kg)	11.685
max. Startmasse (kg)	18.325
Vmax in (km/h)	885
Antrieb	2 x Avco Lycoming ALF-502L Turbofan-Triebwerke, je 33,6 kN Schub
Besatzung	2
Passagiere	12 bis 19

Bombardier Challenger 600

Der geniale Erfinder und Unternehmer William P. Lear entwarf den Jet als LearStar 600. Da das kanadische Unternehmen Canadair in dem Entwurf ein großes Potenzial sah, kaufte es das Flugzeug-Konzept und entwickelte auf dieser Basis die ursprüngliche Version Challenger 600 mit Avco-Lycoming-ALF-502L-Mantelstromtriebwerken mit einem Schub von je 33,6 Kilonewton. Da sich herausstellte, dass die Avco-Lycoming-Triebwerke eine erhöhte Anfälligkeit für Antriebsstörungen hatten, baute Bombardier bald die moderneren General-Electric CF-34-3A-Triebwerke mit einem um 20 Prozent größeren Schub ein. Die Challenger, die in verschiedenen Versionen gebaut wurde, bekam nun die Bezeichnung „601". Durch den Einbau zusätzlicher Tanks entstand eine weitere Version der „Challenger" als Langstrecken-Geschäftsflugzeug, die Challenger 604. Zusätzlich kam auch ein verstärktes Fahrwerk mit größer dimensionierten Reifen und Bremsen zum Einbau. Die neueste Variante der 600er-Serie war die Challenger 605, die nun größere Fenster und eine Avionik auf dem neuesten technischen Stand bekam. Doch auch vom Militär wird das Flugzeug als VIP- und Verbindungsflugzeug genutzt.

Bombardier Global 5000	
Verwendung	Business-Jet
Produktionszeit	1996 bis heute
Spannweite (mm)	28.600
Länge/Höhe (mm)	29.500/7700
Leergewicht (kg)	23.061
max. Startmasse (kg)	41.957
Vmax in (km/h)	950
Antrieb	2 x Rolls-Royce BR710A2-20 Turbofan-Triebwerke, je 65,6 kN Schub
Besatzung	2 bis 3
Passagiere	8 bis 17

Bombardier Global

Bombardier kündigte 1991 ein zweistrahliges Geschäftsreiseflugzeug unter dem Namen „Global Express" an, da man in diesem Segment einen Verkaufsmarkt sah. Der Prototyp der „Global 5000" stieg am 13. Oktober 1996 in den Himmel und hatte eine Reichweite von 9630 Kilometern. Bereits im Oktober 1996 warb Bombardier mit zwei Versionen, der Global 7000 und der Global 8000, die jedoch nicht vor 2016 in Dienst gestellt werden sollen. Seit dem Jahr 2009 kann die Global 5000 auf eine Abflugmasse von fast 42 Tonnen umgerüstet werden. Bis zum November 2010 waren 400 Global-Maschinen ausgeliefert.

Bombardier Learjet 40 XR

Verwendung	Businessjet
Produktionszeit	2002 bis heute
Spannweite (mm)	14.560
Länge/Höhe (mm)	16.930/4310
Leergewicht (kg)	ca. 6000
max. Startmasse (kg)	9525
Vmax in (km/h)	865
Antrieb	2 x Honeywell TFE731-20-BR-Turbofan-Triebwerke, je 15,56 kN Schub
Besatzung	1 bis 2
Passagiere	6 bis 7

Bombardier Learjet 40

Der Businessjet Bombardier Learjet 40 basiert auf dem Learjet 45, der Ende der 1990er Jahre auf dem Flugzeugmarkt angeboten wurde. Speziell auf die Wünsche der Fluggesellschaften abgestimmt, wurde der zweistrahlige Jet als leichtes Geschäftsreiseflugzeug konzipiert. Bei dem Entwurf kam so eine besonders interessante Kombination aus hoher Reisegeschwindigkeit von bis zu 865 km/h und einer großen Reichweite von 3350 Kilometern heraus. Der erste Learjet 40, noch als umgebautes Learjet-45-Muster, flog am 31. August 2002. Die Serienmaschine Nummer eins wurde im ersten Quartal 2004 ausgeliefert. Serienmäßig verfügt die 40er über ein zwei Mann-Cockpit, eine Kabine für sieben Passagiere mit verbesserten Platzverhältnissen und eine richtige Toilette. Der Verkaufspreis betrug im Jahr 2004 etwa 7,7 Millionen US-Dollar. Die heute im Programm angebotene Version ist der äußerst luxuriös ausgestattete Learjet 40 XR mit stärkeren TFE-731-20 BR-Triebwerken.

Bombardier Learjet 45

Nachdem Learjet in die kanadische Bombardier eingegliedert wurde, war die „45" das erste Geschäftsreiseflugzeug, das unter der Regie der Kanadier entwickelt wurde. Die Bekanntgabe zum Bau des Business-Jets fand im September 1992 statt, doch sollte es über drei Jahre dauern, bevor ein erster Prototyp am 7. Oktober 1995 vom Boden abhob. Die Basis für die komplette Neukonstruktion waren die Erfahrungen mit dem Learjet 35. Im Jahr 2004 wurde die Version 45XR mit einem höheren Abfluggewicht, einer größeren Reisegeschwindigkeit und mehr Reichweite vorgestellt. Für die verbesserten Leistungen waren vor allem die neuen Triebwerke verantwortlich.

Bombardier Learjet 45

Verwendung	Business-Jet
Produktionszeit	1995 bis heute
Spannweite (mm)	14.570
Länge/Höhe (mm)	17.680/4300
Leergewicht (kg)	5466
max. Startmasse (kg)	9163
Vmax in (km/h)	859
Antrieb	2 x Allied Signal TFE 731-20-Turbofan-Triebwerke, je 15,57 kN Schub
Besatzung	2
Passagiere	bis 9

Bombardier Learjet 60	
Verwendung	Geschäftsreiseflugzeug
Produktionszeit	1991 bis heute
Spannweite (mm)	13.350
Länge/Höhe (mm)	17.900/5450
Leergewicht (kg)	6641
max. Startmasse (kg)	10.660
Vmax in (km/h)	860
Antrieb	2 x Pratt & Whitney 305A-Turbofan-Triebwerke, je 20,46 kN Schub
Besatzung	2
Passagiere	8 bis 10

Bombardier Learjet 60

Der Learjet 55 wurde nach der Fusion der Firma mit Bombardier als Bombardier Learjet 60 weiterentwickelt. Das Geschäftsreiseflugzeug bekam einen längeren Rumpf, eine verbesserte Aerodynamik und stärkere Strahltriebwerke. Die Kabine mit einer Länge von 5,4 und einer Breite von 1,81 Metern war für acht bis zehn Passagiere ausgelegt. Die Kabinenhöhe beträgt 1,75 Meter. Der Erstflug der Bombardier Learjet 60 fand im Juni 1991 statt, die Musterzulassung der Federal Aviation Administration erhielt das Flugzeug im Jahr 1993. Die überarbeitete und verbesserte Version mit der Bezeichnung Learjet 60 XR hatte am 3. April 2006 ihren Erstflug und wird seit dem Juli 2007 an die Kunden ausgeliefert. Ende 2008 bestellte das europäische Geschäftsflugverkehrsunternehmen Jet Republic mit Sitz in Lissabon 25 Learjet 60 XR fest und sicherte sich 85 weitere Optionen im Wert von 1,5 Milliarden US-Dollar. Die Auslieferung der Flugzeuge sollte ab dem Oktober 2009 starten. Die Idee des englischen Unternehmers und ehemaligen Royal-Air-Force-Piloten Jonathan Breeze war es, die Jets für 5000 bis 7000 Euro pro Stunde mit einem kompletten Catering-Angebot zu vermieten.

Bombardier Learjet 85

Mit der Entwicklung des Learjet 85 begann der kanadische Flugzeughersteller Bombardier Ende des Jahres 2007. Zuvor hatte es bereits Studien von Tragflächen und Rumpf in Kohlefaserbauweise gegeben, die in Kooperation mit der „Grob Aerospace GmbH" im schwäbisch-bayrischen Tussenhausen-Mattsies liefen. Grob Aerospace sollte auch einen ersten Prototyp für das Projekt bauen. Doch es kam ganz anders, da die Grob Aerospace am 18. August 2008 Insolvenz anmeldete und Bombardier Aerospace daraufhin den Entwicklungsvertrag stornierte. Die Entwicklungsunterlagen wurden nach Montreal und Wichita verlegt. Dort wurde das Programm wieder aufgenommen. Eigentlich wollte Bombardier die ersten Exemplare des Learjet 85 noch im Jahr 2013 an seine Erstkunden übergeben, doch im März 2014 gab es lediglich ein erstes Rollout des Business-Jets.

Bombardier Learjet 85	
Verwendung	Geschäftsreiseflugzeug
Produktionszeit	noch in der Entwicklung
Spannweite (mm)	18.740
Länge/Höhe (mm)	20.770/5860
Leergewicht (kg)	k. A.
max. Startmasse (kg)	15.195
Vmax in (km/h)	870
Antrieb	2 x Pratt & Whitney Canada PW307B-Turbofan-Triebwerke, je 27,13 kN Schub
Besatzung	2
Passagiere	bis 8

Cessna 150	
Verwendung	Schulflugzeug
Produktionszeit	1957 bis 1985
Spannweite (mm)	10.170
Länge/Höhe (mm)	6560/2110
Leergewicht (kg)	447
max. Startmasse (kg)	726
Vmax in (km/h)	195
Antrieb	Lycoming O-235
	4-Zylinder-Boxermotor, 100 PS
Besatzung	1
Passagiere	1

Cessna 150 und 152

Die Cessna Aircraft Company wurde im Jahr 1927 von Clyde Vernon Cessna gegründet und baute zunächst kleine ein- und zweimotorige private Propellerflugzeuge. Ab dem Jahr 1965 bot Cessna auch Geschäftsflugzeuge an. Der Schulterdecker Cessna 150 wurde als Nachfolger des Leichtflugzeugs Cessna 140 entwickelt. Die ersten 150er hatten ein gerades Leitwerk, ab dem Jahr 1966 wurde ein gepfeiltes Seitenleitwerk eingebaut. Um den Kundenwünschen zu entsprechen, führte Cessna im Jahr 1977 die der Cessna 150 äußerlich gleichende 152 ein, von der das letzte Exemplar im Jahr 1985 ausgeliefert wurde. Die Modelle 150 und 152 waren sehr beliebte Flugzeuge, daher konnten sie auch Stückzahlen von 23.949 (150) und 7584 (152) erreichen. Da das Flugzeug besonders gute Flugeigenschaften besaß, wurde die Maschine gerne auch als Schulflugzeug eingesetzt. Doch auch viele militärische Einheiten auf der ganzen Welt unterhalten das Flugzeug vor allem zu Aufklärungszwecken. Um das Erbe der kleinen Cessna fortzusetzen, bietet der Flugzeughersteller seit 2007 wieder einen kleinen Zweisitzer, die Cessna 162 „Skycatcher", an.

Cessna 172 „Skyhawk"

Die Cessna 170 war bereits im Jahr 1952 im Programm des Unternehmens. Doch erwies sich die Konstruktion bald als veraltet, und der Bau des Leichtflugzeugs wurde bereits nach 5174 Exemplaren im Jahr 1956 eingestellt. Um ein Nachfolgemodell anbieten zu können, hatte Cessna parallel zur Produktion der 170er mit der Entwicklung der Cessna 172 „Skyhawk" begonnen. Der Erstflug der 172 Skyhawk war im November 1955 und zeigte, dass dem Flugzeughersteller ein äußerst gutmütiges und robustes Leichtflugzeug gelungen war. Allein im Jahr 1956 waren bereits 1170 Flugzeuge verkauft, und die Bestellungen sollten nicht enden. Zwar wurde die Produktion des Schulterdeckers im Jahr 1986 eingestellt, doch wegen der anhaltenden Nachfrage im Jahr 1997 als Modell 172S wieder aufgenommen. Inzwischen hat die verkaufte Stückzahl die Marke von 60.000 Einheiten überschritten. In Lizenz wurde das Flugzeug auch von Reims Aviation in Frankreich gebaut.

Die FR172 Reims Rocket hat einen Sechszylinder-Continental-IO-360-H-Einspritzmotor eingebaut, der 210 PS leistet. Das französische Modell wurde speziell auf europäische Verhältnisse wie den Flug über die Alpen oder das Starten und Landen auf unbefestigten afrikanischen Buschpisten ausgelegt. Reims baute insgesamt 590 Rockets.

Cessna 172 P	
Verwendung	Leichtflugzeug
Produktionszeit	1955 bis heute
Spannweite (mm)	10.970
Länge/Höhe (mm)	8200/2860
Leergewicht (kg)	779
max. Startmasse (kg)	1089
Vmax in (km/h)	210
Antrieb	Lycoming O-320
	4-Zylinder-Boxermotor, 162 PS
Besatzung	1
Passagiere	3

Cessna 180	
Verwendung	Leichtflugzeug
Produktionszeit	1952 bis 1981
Spannweite (mm)	10.980
Länge/Höhe (mm)	7980/2290
Leergewicht (kg)	690
max. Startmasse (kg)	1158
Vmax in (km/h)	313
Antrieb	Continental O-470
	6-Zylinder-Boxermotor, 250 PS
Besatzung	1
Passagiere	3 bis 6

Cessna 180

Um ein geräumigeres Modell der Cessna 170 anbieten zu können, entwickelte man in Wichita ab dem Herbst 1951 ein sechssitziges kolbengetriebenes Leichtflugzeug für Privatkunden unter der Projektleitung von Web Moore. Der erste Prototyp startete am 26. Mai 1952 zu seinem Jungfernflug. Die Cessna 180 war als Schulterdecker in Aluminiumbauweise konstruiert. Anstelle des Federstahlhauptfahrwerks mit lenkbarem Spornrad konnten auch Schwimmer montiert werden. Im Verlauf der langen Bauzeit kam der Continental-O-470-Motor zum Einsatz, der anfänglich eine Leistung von 250 PS und im Jahr 1977 als Version „U" 230 PS hatte. 180er-Cessnas wurden auf der ganzen Welt von Piloten geflogen, die es mit Flügen über unwegsamem Gelände zu tun hatten. Einen besonderen Rekord konnte im Jahr 1964 für Cessna eingeflogen werden. Die US-amerikanische Pilotin Geraldine „Jerrie" Mock flog mit ihrer Cessna 180 „Spirit of Columbia" mit der Kennung N1538C um die Welt. Die Flugzeit betrug 29 Tage, elf Stunden und 59 Minuten und endete am Ausgangspunkt in Columbia am 17. April. Danach wurde das Flugzeug in der Cessna-Montagehalle unter der Decke ausgestellt.

Cessna 182 „Skylane"

Die Serienproduktion der Cessna 182 „Skylane" begann im Jahr 1956 als Leichtflugzeug. Das Flugzeug wurde als Sportmaschine, als Reise- und Schulungsflugzeug oder für die Überwachung eingesetzt. Auch das Absetzen von Fallschirmspringern war von dem Schulterdecker möglich. Bis zum Jahr 1985 wurden insgesamt 21.964 Flugzeuge in den verschiedensten Ausführungen auch mit Einziehfahrwerk oder Festdrehzahlpropeller gebaut. Dann wurde die Produktion vorübergehend eingestellt. Der als 182S bezeichnete Prototyp der neuen Cessna 182 hatte seinen Erstflug am 15. Juli 1996 und ging im September des gleichen Jahres in Produktion. Seit dem Jahr 2005 ist das Flugzeug auch mit einem Avioniksystem der Garmin-Serie G1000 zu beziehen. Das Garmin G1000 ersetzt die normale Instrumentierung, die nur noch in Teilen als Notfallausrüstung vorhanden ist. Bei internationalen Streitkräften wird das Leichtflugzeug in Argentinien, Bolivien, Guatemala, Israel, Lesotho, Österreich, Peru, Uruguay, Venezuela und vielen weiteren Staaten geflogen. Der Flugzeughersteller Cessna vergab von der Cessna 182 auch Lizenzen an Argentinien an die JAME (Industrias Aeronáuticas y Mecánicas del Estado) und die französische R.A.I. (Reims Aviation Industries) unter der Bezeichnung F182.

Cessna 182 T	
Verwendung	Leichtflugzeug
Produktionszeit	1956 bis heute
Spannweite (mm)	10.970
Länge/Höhe (mm)	8840/2840
Leergewicht (kg)	900
max. Startmasse (kg)	1406
Vmax in (km/h)	278
Antrieb	Lycoming O-540-J3C5D
	6-Zylinder-Boxermotor, 235 PS
Besatzung	1
Passagiere	3

Cessna 206H „Stationair"	
Verwendung	Leichtflugzeug
Produktionszeit	1964 bis 2004
Spannweite (mm)	10.970
Länge/Höhe (mm)	8610/2830
Leergewicht (kg)	987
max. Startmasse (kg)	1632
Vmax in (km/h)	280
Antrieb	Lycoming IO-540-AC1A 6-Zylinder-Boxermotor, 300 PS
Besatzung	1
Passagiere	5

Cessna 206

Das erste Modell der 206-Baureihe von Cessna war die Cessna 205. Ihre Basis glich dem kleinen Reiseflugzeug Cessna 210, das seinen Erstflug im Jahr 1957 hatte. Lediglich das Fahrwerk war fest eingebaut und die Türen hatten andere Maße. Die Modellbezeichnung war zunächst Model 210-5 und wurde erst später geändert. Die 205 war mit einem Continental IO-470-S-Sechszylinder-Boxermotor ausgestattet, der 260 PS leistete. Sie wurde nur zwei Jahre (1963, 1964) mit 576 Flugzeugen gebaut, dann wurde sie von der Cessna 206 abgelöst. Die 206 war im Jahr 1964 vorgestellt worden und hatte jetzt Lycoming-Triebwerke eingebaut, die die Wartungsintervalle erheblich vergrößerten, was die Betriebskosten stark senkte. Als Nutzflugzeug wurde gleichzeitig die U206 „Super Skywagon" eingeführt. Sie hatte eine Leistung von 285 PS und war für die zusätzliche Ladung von sperrigen Gütern ausgelegt. Die Produktion der Cessna 206 wurde im Jahr 1986 zunächst eingestellt, doch mit der 206H erschien nach einer zwölfjährigen Auszeit im Jahr 1998 abermals ein Flugzeug in der 206-Baureihe. Die neue Cessna wurde durch einen Lycoming IO-540-AC1A-Boxermotor mit 300 PS angetrieben.

Cessna 208

Anfang der 1980er Jahre erkannte Cessna, dass der Markt sehr dünn mit kleineren Turboprop-Fracht- und Passagierflugzeugen gesät war. So entschied der amerikanische Flugzeughersteller, die Cessna 208 „Caravan" zu entwickeln. Am 9. Dezember 1982 hob das erste Muster vom Boden ab und erhielt im Oktober 1984 die FAA-Zulassung. Ab dem Februar 1985 wurden die ersten Serienmaschinen an die Kunden ausgeliefert. Vor allem Fluggesellschaften und private Kunden, die auf unbefestigten Pisten starten und landen wollten, griffen zu dem problemlosen Flugzeugmuster. Bereits 1998 hatten die Bestellungen die 1000er-Marke überschritten, und bis heute sind über 2000 Cessna 208 verkauft worden. Im Jahr 1986 stellte Cessna zwei um 1,22 Meter verlängerte Versionen vor, die 208B „Super Cargomaster" 1986 und die „Grand Caravan" 1990. Beide Versionen wurden mit stärkeren Pratt & Whitney Canada PT6A-114A-Triebwerken ausgestattet. 1997 ersetzte Cessna die beiden Standardversionen durch die 208-675, die einen noch stärkeren Antrieb erhielt. Soloy Aviation Solutions bietet für die Cessna 208 einen Umbau auf zwei Triebwerke an, die gemeinsam den Propeller antreiben. Damit kommt das um 1,4 Meter verlängerte Flugzeug auf eine Leistung von 1347 PS und wird unter der Bezeichnung Pathfinder 21 verkauft.

Cessna 208 „Caravan"	
Verwendung	Passagierflugzeug
Produktionszeit	1982 bis heute
Spannweite (mm)	15.880
Länge/Höhe (mm)	11.460/4320
Leergewicht (kg)	1725
max. Startmasse (kg)	3310
Vmax in (km/h)	340
Antrieb	Pratt & Whitney Canada PT6A-114 Turboprop-Triebwerk, 600 PS
Besatzung	1
Passagiere	9

Cessna T210N „Centurion II"	
Verwendung	Reiseflugzeug
Produktionszeit	1957 bis 1985
Spannweite (mm)	11.200
Länge/Höhe (mm)	8590/2870
Leergewicht (kg)	1046
max. Startmasse (kg)	1723
Vmax in (km/h)	325
Antrieb	Continental TSIO-520-R 6-Zylinder-Boxermotor, 310 PS
Besatzung	1
Passagiere	5

Cessna 210

Auch die Cessna 210 trug mit einer Stückzahl von insgesamt über 9250 Maschinen bis zum Produktionsende im Jahr 1985 zum guten Ruf der US-amerikanischen Flugzeuge bei. Das leichte Reiseflugzeug mit anfänglich vier Sitzplätzen und einem Einziehfahrwerk hatte seinen Erstflug im Januar 1957. Die ersten 210er hatten noch eine nach unten verstrebte Tragfläche und einen Continental IO-470-Saugmotor. Erst mit der T210-Version aus dem Jahr 1965 wurde der freitragende Flügel eingeführt. Ab dem Jahr 1972 kamen die „Turbo-Centurion II" mit Turbolader und die „Pressurised Centurion/Pressurised Centurion II" auf den Markt. Sie erhielten eine Druckkabine. Die Kennung „II" bezog sich lediglich auf die Ausstattung der Avionik. Die Cessna T210N „Centurion II" hatte eine Steigrate von 290 Metern in der Minute und erreichte eine Dienstgipfelhöhe von 5275 Metern. Die Reichweite betrug 1842 Kilometer. Die Flugleistungen erreichte die Maschine durch den Continental O-520-Sechszylinder-Boxermotor mit einem Hubraum von 8510 Kubikzentimetern. Er leistete 310 PS.

Cessna 310

Das erste nach dem Zweiten Weltkrieg neu entwickelte zweimotorige Reiseflugzeug von Cessna war die 310. Das schnelle Flugzeug besaß ein Platzangebot von vier bis sechs Sitzen. Der Jungfernflug des Modells war am 3. Januar 1953, der Produktionsbeginn startete ein Jahr später. Von der Cessna 310 wurden während des Produktionszeitraums von 1954 bis 1980 insgesamt 6321 Flugzeuge gebaut. Von der 310 gab es zwei unterschiedliche Motorenausstattungen, die beide auf dem luftgekühlten Continental IO-520-Sechszylinder-Boxermotor basierten. Man unterschied die Standardversion 310 mit einer Leistung von 240 PS von der Turboversion „Turbo 310" mit 286 PS und einer Höchstgeschwindigkeit von über 400 km/h. Von der Maschine gab es auch eine Militärversion mit der Bezeichnung Cessna 320 „Skyknight", die aus der 310F entwickelt wurde. Sie hatte ein höheres Startgewicht, Platz für bis zu sieben Personen und war mit den Turboladermotoren ausgestattet. Das Muster wurde zwischen 1961 und 1969 in 577 Stück gebaut. Viele Cessna 310, ob private oder militärische Muster, sind bis heute zuverlässig im Einsatz. Die militärische Variante wird außer von vielen Luftstreitkräften der Drittländer auch von der französischen Luftwaffe, der US Air Force und der US Army geflogen.

Cessna 310 Turbo	
Verwendung	Reiseflugzeug
Produktionszeit	1953 bis 1980
Spannweite (mm)	11.250
Länge/Höhe (mm)	9740/3250
Leergewicht (kg)	1562
max. Startmasse (kg)	2490
Vmax in (km/h)	409
Antrieb	2 x Continental TSIO-520 6-Zylinder-Boxermotoren, 286 PS
Besatzung	1
Passagiere	4 bis 6

Cessna 400	
Verwendung	Leichtflugzeug
Produktionszeit	2000 bis heute
Spannweite (mm)	11.000
Länge/Höhe (mm)	7720/2740
Leergewicht (kg)	1034
max. Startmasse (kg)	1636
Vmax in (km/h)	435
Antrieb	Continental TSIO-550-C 6-Zylinder-Boxermotor, 313 PS
Besatzung	1
Passagiere	3

Cessna 400

Columbia Aircraft war ein amerikanischer Hersteller von fortschrittlichen Sportflugzeugen, der um das Jahr 2000 die Columbia 400 entwickelte, die wiederum eine Weiterentwicklung des Tiefdeckers LC-41 Columbia 300 war. Die Columbia 400 hatte ihren Erstflug im Juni 2000. Als Cessna Aircraft am 27. November 2007 bekannt gab, dass einzelne Sektionen der Columbia Aircraft Corporation übernommen werden sollten, waren auch die erfolgreichen Flugzeugmuster 350 und 400 im Verkaufspaket dabei. So wurden die beiden sportlichen Flugzeuge als Cessna 350 und 400 weitergebaut. Besonders der Rumpf der Cessna 400 zeichnet sich durch einen besonders hoch entwickelten Verbundwerkstoff aus, der auch aerodynamisch hohe Leistungen von bis zu 435 km/h verspricht. Die Reichweite beträgt ca. 2000 Kilometer. Die Instrumente im großen Innenraum sind als „Glascockpit" mit Garmin- oder Avidyne-Instrumenten ausgelegt. Der Preis des Viersitzers liegt bei ca. 620.000 US-Dollar. Aus marketingstrategischen Gründen wird heute nur noch die Cessna 400 gebaut und als Corvalis TTX verkauft.

Cessna 404

Mit 91 Zentimetern mehr Länge war die Cessna 404 die größere Ausgabe der Cessna 402 aus dem Jahr 1971. Das Muster absolvierte seinen Erstflug am 26. Februar 1975. Die Auslieferung der ersten Serienmaschinen begann im Oktober 1976. Die robuste und vielseitige „Titan" war vor allem durch die große Kapazität des Innenraums für den Passagier-, wie auch den Frachtverkehr und als Geschäftsflugzeug gedacht. Die Reichweite belief sich bei dem Flugzeug auf fast 3000 Kilometer. Das herausragende Merkmal der Cessna 404 ist das Höhenleitwerk, das eine positive V-Stellung aufwies. Durch die beiden turbogeladenen Triebwerke von Continental war das Flugzeug jedoch nicht gerade leise, was oft zu Kritik an dem Muster führte. Am Anfang der Produktion konnte der Kunde zwischen den Versionen „Ambassador" für das Geschäftsreiseflugzeug und dem Fracht- und zehnsitzigen Passagierflugzeug Titan „Courier" wählen. Während der Produktionszeit konnte dann der Kunde auf ein Angebot von sieben Varianten zurückgreifen. Auch zur Überwachung von Küsten und militärisch wurde das Flugzeug bei den Streitkräften verschiedener Staaten eingesetzt, dennoch gelang der Maschine bis zum Produktionsende kein Durchbruch im Verkauf, und so wurden nur 378 Exemplare der Cessna 404 „Titan" verkauft.

Cessna 404 „Titan"	
Verwendung	Mehrzweckflugzeug
Produktionszeit	1975 bis 1982
Spannweite (mm)	14.120
Länge/Höhe (mm)	12.050/4040
Leergewicht (kg)	2179
max. Startmasse (kg)	3802
Vmax in (km/h)	402
Antrieb	2 x Continental GTSIO-520 6-Zylinder-Boxermotoren, je 375 PS
Besatzung	1 bis 2
Passagiere	10

Reims-Cessna F406 „Caravan II"	
Verwendung	Geschäfts- u. Zubringerflugzeug
Produktionszeit	1983 bis heute
Spannweite (mm)	15.080
Länge/Höhe (mm)	11.980/4000
Leergewicht (kg)	2283
max. Startmasse (kg)	4468
Vmax in (km/h)	456
Antrieb	Pratt & Whitney Canada PT6A-112 Turboprop-Triebwerk, 507 PS
Besatzung	1
Passagiere	12

Reims-Cessna F406

Beim französischen Luftfahrtunternehmen Reims Aviation SA wurde ab dem Jahr 1983 die Reims-Cessna F406 „Caravan II" produziert. Bereits Anfang der 1980er Jahre begann die Entwicklung zu diesem zwölfsitzigen und zweimotorigen Turbopropflugzeug. Der Jungfernflug der komplett aus Metall gebauten „Carvan II" mit der Kennung F-WLZT fand am 22. September 1983 statt. Als Variante für den Passagier- und Frachtverkehr war die Version „Commuter" vor allem für kleinere Chartergesellschaften wie Atlanic Express oder Tulip Air interessant. Doch auch die deutsche Fluggesellschaft „air-taxi europe" griff im Jahr 2007 nach zwei dieser Flugzeugmuster. Die militärische Variante der Reims-Cessna 406 hatte die Bezeichnung „Vigilant" und wurde hauptsächlich von der französischen Armee, aber auch vom französischen Zoll genutzt. In England dient das Flugzeug zur Überwachung der Küsten. Mit einer Nutzlast von ca. 1500 Kilogramm hat das Flugzeug eine Reichweite von 3280 Kilometern. Bis zum Jahr 2008 wurden 94 Flugzeuge des Typs 406 ausgeliefert.

Cessna 414

Die Cessna 414 war das wirtschaftlichere Schwestermodell der 421, da sie schwächer motorisiert war. Die Tragflächen und der Rumpf hatten die gleichen Dimensionen wie die der Cessna 411. Am 1. November 1968 hob die Cessna 414 das erste Mal vom Boden ab. Die erste Serienmaschine wurde ein Jahr später ausgeliefert. Ab dem Jahr 1976 bekam die 414 die zusätzliche Bezeichnung „Chancellor". Mit veränderten Tanks war im Jahr 1985 die Cessna 414A im Programm. Von allen 414-Versionen wurden insgesamt 1055 Flugzeuge gebaut. Einziger militärischer Nutzer der Cessna 414 sind die Bahamas.

Cessna 414 „Chancellor"	
Verwendung	Reiseflugzeug
Produktionszeit	1968 bis 1985
Spannweite (mm)	13.450
Länge/Höhe (mm)	11.090/3490
Leergewicht (kg)	1976
max. Startmasse (kg)	3062
Vmax in (km/h)	438
Antrieb	2 x Continental TSIO-520-NB 6-Zylinder-Boxermotoren, je 310 PS
Besatzung	1 bis 2
Passagiere	5 bis 7

Cessna 441 „Conquest II"

Verwendung	Geschäftsreiseflugzeug
Produktionszeit	1977 bis 1986
Spannweite (mm)	15.040
Länge/Höhe (mm)	11.890/4010
Leergewicht (kg)	2577
max. Startmasse (kg)	4468
Vmax in (km/h)	547
Antrieb	2 x Garrett TPE331-8-403S Turboprop-triebwerke, je 636 WPS
Besatzung	1 bis 2
Passagiere	8 bis 10

Cessna 441

Erstmalig stattete der amerikanische Konzern Cessna als Weiterentwicklung der Cessna 404 „Titan" Mitte der 1970er Jahre ein Geschäftsreiseflugzeug mit Turboprop-Triebwerken aus. Die zweimotorige Cessna 441 erhielt die Triebwerke von dem US-amerikanischen Unternehmen Garrett AiResearch, die bereits Mitte der 1960er Jahre entwickelt worden waren. In der Testphase zeigten sich jedoch Vibrationen am Höhenleitwerk, und so musste das Flugzeugmuster nachträglich nochmals korrigiert werden. Im Jahr 1977 wurden schließlich die ersten 441 ausgeliefert. Die Cessna 441 war mit einer Druckkabine ausgestattet, die es erlaubte, in einer Höhe von 10.668 Metern bei einer Reisegeschwindigkeit von 480 km/h zu fliegen. Um ein verbessertes Steigverhalten und eine höhere Reisegeschwindigkeit zu erreichen, konnten die Garrett TPE 331-8-401S-Triebwerke mit mehr Temperatur betrieben werden. Die Versionen „Super 8" und „Dash 10" erreichten dadurch wesentlich höhere Leistungen hinsichtlich der Geschwindigkeit und der Steigrate.

Cessna „Citation"

Die zweistrahlige „Citation" von Cessna legte mit dem Erstflug an 15. September 1969 den Grundstein für die neue Baureihen-Familie, die bis heute produziert wird. Die Bezeichnung des Prototyps war damals noch „FanJet 500". Grund für die Entwicklung des kleinen Jets war die starke Konkurrenz von Beechcraft, deren Propellermaschinen mit ihren hervorragenden Kurzstart- und -landeeigenschaften den Markt immer stärker für sich eroberten. Cessna wollte mit der „Citation" ein Flugzeug anbieten, das vor allem bei der Reisegeschwindigkeit die langsamen Propellermaschinen überbot. Zudem sollte der Jet leicht zu handhaben sein und geringe Betriebskosten verursachen. Im Jahr 1976 präsentierte Cessna die „Citation I" mit längeren Tragflächen, einem höheren Abfluggewicht und stärkeren Triebwerken mit Schubumkehr. Ein Jahr später konnte man auch eine Citation bestellen, die mit nur einem Piloten geflogen werden konnte, die Cessna Citation I/SP (Modell 501). Militärische Nutzer des Musters waren die Luftwaffenverbände von Argentinien, Ecuador, Mexiko, Venezuela und die Volksrepublik China. Im Jahr 1985 wurde nach mehr als 690 gebauten Citation-Flugzeugen die Produktion des zweistrahligen Jets eingestellt. Vier Jahre später übernahm der Cessna CitationJet die Nachfolge.

Cessna 500 „Citation"

Verwendung	Geschäftsreiseflugzeug
Produktionszeit	1969 bis 1985
Spannweite (mm)	13.320
Länge/Höhe (mm)	13.260/4360
Leergewicht (kg)	2455
max. Startmasse (kg)	4920
Vmax in (km/h)	644
Antrieb	2 x Pratt & Whitney JT15D-1 Turbofan-Triebwerke, je 9,79 kN Schub
Besatzung	1 bis 2
Passagiere	5 bis 7

Cessna 550 „Citation S/II"	
Verwendung	Business-Jet
Produktionszeit	1977 bis 2006
Spannweite (mm)	15.910
Länge/Höhe (mm)	14.390/4570
Leergewicht (kg)	3655
max. Startmasse (kg)	6850
Vmax in (km/h)	746
Antrieb	2 x Pratt & Whitney JT15D-4 Turbofan-Triebwerke, je 11,12 kN Schub
Besatzung	1 bis 2
Passagiere	6 bis 10

Cessna „Citation II"

Im Jahr 1976 wurde mit der „Citation II" die Nachfolgerin der Cessna „Citation I" bei Cessna vorgestellt. Sie war eine um 1,14 Meter verlängerte Version. Den Erstflug absolvierte die „Citation II" am 31. Januar 1977, und ein Jahr später erhielt der Business-Jet seine Musterzulassung von der FAA. Neben der Geschäftsreisevariante wurde der Jet auch als Forschungs-, Mess- und Ambulanzflugzeug verwendet. Unter der Bezeichnung T-47A verwendete die US Navy die „Citation II" als Flugtrainer. Mit neuen Triebwerken und Verbesserungen an der Aerodynamik wurde von Cessna im Oktober 1983 die Citation S/II präsentiert, gleichzeitig wurde die Produktion der „Citation II" eingestellt.

Cessna Citation „Sovereign"

Die Cessna Citation Excel wurde im Oktober des Jahres 1994 vorgestellt und basierte auf den Modellen Citation X, III, VI und VII. Auf der Basis dieses Modells entwickelte Cessna Ende der 1990er Jahre den Midsize-Jet Cessna Citation „Sovereign", da man das aufkommende Interesse für diese Flugzeugklasse auf dem Jet-Markt sah. Die Vorstellung des Business-Jets Citation „Sovereign" fand im Jahr 1998 bei der National Business Aviation Association in Las Vegas statt. Der Erstflug des Musters erfolgte am 27. Februar 2002. Der Jet wird von zwei Pratt & Whitney-Canada-PW306C-Turbofans angetrieben. Bis heute sind etwa 290 Jets produziert.

Cessna Citation „Sovereign" Modell 680	
Verwendung	Business-Jet
Produktionszeit	2002 bis heute
Spannweite (mm)	19.300
Länge/Höhe (mm)	19.350/6200
Leergewicht (kg)	7893
max. Startmasse (kg)	13.608
Vmax in (km/h)	846
Antrieb	2 x Pratt & Whitney Canada PW306C Turbofan-Triebwerke, je 25,3 kN Schub
Besatzung	2
Passagiere	bis 10

Cessna Citation „Mustang"	
Verwendung	Business-Jet
Produktionszeit	2005 bis heute
Spannweite (mm)	13.160
Länge/Höhe (mm)	12.370/4090
Leergewicht (kg)	3062
max. Startmasse (kg)	3921
Vmax in (km/h)	630
Antrieb	2 x Pratt & Whitney PW615F-A Turbofan-Triebwerke, je 6,5 kN Schub
Besatzung	1 bis 2
Passagiere	4 bis 5

Cessna Citation „Mustang"

Als kleinster Jet mit Strahlentriebwerken der Citation-Familie absolvierte die „Mustang" am 23. April 2005 ihren Erstflug. Die Musterzulassung erfolgte am 8. September 2006, die erste Serienmaschine verließ am 23. November desselben Jahres die Montagehalle. Bereits 2010 waren insgesamt 300 Exemplare gebaut, und zwei Jahre später waren es 400 Jets, die ausgeliefert waren. Die Innenausstattung des Business-Jets ist mit vier Sitzplätzen in Clubanordnung ausgelegt. Ein fünfter Begleiter kann auf dem zweiten Pilotensitz Platz nehmen. Die „Mustang" ist mit moderner Avionik wie Autopilot, „Glascockpit" und Wetterradar ausgerüstet. Der Kaufpreis beträgt 3,1 Millionen US-Dollar, die Betriebskosten für eine Flugstunde beziffern sich auf 725 US-Dollar.

Cessna Citation „Encore+"	
Verwendung	Business-Jet
Produktionszeit	2000 bis heute
Spannweite (mm)	16.480
Länge/Höhe (mm)	14.910/4620
Leergewicht (kg)	5829
max. Startmasse (kg)	7634
Vmax in (km/h)	793
Antrieb	2 x Pratt & Whitney Canada PW535A Turbofan-Triebwerke, je 15,1 kN Schub
Besatzung	2
Passagiere	8 bis 11

Cessna Citation „Encore+"

Basis der zweistrahligen „Citation V" war die „Citation II". Nochmals war der Rumpf um einen halben Meter gestreckt worden, die Triebwerke wurden nicht geändert. Einen ersten Jungfernflug konnte das Muster im August 1987 erfolgreich hinter sich bringen, und so folgte die Zulassung bereits im Dezember 1988. Nach 262 Jets löste 1993 die Citation „Ultra" mit neuen Triebwerken die „V" ab. Zu diesem Zeitpunkt galt die „Ultra" als bestes Geschäftsreiseflugzeug der Welt. Sie wurde wiederum im Jahr 1999 nach 340 Flugzeugen von der Citation „Encore+" abgelöst. Mit vergrößerter Reichweite, neuer Avionik und einem FADEC-System wurde der Business-Jet im September 2000 in den Markt eingeführt.

Cessna Citation X

Als die Cessna Citation X am 21. Dezember 1993 ihren Erstflug unternahm, war der Business-Jet mit einer Reisegeschwindigkeit von mehr als 970 km/h das schnellste Geschäftsreiseflugzeug der Welt. Der Grund für die Entscheidung, diesen schnellen Jet zu bauen, war die Tatsache, dass die Learjets der Konkurrenz in allen Bereichen schneller waren. Vorgestellt hatte man die „X" bereits im Oktober 1990 in New Orleans. Mehrere Probleme verzögerten die Zulassung des Jets, und als im Juni 1996 die Musterzulassung endlich auf dem Tisch lag, bekam der amerikanische Golfprofi Arnold Palmer das erste Muster ausgeliefert. Bis ins Jahr 2010 waren 330 Cessna Citation X gebaut worden. Zur gleichen Zeit hieß es von Cessna, die Citation X sollte modernisiert werden. Die Citation X wurde ein wenig gestreckt, bekam serienmäßig Winglets und die schubstärkeren und sparsameren Rolls-Royce-AE-3007C2-Turbofan-Triebwerke. Der Erstflug erfolgte am 17. Januar 2012. Als Verkaufspreis sind 22 Millionen US-Dollar anvisiert.

Cessna Citation X	
Verwendung	Business-Jet
Produktionszeit	1993 bis heute
Spannweite (mm)	19.480
Länge/Höhe (mm)	22.040/5870
Leergewicht (kg)	11.068
max. Startmasse (kg)	16.375
Vmax in (km/h)	972
Antrieb	2 x Rolls-Royce AE 3007C1 Turbofan-Triebwerke, je 30,09 kN Schub
Besatzung	2
Passagiere	9 bis 12

Christen „Eagle"	
Verwendung	Sport-Doppeldecker
Produktionszeit	1977 bis heute
Spannweite (mm)	6070
Länge/Höhe (mm)	5640/1980
Leergewicht (kg)	475
max. Startmasse (kg)	715
Vmax in (km/h)	793
Antrieb	Lycoming O-540-E4B5 6-Zylinder-Boxermotor, 264 PS
Besatzung	1

Christen „Eagle"

Bereits mit 16 Jahren hatte Frank Christensen das Fliegen gelernt, und dieses Hobby sollte ihn sein ganzes Leben begleiten. Nach seinem technischen Studium gründete er die Tempress Industries, Inc. Bereits im Jahr 1972 war sein Unternehmen auf 400 Mitarbeiter angewachsen. Als er dann seine Firma verkaufte, widmete er sich wiederum der Fliegerei. Er wollte ein zweisitziges Kunstflugzeug als Bausatz-System anbieten. Die Grundlagen für die Christen „Eagle" sammelte Christensen während des Studiums des legendären Kunstflugdoppeldeckers Pitts Special. Als Christensen im Jahr 1977 schließlich seine Idee als Flugzeug-Bausatz in Oshkosh, Wisconsin, präsentierte, war das interessierte Publikum begeistert von dem kleinen Flugzeug-Kit. Der professionelle Schritt-für-Schritt-Bausatz war so gut gemacht, dass viele Menschen glaubten, nun selbst ein Flugzeug bauen zu können. Während dieser einen Präsentationswoche, in der auch eine Christen Eagle das erste Mal flog, verkaufte Christensen 100 Bausätze des Flugzeugs. Der komplett kunstflugfähige ein- oder zweisitzige Doppeldecker konnte sämtliche Kunstflugmanöver ohne Einschränkungen fliegen.

Dassault Falcon 7X

Der Franzose Marcel Dassault gründete im Jahr 1928 das Luftfahrtunternehmen „Société des Avions Marcel Bloch". Heute baut das Unternehmen Flugzeugtypen im Militär-, Geschäftsreise- und Regionalflugbereich. Die Dassault Falcon 7X ist ein Geschäftsreiseflugzeug der neuesten Generation in der Falcon-Baureihe. Ursprünglich als Projekt „Falcon FNX" bezeichnet und im Jahr 2001 auf der Airshow in Paris vorgestellt, hatte sie ihren Erstflug am 5. Mai 2005 vom Flughafen Bordeaux-Mérignac aus. Die Serienproduktion der Falcon 7X begann im Jahr 2007, und bis zum Jahr 2009 waren bereits über 250 Bestellungen eingegangen. Am 9. Juli 2012 waren bereits die 200ste Falcon 7X gebaut und 150 Flugzeuge an zahlungskräftige Kunden in 32 Ländern übergeben worden. Größter Nutzer des Jets ist die Saudia Private Aviation (SPA), ein Tochterunternehmen der Saudi Arabian Airlines. Nach einem Zwischenfall mit der Falcon 7X am 25. Mai 2011 auf einem Flug von Deutschlang nach Kuala Lumpur wurde der gesamten Falcon-7X-Flotte für einige Wochen die Flugerlaubnis entzogen. Als alle Maschinen umgerüstet worden waren, nahmen die Flugzeuge ihren Flugbetrieb wieder auf. Bis heute haben die 150 eingesetzten Maschinen insgesamt über 130.000 Flugstunden ohne weitere Probleme absolviert.

Dassault Falcon 7X	
Verwendung	Business-Jet
Produktionszeit	2005 bis heute
Spannweite (mm)	26.210
Länge/Höhe (mm)	23.190/7800
Leergewicht (kg)	15.546
max. Startmasse (kg)	31.300
Vmax in (km/h)	970
Antrieb	3 x Pratt & Whitney PW307A Turbofan-Triebwerke, je 28,48 kN Schub
Besatzung	2
Passagiere	bis 19

Dassault Falcon 20F	
Verwendung	Geschäftsreiseflugzeug
Produktionszeit	1963 bis 1988
Spannweite (mm)	16.320
Länge/Höhe (mm)	17.150/5320
Leergewicht (kg)	7530
max. Startmasse (kg)	13.000
Vmax in (km/h)	863
Antrieb	2 x General-Electric CF700-2D2 Turbojet-Triebwerke, je 20 kN Schub
Besatzung	2
Passagiere	10 bis 14

Dassault Falcon 20

Während der 1950er Jahre wollten Dassault und Sud Aviation gemeinsam ein Geschäftsflugzeug entwickeln, da ein Bedarf an dieser Art von Flugzeugen festgetellt wurde. Erste Planungsarbeiten für das neue Flugzeug begannen im Januar 1962, und ein erster Prototyp konnte bereits am 4. Mai 1963 zu seinem Erstflug abheben. Inzwischen waren 40 Bestellungen und weitere 120 Optionen für die Falcon 20 von der US-amerikanischen Fluggesellschaft Pan Am eingegangen. 1969 wurde in Paris das Modell „F" mit vergrößerter Tankkapazität vorgestellt. Bis zum Produktionsende im Jahr 1988 waren 508 Maschinen gebaut worden.

Dassault Falcon 50	
Verwendung	Geschäftsreiseflugzeug
Produktionszeit	1976 bis 2008
Spannweite (mm)	18.860
Länge/Höhe (mm)	18.520/6980
Leergewicht (kg)	9150
max. Startmasse (kg)	17.600
Vmax in (km/h)	880
Antrieb	3 x Honeywell TFE731-3-1C Turbofan-Triebwerke, je 16,5 kN Schub
Besatzung	2
Passagiere	8 bis 10

Dassault Falcon 50

Um seinen Kunden ein Geschäftsreiseflugzeug mit größerer Reichweite anzubieten, entwickelte Dassault Mitte der 1970er Jahre die Falcon 50 mit drei statt den üblichen zwei Triebwerken. Am 7. November 1976 startete ein Tiefdecker-Prototyp mit seinen Testpiloten zum Erstflug vom Flughafen Bordeaux-Mérignac aus. Die Serienfertigung der Falcon 50 begann im Jahr 1976 mit neuen superkritischen Tragflächen. Die Weiterentwicklung der Falcon 50 war die 50EX, die am 10. April 1996 ihren Jungfernflug hatte. Während des Produktionszeitraums zwischen 1976 und 2008 wurden insgesamt 352 Flugzeuge gebaut.

Dassault Falcon 900EX	
Verwendung	Business-Jet
Produktionszeit	1984 bis heute
Spannweite (mm)	19.330
Länge/Höhe (mm)	20.230/7550
Leergewicht (kg)	10.242
max. Startmasse (kg)	21.910
Vmax in (km/h)	928
Antrieb	3 x Honeywell TFE731-60 Turbofan-Triebwerke, je 22,24 kN Schub
Besatzung	2
Passagiere	8 bis 19

Dassault Falcon 900

Dassault stellte Anfang der 1980er Jahre auf der Basis des Falcon 50 ein völlig neues Langstrecken-Geschäftsflugzeug vor. Der dreistrahlige Tiefdecker hatte mit einer Kabinenhöhe von 1,88 Metern und einer Breite von 2,35 Metern ein wesentlich größeres Platzangebot als die Falcon 50. Nach den Modellen B und C war die 900EX eine komplett überarbeitete Version der Falcon 900. Verbesserte Triebwerke und zusätzliche Treibstofftanks erlaubten eine Reichweite von 8800 Kilometern. Dadurch wurde das Muster auch gerne von Regierungen oder staatlichen Behörden eingesetzt.

Dassault Falcon 2000EX	
Verwendung	Business-Jet
Produktionszeit	1993 bis heute
Spannweite (mm)	19.330
Länge/Höhe (mm)	20.230/7060
Leergewicht (kg)	8935
max. Startmasse (kg)	16.239
Vmax in (km/h)	920
Antrieb	2 x Pratt & Whitney PW308C Turbofan-Triebwerke, je 31,13 kN Schub
Besatzung	2
Passagiere	8 bis 16

Dassault Falcon 2000

Um die Programmlücke zwischen der Falcon 50EX und der Falcon 900 zu schließen, beschloss Dassault ab 1989 ein neues Geschäftsreiseflugzeug zu bauen. Am 4. März 1993, vier Jahre nach dem Entwicklungsbeginn, startete die erste Falcon 2000 in den Himmel. Als im November 1994 die Serienfertigung begann, sollten pro Monat zwei Flugzeuge gebaut werden. Bis zum Jahr 2008 sollten es 430 gebaute „Falcon“ werden. Die Weiterentwicklung 2000EX hatte eine höhere Reichweite und stärkere Triebwerke bekommen.

Diamond DA 40 „Star"	
Verwendung	Leichtflugzeug
Produktionszeit	1997 bis heute
Spannweite (mm)	11.940
Länge/Höhe (mm)	8060/1970
Leergewicht (kg)	795
max. Startmasse (kg)	1150
Vmax in (km/h)	279
Antrieb	Lycoming IO-360-M1A 4-Zylinder-Boxermotor, 182 PS
Besatzung	1
Passagiere	3

Diamond DA 40

Die Diamond Aircraft Industries GmbH aus Österreich wurde im Jahr 1981 von Wolf Hoffmann gegründet und baute zuerst reisefähige Motorsegler. Ab dem Jahr 1991 widmete sich die Konstruktionsabteilung auch leichten Flugzeugen wie der zweisitzigen DA 20 „Katana" und der viersitzigen DA 40. Die ersten DS 40 waren noch mit einem Rotax-914-Antrieb ausgestattet. Der Erstflug eines hauptsächlich aus faserverstärktem Kunststoff gebauten Musters fand am 5. November 1997 statt. Später wurde in die D 40 ein stärkerer Lycoming-5,9-l-Vierzylinder-Boxermotor verbaut. Als Option konnte die DA 40 auch mit einem Dieselmotor der Thielert Aircraft Engines GmbH als DA 40 D bestellt werden. Das Flugzeug kann sowohl mit Diesel wie auch mit Kerosin in allen Mischungsverhältnissen geflogen werden. Als Luxusversion steht die DA 40 XL dem Kunden zur Verfügung. Gebaut wird die DA 40 im Zweigwerk in Kanada. Im Jahr 2009 bestellte die US Air Force Academy 20 Diamond DA 40CS, die als T-52A bei der 557th Flight Training Squadron eingesetzt werden.

Diamond DA 42

Abgeleitet von der Diamond DA 40 „Star" entwickelte der österreichische Flugzeughersteller Anfang des Jahres 2000 die zweimotorige DA 42 „Twin Star". Der Erstflug des leichten Flugzeugs wurde am 9. Dezember 2002 vom Geschäftsführer und Eigentümer der Diamond Aircraft Industries, Christian Dries, und einem Flugingenieur erfolgreich absolviert. Die erste Serie der DA 42 wurde mit Centurion-1.7-Turbodieselmotoren des deutschen Herstellers Thielert Aircraft Engines GmbH bestückt. Nach dem Produktionsende des Dieselmotors wurde der Centurion 2.0 mit einem Hubraum von 2,0 Litern eingebaut. Mit der neuesten Version, der DA 42 NG „Twin Star", kommt nun der Vierzylinder-AE300-Turbodieselmotor von Austro Engine zum Einsatz, der eine Leistung von 170 PS hat. Da die „Twin Star" für den Instrumentenflug und als Option mit einem Anti-Eissystem ausgestattet ist, gilt das Flugzeug als allwettertauglich. Einen Rekord kann die „Twin Star" bereits für sich beanspruchen, als sie als erstes dieselbetriebenes Muster nonstop in zwölf Stunden und 30 Minuten über den Atlantik flog. Auch zur Pilotenausbildung ist die Diamond sehr beliebt. So fliegt die Royal Thai Air Force sechs Flugzeuge und eine spanische Flugschule ebenfalls sechs Maschinen mit einem Cockpit, das dem der Airbus oder Boeing entspricht.

Diamond DA42 „Twin Star"	
Verwendung	Leichtflugzeug
Produktionszeit	2002 bis heute
Spannweite (mm)	13.420
Länge/Höhe (mm)	8560/2490
Leergewicht (kg)	1080
max. Startmasse (kg)	1785
Vmax in (km/h)	356
Antrieb	2 x Thielert Centurion TAE 1.7 4-Zylinder-Turbodiesel, je 135 PS
Besatzung	1
Passagiere	3

Diamond DA 50 „Super Star"	
Verwendung	Leichtflugzeug
Produktionszeit	2007 bis heute
Spannweite (mm)	11.680
Länge/Höhe (mm)	8810/2210
Leergewicht (kg)	998
max. Startmasse (kg)	1615
Vmax in (km/h)	383
Antrieb	Teledyne Continental TSIOF-550J 6-Zylinder-Turbomotor, 350 PS
Besatzung	1
Passagiere	4

Diamond DA 50

Nach nur elf Monaten Entwicklungszeit wurde im Dezember 2006 das fünfsitzige Leichtflugzeug DA 50 „Super Star" vorgestellt. Der Erstflug der DA 50 fand am 4. April 2007 in Wiener Neustadt statt. Der Öffentlichkeit wurde es während der Aero Friedrichshafen im April 2007 vorgestellt. Zwar sollte die Serienproduktion bereits ein Jahr später beginnen, wurde jedoch unter anderem wegen eines neuen Flügels auf das Jahr 2009 verschoben. Der US-amerikanische Markt wurde während der „EAA AirVenture Oshkosh"-Messe am 27. Juli 2007 über das neue Flugzeug DA 50 „Super Star" informiert. Bereits am 14. Mai 2008 kündigte Diamond ein weiteres Leichtflugzeug an, die DA 50 „Magnum". Seine Entwicklungszeit belief sich auf nur neun Monate. Ausgestattet ist es mit einem Austro-Engine-AE 300-2.0-Triebwerk mit einer Leistung von 170 PS. Durch den schwächeren Motor ist auch das Abfluggewicht der „Magnum" mit 1480 Kilogramm deutlich geringer als bei der „Super Star". Der Basispreis der „Super Star" beträgt momentan je nach Triebwerken zwischen 325.000 und 425.000 Euro.

Dornier S-Ray 007

Die Firma Dornier am Bodensee ist ein Spezalist für Flugboote, dabei denkt man natürlich gleich an die Do X. Doch auch beim Bau kleiner Flugboote war Dornier der technische Vorreiter. So baute er bereits in den 1920er Jahren einmotorige Kleinflugboote unter dem Namen „Libelle". Auch das Anfang des neuen Jahrtausends entstandene Kleinflugboot sollte diesen geschichtsträchtigen Namen erhalten, doch wegen rechtlicher Streitigkeiten musste der Name noch vor dem Erstflug mehrmals abgeändert werden. Als das Flugboot am 14. Juli 2007 das erste Mal vom Flughafen Friedrichshafen abhob, hatte es die Bezeichnung Dornier S-Ray 007 erhalten. Einige Tage zuvor hatte bereits eine erste Wassererprobung stattgefunden. Das Typische an dem Hochdecker-Flugboot sind die kleinen Schwimmer, die lediglich seitlich des Rumpfes befestigt sind. Gebaut wird die S-Ray 007 aus glasfaserverstärkten Kunststoffen, was das Flugzeug sehr leicht und resistent gegen Salzwasser macht. Der in der Mitte der Flügel angebrachte Motor und Propeller ist durch eine aerodynamisch geformte Verkleidung mit dem Rumpf verbunden. Um auf festem Boden wie auch auf dem Wasser starten und landen zu können, besitzt die S-Ray 007 ein Einziehfahrwerk. Im Moment wird immer noch mit den beiden gebauten Prototypen getestet.

Dornier S-Ray 007	
Verwendung	Amphibienflugzeug
Produktionszeit	2007 bis heute
Spannweite (mm)	9000
Länge/Höhe (mm)	6750/2100
Leergewicht (kg)	400
max. Startmasse (kg)	800
Vmax in (km/h)	230
Antrieb	Rotax 914 4-Zylinder-Boxermotor, 115 PS
Besatzung	1
Passagiere	1

Dornier „Seastar"	
Verwendung	Amphibienflugzeug
Produktionszeit	1984 bis heute
Spannweite (mm)	17.740
Länge/Höhe (mm)	12.900/5280
Leergewicht (kg)	2800
max. Startmasse (kg)	5000
Vmax in (km/h)	335
Antrieb	2 x Pratt & Whitney Canada PT6A-135A Turboprop-Triebwerke, je 650 PS
Besatzung	1 bis 2
Passagiere	bis 12

Dornier „Seastar"

Um ein Mehrzweckflugzeug anbieten zu können, das sowohl von befestigten Pisten wie auch von Schnee-, Eis- oder Wasserflächen aus operieren können sollte, entwickelte Professor Claudius Dornier jr. in den1980er Jahren das Amphibienflugzeug Dornier „Seastar". Noch als VT-01 bezeichnet, startete das Mehrzweckmuster am 17. August 1984 zu seinem Jungfernflug. Als im Jahr 1985 die Dornier-Werke von Daimler-Benz übernommen wurden, gründete Claudius Dornier sein eigenes Unternehmen und führte das Projekt fort. Im Jahr 1990 erfolgte die Musterzulassung vom Luftfahrt-Bundesamt und ein Jahr später auch von der FAA. Zu diesem Zeitpunkt waren bereits zwei feste Kaufverträge, 72 Bestellungen und weitere fünf Optionen eingegangen. Doch fehlten die finanziellen Mittel zur Durchführung des Projekts, und so wurde es auf Eis gelegt. Ende 2008 wurde die Fertigung einer modernisierten Version wiederaufgenommen und der Produktionsstandort Saint-Jean-sur-Richelieu in Kanada bekannt gegeben. Inzwischen sollen neun Verkaufsabschlüsse des Sechs-Millionen-Flugzeugs „unter Dach und Fach" sein.

Embraer Phenom 100

Als viertgrößter Flugzeughersteller hat das brasilianische Unternehmen Embraer seit Anfang des Jahres 2000 auch Business-Jets im Angebot. Das erste Geschäftsreiseflugzeug war die Embraer Phenom 100, ein VLJ-Flugzeug (Very Light Jet). Ein erster Flug der Phenom 100 fand am 26. Juli 2007 in São Paulo statt, die Zulassung für das Muster wurde am 9. Dezember 2008 erteilt. Am 24. Dezember 2008 wurde ein erster Serien-Jet an einen Endkunden übergeben. In der Basisversion kann der Business-Jet vier Passagiere befördern, bei ausgebauter Toilette ist eine maximale Beförderung von sechs Personen möglich. Bei einer Reisegeschwindigkeit ist eine Reichweite von bis zu 2100 Kilometern möglich. Die maximale Einsatzhöhe beträgt 12.500 Meter. Flügel und Rumpf der Embraer Phenom 100 sind aus Aluminiumlegierungen gefertigt, das Leitwerk besteht aus Kohlefaserverbundstoff. Für den Start benötigt der Jet eine Bahnlänge von mindestens 1036 Metern. Der Bau des Flugzeugs wird bei der Neiva Aeronautic Industry in Botucatu/Brasilien und in Melbourne im US-Bundesstaat Florida durchgeführt. Bis zum Februar 2011 waren über 200 Maschinen zu einem Stückpreis um die vier Millionen US-Dollar verkauft worden. Die Marktnische des kompakten Düsenjets soll es sein, Geschäftsflüge auch für kleinere Firmen erschwinglich zu machen.

Embraer Phenom 100	
Verwendung	Geschäftsreiseflugzeug
Produktionszeit	2007 bis heute
Spannweite (mm)	12.300
Länge/Höhe (mm)	12.820/4350
Leergewicht (kg)	3235
max. Startmasse (kg)	4800
Vmax in (km/h)	722
Antrieb	2 x Pratt & Whitney Canada PW617F-Turbofan-Triebwerke, je 7,19 kN Schub
Besatzung	1 bis 2
Passagiere	4 bis 6

Embraer Phenom 300	
Verwendung	Geschäftsreiseflugzeug
Produktionszeit	2008 bis heute
Spannweite (mm)	16.200
Länge/Höhe (mm)	15.500/5000
max. Startmasse (kg)	7950
Vmax in (km/h)	835
Antrieb	2 x Pratt & Whitney Canada PW535E Turbofan-Triebwerke, je 14,2 kN Schub
Besatzung	1 bis 2
Passagiere	6 bis 8

Embraer Phenom 300

Als Weiterentwicklung der Embraer Phenom 100 bietet der brasilianische Flugzeughersteller seit 2008 die größere Embraer Phenom 300 an. Das leichte Geschäftsflugzeug absolvierte seinen Erstflug am 29. April 2008 und bekam ein Jahr später seine Musterzulassung in Brasilien und den USA. In Europa wurde das Flugzeug am 29. April 2010 zugelassen. Der schnelle Privatjet bietet luxuriöse Sitzgelegenheiten für maximal acht Passagiere und eine Reichweite von 3600 Kilometern. Dabei ist eine Reisegeschwindigkeit von 835 km/h möglich. Für die Innenausstattung ist BMW Group Designworks, USA, zuständig.

Embraer Legacy 600

Als Variante der ERJ-145-Familie bot Embraer seit dem Jahr 2000 die Legacy 600 im Programm. Während der Farnborough Air Show wurde das Projekt der Öffentlichkeit vorgestellt. Den Jungfernflug absolvierte ein erster Prototyp der Embraer Legacy 600 am 31. März 2001. Als Variante wurde auch ein Jet unter der Bezeichnung „Legacy Shuttle“ angeboten, der die Konfiguration der Kabine der ERJ 135 mit der Reichweite der „Legacy 600“ verband. Als modifizierte Version wurde mit gleichen Abmessungen ab 2009 die Legacy 650 in das Portfolio aufgenommen. Sie hat eine größere Reichweite, und die Nutzlast und damit die Startmasse wurden um 778 Kilogramm angehoben. Durch die Mehrlast wurden auch das Fahrwerk und die Struktur der Tragflächen den Gegebenheiten angepasst.

Embraer Legacy 600	
Verwendung	Geschäftsreiseflugzeug
Produktionszeit	2001 bis heute
Spannweite (mm)	21.170
Länge/Höhe (mm)	26.330/6760
Leergewicht (kg)	13.675
max. Startmasse (kg)	22.500
Vmax in (km/h)	834
Antrieb	2 x Rolls-Royce AE 3007-A1E Turbofan-Triebwerke, je 35,38 kN Schub
Besatzung	2
Passagiere	14

Extra EA-300L	
Verwendung	Sport- und Kunstflugzeug
Produktionszeit	1988 bis heute
Spannweite (mm)	7390
Länge/Höhe (mm)	6950/2620
Leergewicht (kg)	682
max. Startmasse (kg)	952
Vmax in (km/h)	408
Antrieb	Lycoming AEIO-540-L1B5 6-Zylinder-Boxermotor, 300 PS
Besatzung	1
Passagiere	1

Extra EA 300L

Das deutsche Sport- und Kunstflugzeug war vom erfolgreichen Kunstflieger Walter Extra entworfen worden und hatte das Debüt seines Erstfluges im Mai 1988. Walter Extra hatte sich als mehrfacher deutscher Meister im Motorkunstflug einen Namen gemacht. Im Verlauf der langen Bauzeit wurde der agile Zweisitzer, der fast vollständig aus Kunststoff gefertigt ist, immer wieder modifiziert. Die modernste Variante ist die EA 300LP, die für eine Belastung von bis zu zehn G gebaut ist. Nachdem es um das Jahr 2000 beim Bau der Extra EA-500 zu internen Problemen gekommen war, übernahmen im August 2003 US-amerikanische Investoren das deutsche Unternehmen. Die Extra EA-300 ist heute noch bei der privaten Kunstflugstaffel „The Blades" aus Großbritannien zu sehen, die vier 300er besitzen. Doch auch militärisch ist die Extra EA-300 in der Kunstflugstaffel Jordaniens „The Royal Jordanian Falcons" auf internationalen Flugtagen zu sehen. Am 30. April 2012 sorgte die Extra EA-300L jedoch für negative Schlagzeilen, als der Multimillionär und Extremflieger Klaus Lenhart als Co-Pilot mit seinem Flugzeug nach einem Motoraussetzer bei Kirchheim abstürzte.

Extra EA-400

Anfang der 1990er Jahre gab der deutsche Hersteller von Sport- und Reiseflugzeugen Extra Aircraft aus Hünxe am Verkehrslandeplatz Schwarze Heide bekannt, dass er ein einmotoriges, sechssitziges Reiseflugzeug plane. Der Hochdecker sollte ein Einziehfahrwerk und eine Druckkabine mit der Kapazität von insgesamt sechs Personen erhalten, die es erlaubte, eine Dienstgipfelhöhe von 7000 Metern zu erreichen. Die Entwicklung des aus Verbundwerkstoffen hergestellten Flugzeugs begann im Jahr 1992 mit der technischen Universität in Delft in den Niederlanden. Am 23. April 1996 konnte der Erstflug des Musterprototyps, der bis zum Jahr 1997 geflogen wurde, stattfinden. Der zweite Prototyp flog im April 1998 und stürzte vier Monate später während seines Fluges zum Kunden ab. Die Extra EA-400 wurde von einem flüssigkeitsgekühlten Boxermotor mit sechs Zylindern angetrieben und leistete 350 PS. Zwar zeigte sich bald, dass die Leistung für das Flugzeug zu gering war. Continental versprach ein stärkeres Antriebsaggregat, doch wurde das Versprechen bis zum Bau der EA-500 nicht eingehalten. So war die Extra EA-400 während der gesamten Produktionszeit untermotorisiert. Trotz des Leistungsmankos war die EA-400 mit einer Startstrecke von 670 und einer Landelänge von 550 Metern zufrieden.

Extra EA-400	
Verwendung	Geschäftsflugzeug
Produktionszeit	1996 bis 2002
Spannweite (mm)	11.500
Länge/Höhe (mm)	9930/3090
Leergewicht (kg)	1206
max. Startmasse (kg)	1950
Vmax in (km/h)	480
Antrieb	Teledyne Continental TSIOL 550-C 6-Zylinder-Boxermotor, 350 PS
Besatzung	1
Passagiere	5

Extra EA-500	
Verwendung	Geschäftsreiseflugzeug
Produktionszeit	2002 bis heute
Spannweite (mm)	11.700
Länge/Höhe (mm)	10.100/3400
Leergewicht (kg)	1405
max. Startmasse (kg)	2130
Vmax in (km/h)	387
Antrieb	Rolls-Royce 250-B17F/2 Turboprop-Triebwerk, 450 WPS
Besatzung	1
Passagiere	5

Extra EA-500

Im Jahr 2002 löste das turboprop-getriebene Geschäftsreiseflugzeug Extra EA-500 das kolbengetriebene Modell EA-400 ab. Am 26. April 2002 war das moderne Muster das erste Mal in den Himmel gestiegen und hatte sämtliche Vorgaben zur Zufriedenheit aller eingehalten. Das 500er-Projekt stand anfänglich jedoch auf wackligen Finanzierungbeinen. Erst als Walter Extra für die Unternehmung „500" finanziell solide chinesische Partner gefunden hatte, konnte die Produktion beginnen. Im Jahr 2004 wurde das Modell zugelassen und bis 2009 die Serienfertigung aufgenommen. Wie die EA-400, war auch die EA-500 ein Hochdecker mit Einziehfahrwerk, dessen Kabine komplett aus Kohlefaserverbundmaterial hergestellt worden war. Mit einem modernen „Glascockpit" und einer Druckkabine war eine Reichweite von fast 3000 Kilometern in einer Höhe von 7500 Metern möglich. Für den Antrieb hatte Walter Extra ein Rolls-Royce 250-B17F/2 Turboprop-Triebwerk mit 450 Wellen-PS und einen fünfblättrigen Propeller gewählt. Der Haupttank fasste 468 Liter, ein weiterer Zusatztank hatte zusätzlich eine Kapazität von 173 Litern.

Grob G 109

Die Burkhart Grob Luft- und Raumfahrt begann im Jahr 1971 mit dem Bau von Segelflugzeugen als Lizenzbau. Bereits zwei Jahre später wurde an einer ersten Segelflugzeug-Eigenentwicklung getüfftelt, der G 102 „Astir". Kurz danach bekam das Basismodell durch einen Doppelsitzer, der G 103 „Twin Astir", und einen Leistungseinsitzer G 104 „Speed Astir" Gesellschaft. Mitte der 1970er Jahre wurde dann der Standort München aufgegeben und die Firma siedelte an den Flugplatz Mindelheim-Mattsies um. Anfang der 1980er Jahre wurde ein weiterer Schritt gewagt und ein erstes motorgetriebenes Luftfahrzeug gebaut, die G 109 A. Da Grob keine geeigneten Antriebsaggregate im Sortiment hatte, griff man kurzerhand auf leistungsstarke Motoren mit 80 PS der Limbach Flugmotoren GmbH & Co. KG aus dem Königswinterer Stadtteil Eudenbach zurück. Die Motoren waren robust und hatten als Grundlage den Vierzylinder-Boxermotor des VW Käfer. Im Jahr 1983 erschien das Modell G 109 B mit einem speziell für diesen Motorsegler entwickelten Motor mit 2,5 Litern Hubraum, dessen Verbrauch bei etwa zwölf Litern pro Stunde lag. Im Jahr 2001 wurde die G 109 nochmals mit einem Turbomotor der Firma Limbach mit einer Leistung von 130 PS gebaut. Insgesamt wurden 325 Motorsegler des G 109 B produziert.

Grob G 109B	
Verwendung	Touringmotorsegler
Produktionszeit	1980 bis 2008
Spannweite (mm)	17.400
Länge/Höhe (mm)	8100/1700
Leergewicht (kg)	ca. 600
max. Startmasse (kg)	850
Vmax in (km/h)	240
Antrieb	Grob 2500 E1 4-Zylinder-Boxermotor, 87 WPS
Besatzung	1
Passagiere	1

Grob G 115 E	
Verwendung	Schulflugzeug
Produktionszeit	1985 bis heute
Spannweite (mm)	10.000
Länge/Höhe (mm)	7800/2800
Leergewicht (kg)	685
max. Startmasse (kg)	990
Vmax in (km/h)	295
Antrieb	Lycoming AEIO-360-B1F/B 4-Zylinder-Boxermotor, 180 WPS
Besatzung	1
Passagiere	1

Grob G 115

In den 1980er Jahren bot die Grob Aircraft ein zweisitziges Schulflugzeug an. Die Basis der G 115 waren die beiden Flugzeuge G 110 und G 112, die nur in geringer Stückzahl gebaut worden waren. Den Erstflug absolvierte der GFK-Tiefdecker Grob G 115 am 15. November 1985. Die erste Serienmaschine hatte gegenüber dem Prototyp verkleidete Räder und ein tieferes Höhenleitwerk. Als Antrieb kam der Lycoming O-235-H2C Boxermotor mit 116 PS zum Einbau. Die G 115 B bekam den stärkeren Lycoming O-320-D2A Motor mit 151 PS. Parallel wurde auch an einem Viersitzer, der G 116, mit einem 200 PS starken Motor gearbeitet. Ende der 1980er Jahre wollte Grob auch in den USA Fuß fassen und beteiligte sich an einer Ausschreibung der US Air Force, die ein leichtes Trainingsflugzeug suchte. Grob bot die G 115 T an, die ein Einziehfahrwerk und einen Sechszylinder vom Typ Lycoming AEIO 540 mit 260 PS hatte, doch wurde schlussendlich ein anderes Muster genommen. Das Projekt G 115 T wurde im Jahr 2000 als G 120 A fortgeführt. Nach einer Fertigungspause der G 115 ab dem Jahr 1990 ging es mit den Modellen G 115 D/E/EG ins 21. Jahrhundert.

Grob G 120 A

Da die Ausschreibung der US Air Force nicht die Grob G 115 T, sondern ein anderes leichtes Flugzeug zur Pilotenausbildung bevorzugt hatte, ruhte das Projekt bis ins Jahr 2000. Da es sich jedoch um ein sehr interessantes Modell mit Einziehfahrwerk, starkem Einspritzmotor und Vierblatt-Verstellpropeller handelte, begann man im Jahr 2001 über eine Renaissance der F 115 T als Modell G 120 A nachzudenken. Die Zulassung für Deutschland bekam das Muster bereits im November desselben Jahres und kurze Zeit später auch in den USA. Auch auf den ersten Kunden brauchte Grob nicht lange zu warten, denn das Lufthansa Flight Training in Goodyear bestellte bald erste Flugzeuge. Die ersten beiden Flugzeuge wurden noch auf dem Luftweg in die USA überführt, die weiteren vier Muster kamen auf dem Schiffsweg an ihr Ziel. Bald trafen auch die ersten Bestellungen anderer Luftwaffen aus Frankreich, Israel, Kanada und Kenia ein. Der Rumpf und die Tragflächen der Grob G 120 A bestehen komplett aus Carbonfaser, und für die Haltbarkeit garantiert der Hersteller eine Lebensdauer von 15.000 Flugstunden. Die G 120 ist so ausgelegt, dass sie voll kunstflugtauglich ist. Außerdem können Flüge im Sichtflug wie auch im Instrumentenflug durchgeführt werden. Auf der ILA in Berlin wurde 2010 die neueste Version, die Grob G 120 TP vorgestellt.

Grob G 120 A	
Verwendung	Trainingsflugzeug
Produktionszeit	2000 bis heute
Spannweite (mm)	10.180
Länge/Höhe (mm)	8110/2660
Leergewicht (kg)	1315
max. Startmasse (kg)	1490
Vmax in (km/h)	435
Antrieb	Lycoming AEIO-540-D4D5 6-Zylinder-Boxermotor, 260 WPS
Besatzung	1
Passagiere	1

Grob G 120 TP	
Verwendung	Trainingsflugzeug
Produktionszeit	2010 bis heute
Spannweite (mm)	10.310
Länge/Höhe (mm)	8420/2640
Leergewicht (kg)	1095
max. Startmasse (kg)	1515
Vmax in (km/h)	435
Antrieb	Rolls-Royce Allison M250-B17F Turboprop-Triebwerk, 450 WPS
Besatzung	1
Passagiere	1

Grob G 120 TP

Die Weiterentwicklung der Grob G 120 A wurde zur Internationalen Luft- und Raumfahrtausstellung Berlin im Jahr 2010 vorgestellt. Auch die Grob G 120 TP war als Trainingsflugzeug zur Ausbildung von Jetpiloten entwickelt worden. Ihren Erstflug hatte das Muster am 25. Mai 2010, eine erste Musterzulassung durch die EASA erhielt die G 120 TP im Mai 2013. Auch die G 120 TP ist aus kohlenfaserverstärktem Kunststoff gefertigt, doch die vielen einzelnen neu entwickelten Komponenten ein nahezu eigenständiger Flugzeugtyp, der mit dem Vorgängerflugzeug nicht mehr vergleichbar ist. So verfügt die G 120 TP über ein „Glascockpit", einen speziell für das Flugzeug entwickelten Schleudersitz Modell Mk. 17 von Martin Baker und ein Rolls-Royce-Turboprop-Allison-M250-B17F-Triebwerk mit einem 5-Blatt-Constant-Speed-Propeller. Der erste Käufer der G 120 TP war die Indonesian Air Force, die 18 Flugzeuge bestellte. Argentinien hat ebenfalls zehn Maschinen geordert mit der Option auf weitere fünf G 120 TP. Im Moment ist auch das UK Military Flight Training System (MFTS) an dem Muster interessiert.

Grob G 140

Im Jahr 2001 präsentierte die deutsche Firma Grob Aircraft aus Tussenhausen in Bayern während der Pariser Flugshow ein viersitziges Leichtflugzeug mit Turbopropmotor. Am 12. Dezember 2002 hob die nur 800 Kilogramm leichte Grob G 140 das erste Mal vom Boden ab. Angetrieben wird die G 140 von einem Rolls-Royce 250-B17F-Turboprop-Triebwerk mit einer Leistung von über 450 PS. Dadurch ist sie komplett kunstflugtauglich. Das komfortable und schnelle Luftfahrzeug ist für private Nutzer gedacht, die ihre Geschäftsreisen in einem eigenen Flugzeug planen wollen, doch auch für Flugschulen oder militärische Einheiten ist die Maschine ein perfekter Trainer.

Grob G 140 TP	
Verwendung	Leichtflugzeug
Produktionszeit	2002 bis 2008
Spannweite (mm)	10.600
Länge/Höhe (mm)	8900/2800
Leergewicht (kg)	800
max. Startmasse (kg)	1500
Vmax in (km/h)	425
Antrieb	Rolls-Royce 250 B17F Turboprop-Triebwerk, 462 PS
Besatzung	1
Passagiere	3

Grob G 180 SPn	
Verwendung	Geschäftsreiseflugzeug
Produktionszeit	2005 bis 2008
Spannweite (mm)	14.860
Länge/Höhe (mm)	14.810/5120
Leergewicht (kg)	3170
max. Startmasse (kg)	6300
Vmax in (km/h)	753
Antrieb	2 x Williams FJ44-3A Turbofan-Triebwerke, je 12,44 kN Schub
Besatzung	1 bis 2
Passagiere	8 bis 9

Grob G 180 SPn

Als weltweit erstes Geschäftsreiseflugzeug, das komplett aus kohlenstofffaserverstärktem Kunststoff hergestellt wurde, brachte der deutsche Flugzeughersteller Grob Luft- und Raumfahrt im Jahr 2005 die zweistrahlige Grob G 180 SPn auf den Markt. Den Jungfernflug absolvierte der Jet am 20. Juli 2005 vom Allgäu Airport in Memmingen aus. Um die gewaltige Aufgabe einer Serienproduktion der G 180 SPn zu meistern, suchte Grob einen Mitinvestor. Lange Zeit wurde mit dem Schweizer Flugzeughersteller Pilatus Aircraft Ltd. verhandelt, doch dann scheiterte der Versuch der Finanzierung. Inzwischen waren 100 Bestellungen für die G 180 SPn bei Grob eingegangen und das erste Serienflugzeug an einen Kunden in den USA war für 2008 geplant. Doch am 29. November 2006 stürzte der zweite Prototyp nach 40 Flügen ab, wobei der Testpilot ums Leben kam. Genau konnte der Grund des Absturzes nicht ermittelt werden, doch ging ein Bericht der Bundesstelle für Flugunfalluntersuchung (BFU) davon aus, dass es zu einem Flattern des Höhenleitwerks gekommen sein musste. Im August 2008 wurde das Unternehmen zahlungsunfähig und stellte im Oktober desselben Jahres die Produktion ein.

Gulfstream G100/IAI 1125 „Astra"

Ein erstes Geschäftsreiseflugzeug mit dem Namen „Gulfstream" war die propellergetriebene Grumman Gulfstream I aus dem Jahr 1958. Im Jahr 1978 verkaufte Grumman die Sparte „Gulfstream" an American Jet Industries. Als Chrysler dann das Gulfstream-Programm erwarb, wurde das Unternehmen in Gulfstream Aerospace umbenannt. Im Jahr 2001 kam der israelische Flugzeughersteller Israel Aircraft Industries (IAI) hinzu. Mit diesem Deal war nun auch das zweistrahlige Geschäftsreiseflugzeug IAI 1125 im Gulfstream-Programm. Ab dem September 2002 wurde das Flugzeug in Gulfstream G100 umbenannt. Der Erstflug der IAI 1125 „Astra" wurde am 19. März 1984 durchgeführt. Eine erste Musterzulassung durch die FAA-Zulassung bekam das Modell im August 1985. Die Serienproduktion der „Astra" begann im März 1985 und sie wurde in 37 Exemplaren gefertigt. Heute wird die Gulfstream G100 immer noch in Israel gebaut, der Innenausbau wird jedoch in den USA durchgeführt. Das Flugzeug wird heute vor allem bei militärischen Nutzern wie bei der US Air Force unter der Bezeichnung C-38, in Indien, Israel und Eritrea eingesetzt. Im privaten Bereich wird der Business-Jet wegen der hohen Reisegeschwindigkeit und des Luxus gerne für längere Reisen und größere Gruppen vor allem als Chartermaschine genutzt.

Gulfstream G100	
Verwendung	Geschäftsreiseflugzeug
Produktionszeit	1984 bis heute
Spannweite (mm)	16.050
Länge/Höhe (mm)	16.940/5530
Leergewicht (kg)	5747
max. Startmasse (kg)	10.660
Vmax in (km/h)	826
Antrieb	2 x Garrett TFE731-3B-1100G Turbofan-Triebwerke, je 16,2 kN Schub
Besatzung	2
Passagiere	6 bis 9

Gulfstream G200	
Verwendung	Geschäftsreiseflugzeug
Produktionszeit	1997 bis 2011
Spannweite (mm)	17.700
Länge/Höhe (mm)	18.970/6530
Leergewicht (kg)	8700
max. Startmasse (kg)	16.080
Vmax in (km/h)	850
Antrieb	2 x Pratt & Whitney Canada-PW-306A Turbofan-Triebwerke, je 26,9 kN Schub
Besatzung	2
Passagiere	4 bis 18

Gulfstream G200

Die Entwicklung der Gulfstream G200 ist noch auf den israelischen Flugzeughersteller Israel Aircraft Industries zurückzuführen. Der Business-Jet hat eine geräumige Kabine mit einer Länge von 7,55 und einer Breite von 2,18 Metern. Die Höhe der Kabine beträgt 1,91 Meter. Zusätzlich kann ein Gepäckraum mit einem Volumen von 3,5 Kubikmetern genutzt werden. Je nach Bestuhlung finden vier bis maximal 18 Fluggäste Platz. Das für zwei Besatzungsmitglieder ausgelegte Cockpit enthält die neueste Avionik und ist mit einem Rockwell-Collins-Pro-Line-4-Glascockpit ausgestattet. Im Vergleich zur G100 hat die Gulfstream G200 aerodynamischen „Krügerklappen“, Winglets und größere Tragflächen. Angetrieben wird das Flugzeug mit zwei Pratt & Whitney Canada PW-306A-Triebwerken. Der Erstflug des Flugzeugs fand am 25. Dezember 1997 statt. Die erste noch als „Galaxy“ bezeichnete G200 wurde im Januar 2000 an die Unternehmensgruppe TTI geliefert. Als Galaxy Aerospace im Jahr 2001 von Gulfstream übernommen wurde, bekam das Flugzeug den heutigen Namen G200.

Gulfstream G400/G450

Die Entwicklungsarbeiten an den beiden Gulfstream-Modellen G400 und G450 begannen bereits im Jahr 1983, als man am Business-Jet Gulfstream IV zu arbeiten begann. Den Erstflug absolvierte die Gulfstream IV am 19. September 1985. Die modifizierte und verbesserte Version der Gulfstream IV wurde als GIV-SP im Jahr 1992 vorgestellt und hatte ihren Erstflug am 24. Juni 1992. Auf dieser Basis der GIV-SP begann Gulfstream im Jahr 1997 ein weiteres Modell zu konstruieren, das später in G400 umbenannt wurde. Die G400 besaß eine geräumige Druckkabine, die dem Muster eine Reichweite von 8000 Kilometern in einer Höhe von 13.700 Metern erlaubte. Die Reisegeschwindigkeit lag dabei bei 0,86 bis 0,88 Mach, was über 900 km/h entspricht. Im Jahr 2004 konnte man eine Gulfstream G400 für den Preis von 36 Millionen US-Dollar sein Eigen nennen. Um einen weiteren Business-Jet mit noch besseren Leistungen anbieten zu können, kam im Jahr 2003 die G450 auf der Basis der G400 auf den Markt. Vor allem durch die erhöhte Startmasse konnte die Zuladung auf über 300 Kilogramm erhöht werden. Die beiden Versionen G400 und G450 werden vor allem von Managern großer internationaler Unternehmen, einigen vermögenden Privatpersonen und Regierungen eingesetzt. Doch auch internationale Streitkräfte nutzen die beiden Gulfstream-Muster.

Gulfstream G450	
Verwendung	Geschäftsreiseflugzeug
Produktionszeit	1992 bis heute
Spannweite (mm)	23.720
Länge/Höhe (mm)	27.230/7670
Leergewicht (kg)	19.504
max. Startmasse (kg)	33.838
Vmax in (km/h)	904
Antrieb	2 x Rolls-Royce Tay Mk.611-8C Turbofan-Triebwerke, je 61,6 kN Schub
Besatzung	2
Passagiere	12 bis 19

Gulfstream G550	
Verwendung	Geschäftsreiseflugzeug
Produktionszeit	2001 bis heute
Spannweite (mm)	28.500
Länge/Höhe (mm)	29.490/7900
Leergewicht (kg)	24.721
max. Startmasse (kg)	41.277
Vmax in (km/h)	904
Antrieb	2 x Rolls-Royce BR710 Turbofan-Triebwerke, je 68,4 kN Schub
Besatzung	2
Passagiere	max. 19

Gulfstream G500/G550

Als Nachfolgemodelle der Gulfstream V wurden die Versionen G500 und G550 gleichzeitig entwickelt. Die G500 war in der Ausstattung einfacher gehalten als die G550 und hatte eine geringere Reichweite. Die Entwicklung der beiden Gulfstream-Versionen war bereits im Jahr 1999 in Angriff genommen worden. Der Prototyp T1 absolvierte seinen Jungfernflug am 31. August 2001. Dies war auch das Jahr, in dem die beiden Muster die Bezeichnung G500/G550 bekamen. Beide Modelle erhielten noch im Jahr 2003 ihre Musterzulassung durch die FAA. Eine erste G550 wurde im September 2003 ausgeliefert, im Mai 2004 folgte dann eine erste G500 an den Endkunden. Während der Produktionszeit zeigte sich, dass die Gulfstream G550 das beliebtere Modell war und besser verkauft werden konnte. Vor allem die große Reichweite der G550 mit ca. 13.000 Kilometern – das ist ein Drittel des Erdumfangs – machte das Flugzeug so beliebt. So konnten Nonstop-Distanzen von San Francisco nach Düsseldorf oder von Singapur nach Moskau zurückgelegt werden. Doch auch der hohe Komfortstandard mit einer geräumigen und hellen Kabine und einem stabilen Luftdruck, der auf eine Höhe von 1800 Metern ausgerichtet ist, machen den Aufenthalt in dem Super-Business-Jet sehr angenehm. Alle 120 Sekunden wird die Kabinenluft komplett aufgefrischt.

Gulfstream G650

Als Ersatz für die Gulfstream G500 präsentierte der US-amerikanische Flugzeughersteller am 13. März 2008 die G650. Die Arbeiten an dem großen zweistrahligen Geschäftsreiseflugzeug hatten im Jahr 2005 begonnen. Nach dem Rollout am Gulfstream-Firmensitz in Savannah am 29. September 2009 fand der Jungfernflug am 25. November statt. Am 2. April 2011 kam es zu einem Unfall, als bei einem Testflug mit einem simulierten Triebwerksausfall eine G650 abstürzte. Dabei kamen die beiden Piloten und zwei Ingenieure ums Leben. Das erste Serienflugzeug ging am 20. Dezember 2012 an einen US-Kunden.

Gulfstream G650	
Verwendung	Geschäftsreiseflugzeug
Produktionszeit	2009 bis heute
Spannweite (mm)	30.350
Länge/Höhe (mm)	30.400/7820
Leergewicht (kg)	24.494
max. Startmasse (kg)	45.179
Vmax in (km/h)	965
Antrieb	2 x Rolls-Royce BR700-725-A1-12 Turbofan-Triebwerke, je 71,6 kN Schub
Besatzung	2
Passagiere	13 bis 16

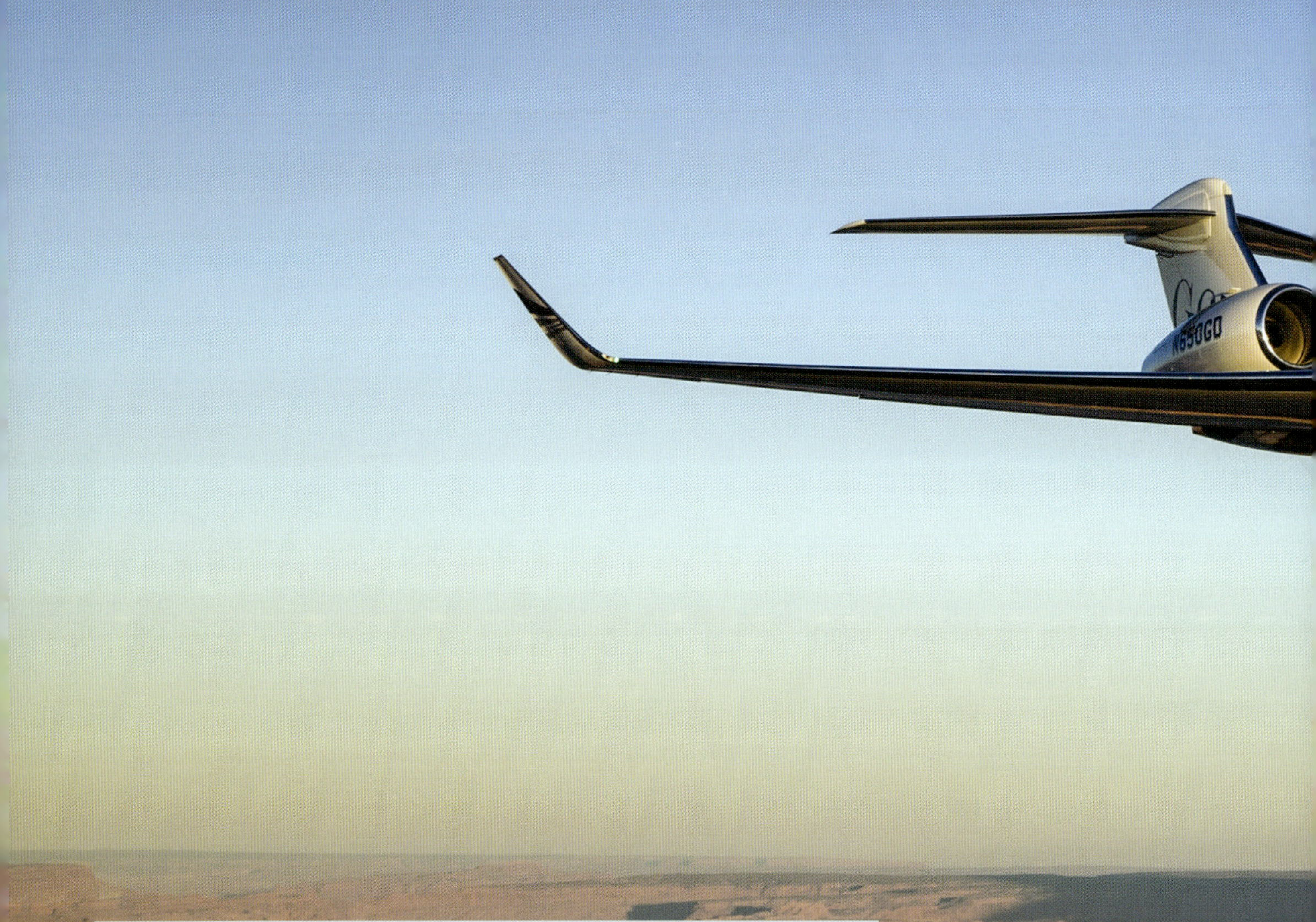

Gulfstream G650

Mit einem Preis von ca. 65 Millionen US-Dollar gehört die Gulfstream G650 zu den großen Business-Jets. Angetrieben durch zwei neu entwickelte Rolls-Royce-Triebwerke aus der BR700-Familie hat das Flugzeug eine Reichweite bis zu fast 13.000 Kilometern. In der sehr geräumigen Kabine sind eine moderne Küche, eine gut gefüllte Bar, alle erdenkliche Unterhaltungselektronik und W-LAN-Internetanbindung der Standard.

Hawker 400

Bereits in den 1960er Jahren entwickelte Mitsubishi ein zweimotoriges Turboprop-Flugzeug als Mehrzweckmuster, die Mitsubishi MU-2. Die Standardversion des Hochdeckers konnte sieben, die gestreckte Version elf Passagiere aufnehmen. In den 1970er Jahren suchte das japanische Unternehmen nach einem Nachfolger für die MU-2 und entwickelte die Mitsubishi MU-300 Diamond, die im August 1978 ihren Erstflug hatte. Eine überarbeitete „Diamond" wurde ab dem Jahr 1984 angeboten. Von dieser Mitsubishi wurden elf Muster gebaut, bevor die Rechte an dem Flugzeug an die Raytheon-Tochter Beechcraft verkauft wurden. Mit einer FAA-Zulassung ab dem Mai 1985 wurde der Tiefdecker als Beechcraft 400 verkauft. Mit einer luxuriöseren Ausstattung, größerem Startgewicht und einer erhöhten Reichweite kam im Jahr 1990 die Beechjet 400A in das umfangreiche Programm des amerikanischen Flugzeugherstellers. Als im Jahr 1993 die Raytheon Company die Hawker-Flugzeuge von British Aerospace übernahm, wurde die Beechjet 400 in Hawker 400 abgeändert. Anfang des 21. Jahrhunderts wurde das Geschäftsreiseflugzeug Hawker 400 dem Vorbild des Hawker 800 angepasst und ins Programm als 400XP aufgenommen. Als Weiterentwicklung mit nagelneuer Avionik, modernerem Kabinendesign und stärkeren PW535D-Triebwerken kam im Jahr 2008 die 450XP auf den Markt. Als Nachfolger dieses Musters ist im Moment die 400XPR mit sparsameren Triebwerken geplant.

Hawker 400XP

Verwendung	Geschäftsreiseflugzeug
Produktionszeit	1984 bis heute
Spannweite (mm)	13.300
Länge/Höhe (mm)	14.800/4200
Leergewicht (kg)	4786
max. Startmasse (kg)	7394
Vmax in (km/h)	833
Antrieb	2 x Pratt & Whitney Canada JT15D-5 Turbofan-Triebwerke, je 12,92 kN Schub
Besatzung	1 bis 2
Passagiere	7

Jakowlew Jak-50	
Verwendung	Sportflugzeug
Produktionszeit	1975 bis 1986
Spannweite (mm)	9500
Länge/Höhe (mm)	7860/3100
Leergewicht (kg)	765
max. Startmasse (kg)	900
Vmax in (km/h)	420
Antrieb	Wedenejew M-14P 9-Zylinder-Sternmotor, 360 PS
Besatzung	1

Jakowlew Jak-50

Im Jahr 1934 wurde das Jakowlew-Experimental-Konstruktionsbüro (OKB-115) in Moskau von Alexander Sergejewitsch Jakowlew gegründet. In den 1930er Jahren war dieser sowjetische Flugzeugkonstrukteur ein Spezialist für leichte Sport- und Schulungsflugzeuge. Im Zweiten Weltkrieg konzentrierte sich das Entwicklungsbüro auf Jagdflugzeuge. Diese Entwicklungen wurden auch nach dem Krieg fortgeführt, doch erinnerte sich Jakowlew auch wieder an die erfolgreiche Produktion von Sportflugzeugen. Als Weiterentwicklung des zweisitzigen Schulflugzeugs Jak-18 entstand im Jahr 1975 die in den Abmessungen etwas kleiner gehaltene Jakowlew Jak-50 mit einem leistungsstärkeren Wedenejew-M-14P-Sternmotor. Der Testpilot Oleg Bulygin begann noch während des Jahres mit der Flugerprobung und mit einem Jungfernflug. Die Flugeigenschaften waren für den Kunstflug wie geschaffen. Aufsehen erregte die Jak-50 während der VIII. Weltmeisterschaften der FAI (Fédération Aéronautique Internationale) im Motorkunstflug im Jahr 1976 in Kiew, als das schwarze Sportflugzeug den Sieg für sich entschied.

Jakowlew Jak-55	
Verwendung	Sportflugzeug
Produktionszeit	1981 bis 1993
Spannweite (mm)	9000
Länge/Höhe (mm)	7480/2000
Leergewicht (kg)	640
max. Startmasse (kg)	840
Vmax in (km/h)	450
Antrieb	Wedenejew M-14P/PF 9-Zylinder-Sternmotor, 360 PS
Besatzung	1

Jakowlew Jak-55

Im Jahr 1981 überraschte das Entwicklungsbüro Jakowlew mit einer kompletten Neuentwicklung eines Sportflugzeuges. Die Jakowlew Jak-55 war als Mitteldecker gebaut und mit einem vollsymmetrischen Profil versehen worden. Das Muster sollte nach und nach die Jak-50 der sowjetischen Fliegervereinigungen ersetzen. Ihren Erstflug hatte die Jak-55 im Jahr 1982, dabei zeigte sich die Konstruktion des Flugzeugs als extrem widerstandsfähig und konnte Belastungen bis zu 20 G standhalten. Für den nachfolgenden Flugbetrieb waren, um Ermüdungserscheinungen vorzubeugen, G-Höchstgrenzen von minus sechs G bis plus neun G die Obergrenzen.

Lake LA4-200 „Buccaneer"	
Verwendung	Amphibienflugzeug
Produktionszeit	1969 bis heute
Spannweite (mm)	11.580
Länge/Höhe (mm)	7590/2840
Leergewicht (kg)	705
max. Startmasse (kg)	1220
Vmax in (km/h)	241
Antrieb	Avco Lycoming IO-360-B1A 4-Zylinder-Boxermotor, 200 PS
Besatzung	1
Passagiere	3

Lake LA4-200 „Buccaneer"

Das US-amerikanische Unternehmen Lake Aircraft mit Sitz in Sanford in Maine, ist heute der größter Hersteller von Amphibienflugzeugen weltweit. Das Unternehmen besitzt weltweit die einzige FAA-Zulassung für einmotorige Amphibienflugzeuge. Die Basis der Lake LA4 war die Colonia C2 mit 180 PS. Die LA-4 wurde bis 1969 gebaut und danach von der LA-4-200 „Buccaneer" ersetzt. Mit zusätzlichen Tanks und einem stärkeren Motor hatte die „Buccaneer" ein höheres Abfluggewicht als der Vorgänger. Das Flugzeug war eigentlich für den militärischen Einsatz geplant worden, da das Militär jedoch sehr zögerlich bei den Bestellungen war, wird es heute vor allem von privaten Personen geflogen.

Lake LA-250 „Renegade"

Die größere und stärkere Ausführung der „Buccaneer" war die Lake „Renegade" mit Einziehfahrwerk. Für Aufgaben in der militärischen Küstensicherung wurde die LA-250 „Seawolf" mit Möglichkeiten der Installation von Bomben-, Raketenbehältern und Rettungsausrüstung entwickelt. Eine weitere Version ist die mit einem aufgeladenen Motor bestückte LA-270 Turbo Renegade. Sie hat einen Lycoming TIO-540-AA1AD-Motor mit 270 PS eingebaut. Das Flugzeug stellte im Jahr 1988 mit den Piloten Peter Foster und Robert Mann einen Weltrekord für Amphibienflugzeuge auf, als es eine Flughöhe von 7467,60 Metern erreichte.

Lake LA-250 „Renegade"	
Verwendung	Amphibienflugzeug
Produktionszeit	1982 bis heute
Spannweite (mm)	11.580
Länge/Höhe (mm)	8640/3050
Leergewicht (kg)	839
max. Startmasse (kg)	1383
Vmax in (km/h)	258
Antrieb	Lycoming IO-540-C4B5 4-Zylinder-Boxermotor, 250 PS
Besatzung	1
Passagiere	5

Learjet 24F	
Verwendung	Geschäftsreiseflugzeug
Produktionszeit	1966 bis 1977
Spannweite (mm)	13.180
Länge/Höhe (mm)	10.840/3730
Leergewicht (kg)	3204
max. Startmasse (kg)	6124
Vmax in (km/h)	880
Antrieb	2 x General Electric CJ610-8 Turbojet-Triebwerke, 13,6 kN Schub
Besatzung	2
Passagiere	4 bis 6

Learjet 24

Der amerikanische Geschäftsmann und Erfinder William P. Lear baute in den 1950er Jahren ein Geschäftsreiseflugzeug mit zwei Triebwerken. Um das Muster verkaufen zu können, gründete er in der Schweiz die Swiss American Aviation Corporation. Doch da er schließlich in den USA mehr Möglichkeiten zur Vermarktung seines Business-Jets sah, zog er 1962 nach Wichita in Kansas um. Zwei Jahre später wurde der erste Learjet 23 ausgeliefert. Da das schnelle Flugzeugmuster bei der Kundschaft sehr gut ankam, kam im Jahr 1966 ein zweites Modell, der Learjet 24 dazu. Das Flugzeug hatte zusätzliche Tanks, bessere Triebwerke und ein Feuerlöschsystem. Bis 1977 wurden 259 Learjet 24 gebaut.

Learjet 25

Um in seinen Business-Jets auch mehr Kapazitäten anbieten zu können, bot die Firma Learjet ab 1966 auch den Typ 25 mit bis zu acht Sitzplätzen an. Der Learjet 25 hatte seinen Erstflug am 12. August 1966 und ging noch im selben Jahr in Serie. Bis zum Jahr 1982 wurden insgesamt 373 Maschinen der unterschiedlichsten Versionen gebaut. Im Jahr 1998, fast 15 Jahre nach dem Produktionsstopp, waren noch 309 Maschinen dieses Typs im regelmäßigen Einsatz. 48 Learjet 25 waren inzwischen durch Unfälle verloren gegangen.

Learjet 25	
Verwendung	Geschäftsreiseflugzeug
Produktionszeit	1966 bis 1982
Spannweite (mm)	10.840
Länge/Höhe (mm)	14.500/3730
Leergewicht (kg)	3465
max. Startmasse (kg)	6805
Vmax in (km/h)	860
Antrieb	2 x General Electric CJ610-8A Turbojet-Triebwerke, 13,1 kN Schub
Besatzung	1 bis 2
Passagiere	5 bis 8

Learjet 31	
Verwendung	Geschäftsreiseflugzeug
Produktionszeit	1987 bis 2003
Spannweite (mm)	13.350
Länge/Höhe (mm)	14.840/3750
Leergewicht (kg)	4575
max. Startmasse (kg)	7030
Vmax in (km/h)	832
Antrieb	2 x Honeywell TFE731-2-3B Turbofan-Triebwerke, 15,56 kN Schub
Besatzung	2
Passagiere	6 bis 8

Learjet 31

Bereits die erste Vorserienmaschine, die ihren Erstflug am 11. Mai 1987 hatte, fiel durch beeindruckende Flugleistungen auf. So basierten die Tragflächen auf der „Longhorn"-Serie der Learjet-Modelle 28 und 29, der Antrieb und der Rumpf hatten die Modelle 35 und 36 als Basis. Mit dem modernen Innenraumdesign waren mit der Druckkabine Flugreisen in einer Höhe von 15.500 Metern bei einer Reisegeschwindigkeit von 0,73 Mach möglich. Die Reichweite betrug 2900 Kilometer. Eine erste Überarbeitung des Jets wurde im Jahr 1990 vorgenommen und ein digitales Avionik-System mit EFIS von AlliedSignal eingebaut. Im Jahr 2000 wurde der Learjet nochmals überarbeitet.

Learjet 35	
Verwendung	Geschäftsreiseflugzeug
Produktionszeit	1973 bis 1994
Spannweite (mm)	12.040
Länge/Höhe (mm)	14.830/3730
Leergewicht (kg)	4152
max. Startmasse (kg)	8300
Vmax in (km/h)	872
Antrieb	2 x AlliedSignal TFE73122B Turbofan-Triebwerke, 15,6 kN Schub
Besatzung	2
Passagiere	8 bis 10

Learjet 35

Die Basis zur Entwicklung des zweistrahligen Learjet 35 war der ab 1966 produzierte Learjet 25 in Tiefdeckerauslegung. Der Rumpf war vom Learjet 28 ausgeliehen und lediglich verlängert worden. Der Jungfernflug des Geschäftsreiseflugzeugs fand am 22. August 1973 statt. Mit einem Verkauf von 675 Einheiten wurde der Learjet 35 ein wirtschaftlicher Erfolg und prägte für die Zukunft den Namen „Learjet" als Reiseflugzeug für kapitalstarke Privatleute. Ab dem Jahr 1976 war der Learjet 35A mit einer höheren Abfluglast im Angebot. Als militärische Version gab es den Learjet C-21 für die US-Nationalgarde als Transportversion.

Learjet 36A	
Verwendung	Geschäftsreiseflugzeug
Produktionszeit	1973 bis 1994
Spannweite (mm)	12.040
Länge/Höhe (mm)	14.830/3730
Leergewicht (kg)	4152
max. Startmasse (kg)	7030
Vmax in (km/h)	830
Antrieb	2 x AlliedSignal TFE73122B Turbofan-Triebwerke, 15,6 kN Schub
Besatzung	2
Passagiere	bis 6

Learjet 36

Der Learjet 36 ist baugleich mit dem Modell „35", hat jedoch eine größere Reichweite von 4700 Kilometern. Der Tiefdecker ist mit einem Zweimann-Cockpit und einer Druckkabine für bis zu sechs Mitreisende ausgestattet, wobei jeweils drei Sitzplätze auf jeder Seite installiert sind. Die Dienstgipfelhöhe beträgt 13.715 Meter und die optimale Reisegeschwindigkeit 774 km/h. Im Jahr 1976 stellte Learjet den verbesserten 36A vor, dessen Abfluggewicht nochmals ein wenig gesteigert werden konnte. Auch wurden die Langsamflugeigenschaften gegenüber den Vorgängern wesentlich verbessert. Vom Learjet 36 wurden insgesamt 60 Flugzeuge gebaut.

Let L-200 „Morava"

Die Geschichte des tschechischen Flugzeugherstellers Let Aircraft Industries begann als Reparaturwerkstatt von Avia-Flugzeugen im Jahr 1936. Nach dem Zweiten Weltkrieg lief die Produktion von Flugzeugen, wie der Reisemaschine Aeros Ae-45S, an. In den 1950er Jahren kam dann der Bau von Segelflugzeugen dazu. Das Jahr 1956 markiert den Beginn der ersten Arbeiten an einem neuen Ganzmetall-Tiefdecker, der als Reiseflugzeug gedacht war. Der zweimotorige Tiefdecker bekam die Bezeichnung Let L-200. Ein erster Prototyp hob am 8. April 1957 mit zwei Walter-Minor 6-III-Reihenmotoren vom Boden ab. Die Produktion der ersten Serie lief 1959 an. Ein Jahr später standen die Walter-M337-Motoren mit einer Leistung von je 210 PS zur Verfügung. Die nun leistungsgesteigerte L-200A hatte auch elektrisch verstellbare Zweiblattluftschrauben erhalten. Mit einer luxuriösen Inneneinrichtung und einer Enteisungsanlage war ab 1962 die Let L-200D zu bekommen.

Let L-200 „Morava"	
Verwendung	Reiseflugzeug
Produktionszeit	1957 bis 1986
Spannweite (mm)	12.310
Länge/Höhe (mm)	8610/2250
Leergewicht (kg)	1200
max. Startmasse (kg)	1850
Vmax in (km/h)	310
Antrieb	2 x Walter Minor 6-III 6 Zylinder-Reihenmotoren, je 160 PS
Besatzung	1
Passagiere	3 bis 4

Malmö Flygindustri MFI-9	
Verwendung	Schulflugzeug
Produktionszeit	1961 bis 1989
Spannweite (mm)	8020
Länge/Höhe (mm)	5790/1980
Leergewicht (kg)	380
max. Startmasse (kg)	630
Vmax in (km/h)	230
Antrieb	Rolls-Royce/Continental O-200-A 4-Zylinder-Boxermotor, 100 PS
Besatzung	1
Passagiere	1

Malmö Flygindustri MFI-9

Die schwedische Malmö Flygindustri MFI-9 „Junior", die am 17. Mai 1961 ihren Erstflug hatte, wurde von dem Flugzeugingenieur Björn Andreasson entworfen. Als kunstflugtauglicher Ganzmetall-Schulterdecker bot das Flugzeug zwei Personen nebeneinander Platz. Aufgrund seiner sehr gutmütigen Eigenschaften wurde das Leichtflugzeug schnell beliebt und fand auch bald Verwendung als Schulflugzeug. Als Schleppflugzeug für Segelflugzeuge bis zu einem Gewicht von 340 Kilogramm wurde die MFI-9 „Junior" ebenfalls gerne eingesetzt. Von schwedischen Söldnern im Biafra-Krieg von 1967 bis 1970 wurden fünf Muster des Typs mit ungelenkten SNEB-Raketen ausgestattet. Die kleine Staffel der Luftwaffe von Biafra konnte so mehrere MiG-17 und Il-28 am Boden zerstören. Im Jahr 1961 erwarb auch das deutsche Flugzeugunternehmen Bölkow die Lizenz zum Bau des Flugzeuges. Nach geringen Modifizierungen wurde die Serienproduktion der Bölkow 208 „Junior" im Jahr 1962 aufgenommen und erste Exemplare ab Februar 1963 ausgeliefert. Mit einem Preis von 28.000 D-Mark fand das leichte Flugzeug eine schnelle Verbreitung.

Maule MX(T)-7

Belford D. Maule gründete im Jahr 1941 das gleichnamige US-amerikanische Unternehmen in Napoleon im US-Bundesstaat Michigan. Das erste Flugzeug basierte auf dem Flugzeugmuster Piper J-3, das seinen Erstflug 1938 hatte. Als Belford Maule im Jahr 1995 starb, führte June D. Maule, die Ehefrau, die Firma bis 2009 weiter. Heute baut die Firma mehrere Leichtflugzeuge wie die zweisitzige MX-4 mit 180 PS Leistung, die MX(T)-7 in verschiedenen Varianten und die M-9. Vor allem die Baureihe MX-7 kann mit einem großen Leistungsspektrum aufwarten. So werden Motoren von 160, 180, 235 und mit einer Allison-Gasturbine sogar mit 420 PS angeboten. Der Einsatz von Maule-Flugzeugen beläuft sich heute auf Schlepparbeiten von Segelflugzeugen, den Schulungsbetrieb und mit Schwimmern versehen als Amphibienflugzeug. Durch die ausgeprägten STOL-Eigenschaften ist die Maule für sehr viele Möglichkeiten im Luftverkehr konzipiert. Seit dem Jahr 2011 wurden die herkömmlichen Standardinstrumente durch ein „Glascockpit" ausgetauscht. Als Filmstar wurde eine Maule M-5 im Burt-Reynolds-Film „The Cannonball Run" eingesetzt, in dessen Szenen sie hervorragende Start- und Landemanöver vollführte. Maule wirbt noch heute mit diesem Filmausschnitt, um Kunden von der Qualität seiner Flugzeuge zu überzeugen.

Maule MX(T)-7-180	
Verwendung	Leichtflugzeug
Produktionszeit	1984 bis 1995
Spannweite (mm)	10.000
Länge/Höhe (mm)	7100/1920
Leergewicht (kg)	654
max. Startmasse (kg)	1136
Vmax in (km/h)	233
Antrieb	SMA-Dieselmotor mit 235 PS oder Lycoming-Motor mit 260 PS
Besatzung	1
Passagiere	3

Mitsubishi MU-2

Iwasaki Yatar gründete im Jahr 1870 mit drei gemieteten Dampfschiffen sein Unternehmen. Ab dem Jahr 1873 hieß die Firma „Mitsubishi" (dt.: drei Diamanten). Vor allem im Zweiten Weltkrieg trat das Unternehmen durch den Bau guter Kampfflugzeuge wie der trägergestützten Mitsubishi A6M hervor. Heute ist die Sparte des Flugzeugbaus bei Mitsubishi eher klein. Mitte der 1950er Jahre entwickelte das japanische Großunternehmen ein Mehrzweckflugzeug, das sowohl für zivile wie auch für militärische Aufgaben genutzt werden sollte. Der Erstflug des turbopropgetriebenen Hochdeckers fand am 14. September 1963 statt. Insgesamt wurden vier Prototypen gefertigt, die anschließend ausgiebige Boden- und Flugtests absolvierten. Da Mitsubishi für den Verkauf der MU-2 den US-amerikanischen Kontinent im Auge hatte, errichtete das Unternehmen im Jahr 1965 ein Zweigwerk in San Angelo in Texas. Von der MU-2 wurden mehrere Versionen angeboten, so waren die ersten Serienmodelle noch mit zwei Turboméca-Astazou-IIK-Turboprop-Triebwerken ausgerüstet. Die 2B-Version hatte bereits Garrett TPE331-Triebwerke eingebaut. Für Rettungseinsätze war die MU-2E gedacht, die die starken TPE331-Motoren eingebaut hatte. Für die japanischen Streitkräfte wurden vier MU-2C ohne Druckkabine geliefert. Im Jahr 1969 war eine gestreckte Variante als MU-2G erhältlich, weitere Varianten waren die 2M mit kurzem Rumpf, aber starken Motoren. Bis zum Jahr 1986 wurden über 800 militärische oder zivile Muster gebaut.

Mitsubishi MU-2B	
Verwendung	Mehrzweckflugzeug
Produktionszeit	1963 bis 1986
Spannweite (mm)	11.940
Länge/Höhe (mm)	10.130/3940
Leergewicht (kg)	3440
max. Startmasse (kg)	5250
Vmax in (km/h)	550
Antrieb	2 x Garrett TPE331-252 Tuboprop-Triebwerke, je 751 PS
Besatzung	1 bis 2
Passagiere	bis 9

Mooney M10

Mooney M10 „Cadet"	
Verwendung	Trainingsflugzeug
Produktionszeit	1968 bis 1970
Spannweite (mm)	9100
Länge/Höhe (mm)	6300/2300
Leergewicht (kg)	431
max. Startmasse (kg)	658
Vmax in (km/h)	190
Antrieb	Continental C-90-16F 4-Zylinder-Boxermotor, 90 PS
Besatzung	1
Passagiere	1

Die Mooney M10 „Cadet" wurde lediglich von 1969 bis 1970 in Serie gebaut. Der Erstflug fand am 23. Februar 1968 statt. Das Unternehmen selbst wurde von Albert und Arthur Mooney im Jahr 1929 gegründet. Doch aufgrund ständiger Zahlungsschwierigkeiten wurde die Firma immer wieder an andere Unternehmen weitergereicht. Im Jahr 1946 spezialisierte sich die Mooney Airplane Company, Inc. auf viersitzige Flugzeuge mit Kolbenmotor. Das zurzeit bekannteste Flugzeug der Firma ist die M20, die in einer Stückzahl von über 5000 Exemplaren bis heute gebaut wird. Dieses Flugzeug galt lange als eines der sichersten Leichtflugzeuge, da es mit einem Stahlkäfig ausgerüstet war. Ende der 1960er Jahre erwarb Mooney eine Lizenz der Alon A2-A von Alon Corporation zum Bau eines weiteren Flugzeugmusters, der Mooney M10 „Cadet".

Mooney M20

Die zuverlässigen, komfortablen und schnellen Reisemaschinen wurden in einer fast unübersehbaren Vielfalt gebaut. Die erste Serie hatte noch ein Leitwerk und Tragflächen aus Holz, erst im Jahr 1961 wurde die M20B als Ganzmetall-Mooney angepriesen. Die Geschichte von Mooney ist voll von geleisteten Flugzeugrekorden. So überquerte eine Mooney M20K-231 mit zwei Turboladern den Atlantik in Rekordzeit, mit einer M20J wurde 1977 eine Höchstgeschwindigkeit von 320 km/h erreicht. Wenige Jahre später erzielte die Mooney M20M „Acclaim" bereits eine Reisegeschwindigkeit von 440 km/h. Die Zulassung der „Acclaim" war im Jahr 2006 erfolgt.

Mooney M20 „Acclaim S"	
Verwendung	Leichtflugzeug
Produktionszeit	1955 bis heute
Spannweite (mm)	11.130
Länge/Höhe (mm)	8190/2360
Leergewicht (kg)	1000
max. Startmasse (kg)	1500
Vmax in (km/h)	448
Antrieb	TCM TSI0-550-G 6-Zylinder-Boxermotor, 280 PS
Besatzung	1
Passagiere	3

Pilatus PC-7	
Verwendung	Schulflugzeug
Produktionszeit	1966 bis heute
Spannweite (mm)	10.400
Länge/Höhe (mm)	9750/3210
Leergewicht (kg)	1300
max. Startmasse (kg)	1900
Vmax in (km/h)	556
Antrieb	Pratt & Whitney Canada PT6A-25A2 Turboprop-Triebwerk, 650 WPS
Besatzung	1
Passagiere	1

Pilatus PC-7

Die schweizerischen Pilatus Flugzeugwerke sind der größte Flugzeughersteller des Alpenlandes. Den Grundstein für das Werk legte am 16. Dezember 1939 der Industrielle Emil G. Bührle. Bereits im Jahr 1940 wurde das erst Flugzeug, die SB-2 „Pelikan", vorgestellt. Der Durchbruch in der Flugzeugszene gelang jedoch erst mit den beiden Modellen Pilatus P-2 und P-3 als Trainingsmaschinen. Von der P-3 abgeleitet, entstand im Jahr 1966 das komplett aus Leichtmetall gefertigte Mehrzweckflugzeug PC-7, ein Tiefdecker mit Propellerturbine. Den Erstflug absolvierte die Pilatus PC-7 mit Einziehfahrwerk am 12. April 1966, doch ein Interesse für diesen Flugzeugtyp blieb aus. Erst als man sah, was die PC-7 leisten konnte, begann ab 1978 eine rege Nachfrage. Aufgrund der niedrigen Betriebskosten im Vergleich zu Schulungsjets fand sie Ende der 1970er Jahre einen großen Absatz, vor allem bei vielen Luftstreitkräften. Sie wird auch heute noch von Jetpiloten und Ausbildern hoch geschätzt. Als „Turbo-Trainer" ist die PC-8 Mk II mit zwei Martin-Baker-CH.Mk.15A-zero-zero-Schleudersitzen ausgestattet.

Pilatus PC-9

Im Mai 1982 begann die Entwicklung eines neuen Schulflugzeugs von Pilatus. Der Schweizer Flugzeugtyp PC-9 startete am 7. Mai 1984 zu seinem Jungfernflug. Die Zulassung, die bereits drängte, erhielt das Muster im September 1985. Doch die Ausschreibung der Royal Air Force für ein Trainingsflugzeug verloren die Schweizer denkbar knapp an die brasilianische Embraer EMB 312 Tucano. Dennoch waren einige Länder an dem Trainingsflieger interessiert, und so trafen Bestellungen der angolanischen, australischen, bulgarischen, burmesischen, guatemaltekischen, irakischen, irischen, kroatischen, mexikanischen, saudi-arabischen, schweizer, slowenischen und thailändischen Luftwaffe bei Pilatus ein. Die USA setzen mehrere PC-9 beim Heer ein und die zypriotische Nationalgarde hat heute noch eine PC-9, nachdem eine zweite Maschine am 10. September 2005 abstürzte. Auch in Deutschland wird die Pilatus PC-9 bei der Firma E.I.S. Aircraft GmbH von Kiel-Holtenau zur Ausbildung von Fliegerleitoffizieren der Deutschen Luftwaffe und als Schleppflugzeug betrieben. Zwar ist die PC-9 der PC-7 sehr ähnlich, dennoch ist sie eine komplette Neukonstruktion. Lediglich zehn Prozent der Bauteile verwendet auch die PC-7. Bis zum heutigen Tag wurden etwa 250 Pilatus PC-9 gefertigt und ausgeliefert.

Pilatus PC-9	
Verwendung	Schulflugzeug
Produktionszeit	1984 bis heute
Spannweite (mm)	10.120
Länge/Höhe (mm)	10.170/3260
Leergewicht (kg)	1685
max. Startmasse (kg)	3200
Vmax in (km/h)	593
Antrieb	Pratt & Whitney Canada PT6A-62 Turboprop-Triebwerk, 950 WPS
Besatzung	1
Passagiere	1

Pilatus PC-12/47E	
Verwendung	Mehrzweckflugzeug
Produktionszeit	1991 bis heute
Spannweite (mm)	16.280
Länge/Höhe (mm)	14.400/4260
Leergewicht (kg)	2974
max. Startmasse (kg)	4740
Vmax in (km/h)	519
Antrieb	Pratt & Whitney Canada PT6A-67B Turboprop-Triebwerk, 1200 PS
Besatzung	1 bis 2
Passagiere	bis 9

Pilatus PC-12

Aufgrund ihrer Verwendbarkeit als Geschäftsflugzeug mit sechs Komfortsitzplätzen, als Fracht-/Passagierflugzeug mit vier bis acht Plätzen und einem Frachtraum, in dem über ein Heck-Frachttor zum Beispiel Motorräder mitgenommen werden konnten, als reines Frachtflugzeug mit 9,34 Kubikmetern Raum und als Passagierflugzeug mit neun Sitzplätzen hatte die Pilatus PC-12 ein weitreichendes Einsatzspektrum. Auch als Ambulanzflugzeug der „Flying Doctors" in Australien oder Flugzeug für wissenschaftliche Zwecke kann der Tiefdecker speziell ausgestattet werden. Außer der Kombination eines starken Triebwerks mit einer geräumigen Kabine war das Starten und Landen auf einer unbefestigten Piste das primäre Ziel der Entwicklung. Nach einer kurzen Entwicklungsphase hatte das einmotorige Flugzeugmuster seinen Erstflug am 31. Mai 1991. Seit diesem ersten Flug sind inzwischen über 1200 PC-12 gebaut worden. Das 2014 vorgestellte Muster der Erfolgsgeschichte PC-12 ist die Version „NG"mit einer PT6A-67P-Turbine und der Primus-Apex-Avionik von Honeywell. Der Preis der PC-12 NG beträgt etwa 3,85 Millionen und in exklusiver Einrichtung von BMW Designworks, USA, ungefähr 4,65 Millionen US-Dollar.

Pilatus PC-21

Die Entwicklungsbasis für die einmotorige Pilatus PC-21 begann im November des Jahres 1997. Für die Erprobung wurde zunächst eine PC-7 Mk II mit einer leistungsstarken PT6-Propellerturbine und neuen Tragflächen versehen. Nach eingehenden Erkenntnissen begann Anfang des Jahres 1999 die Umsetzung der Resultate in ein komplett neues Flugzeug. Bereits im Jahr 2001 war ein erster Prototyp vorhanden und ein Jahr später, am 1. Mai 2002, wurde das Rollout feierlich begangen. Zwei Monate später, am 1. Juli, hob die PC-21 das erste Mal vom Boden ab. Bis dahin hatte Pilatus über 200 Millionen Franken in das PC-21-Projekt gesteckt. Ein erstes Serienflugzeug wurde nach einer Verzögerung durch den Absturz des zweiten Prototypen am 29. August 2005 präsentiert. Bis zu diesem Zeitpunkt hatte Pilatus vergeblich auf eine erste Bestellung gewartet. Erst als die Luftwaffe von Singapur Ende des Jahres 2006 19 PC-21 mit einem Gesamtwert von 700 Millionen Franken bestellte, war das Projekt gerettet. Nun liefen auch weitere Bestellungen mit acht Flugzeugen für die Schweiz, 19 PC-21 für Singapur, 55 Pilatus für die saudische Luftwaffe und 25 Maschinen für die Luftwaffe der Vereinigten Arabischen Emirate ein. Inzwischen sind 47 PC-21 ausgeliefert und 84 Bestellungen werden zeitnah abgearbeitet.

Pilatus PC-21	
Verwendung	Trainingsflugzeug
Produktionszeit	2002 bis heute
Spannweite (mm)	9110
Länge/Höhe (mm)	11.230/3750
Leergewicht (kg)	2280
max. Startmasse (kg)	4250
Vmax in (km/h)	685
Antrieb	Pratt & Whitney Canada PT6A-68B Turboprop-Triebwerk, 1200 PS
Besatzung	1
Passagiere	1

Piper „Aerostar" PA-60-700P	
Verwendung	Mehrzweckflugzeug
Produktionszeit	1967 bis 1984
Spannweite (mm)	11.180
Länge/Höhe (mm)	10.610/3680
Leergewicht (kg)	1070
max. Startmasse (kg)	2864
Vmax in (km/h)	527
Antrieb	2 x Avco Lycoming TIO-540-U2A 6-Zylinder-Boxermotoren, je 350 PS
Besatzung	1
Passagiere	5

Piper „Aerostar" PA-60

Die Gründung der Piper Aircraft geht auf das Jahr 1927 zurück, als sich Clarence Gilbert und Gordon A. Taylor bei New York selbstständig machten. 1929 zog das Unternehmen nach dem Tod von Gordon Taylor bei einem Flugzeugabsturz nach Bradford in Pennsylvania um. Als die Taylor Airkraft Ende 1930 Konkurs anmelden musste, kaufte William T. Piper die Firma und gründete die Piper Aircraft. Die Piper „Aerostar" war ein zweimotoriges Mehrzweckflugzeug aus den späten 1960er Jahren. Ein erstes Muster flog im Oktober 1967. Bis zum Jahr 1984 wurden 1010 Maschinen in verschiedenen Varianten gebaut.

Piper „Aztec" PA-23

Die erste Serie der „Aztec" besaß noch den kleinen Bug der Apache 235. Erst mit der B-Serie wurde dieser Bereich verlängert, um mehr Stauraum bieten zu können. Die C-Baureihe war ab dem Jahr 1964 mit Benzineinspritzung im Programm. Zusätzlich konnten die beiden Motoren mit Turboladern aufgerüstet werden. Die Serien D, E und F hatten lediglich neue Anordnungen der Bedienelemente im Cockpit. Den Versionen E und F wurde eine nochmalige Verlängerung des Bugs verpasst. Nach ihrem Erstflug am 1. Oktober 1958 ging die Piper „Aztec" ein Jahr später in Serie und wurde bis zum Jahr 1982 gebaut. Bis dahin verließen 4930 Maschinen das Werksgelände in Richtung Kunden. Die Nutzer waren vor allem kleine Fluggesellschaften und die US-Marine, die 20 Flugzeuge als UO-1 einsetzte.

Piper „Aztec" PA-23-250	
Verwendung	Geschäftsreiseflugzeug
Produktionszeit	1958 bis 1981
Spannweite (mm)	11.300
Länge/Höhe (mm)	9510/3140
Leergewicht (kg)	1500
max. Startmasse (kg)	2360
Vmax in (km/h)	340
Antrieb	2 x Lycoming IO-540-C4B5 6-Zylinder-Boxermotoren, je 250 PS
Besatzung	1
Passagiere	5

Piper „Cherokee" PA-28-161 Warrior III	
Verwendung	Leichtflugzeug
Produktionszeit	1960 bis heute
Spannweite (mm)	10.700
Länge/Höhe (mm)	7300/2200
Leergewicht (kg)	701
max. Startmasse (kg)	1107
Vmax in (km/h)	217
Antrieb	Avco Lycoming O-320-D3G 4-Zylinder-Boxermotor, 160 PS
Besatzung	1
Passagiere	3

Piper „Cherokee" PA-28

Die kleine „Cherokee" ist mit über 51.000 Exemplaren die meistgebaute Maschine der Piper Aircraft Corporation. Die Entwicklung des Erfolgsmodells begann als Ablösung der in die Jahre gekommenen „TriPacer"- und „Comanche"-Modelle. Gleichzeitig wollte Piper mit dem freitragenden Tiefdecker der beliebten Cessna 172 die Stirn bieten. Das Vorserienmodell wurde von Karl Bergey, Fred Weick und John Throp entwickelt und hob am 14. Januar 1960 vom Boden ab. Es erhielt die Bezeichnung Piper „Cherokee" PA-28. Die Flugeigenschaften waren von Anfang an beeindruckend, und bald erfreute sich das Flugzeug wachsender Beliebtheit.

Piper „Piperjet" PA-47

Der erste Versuchsträger des Piperjet stieg am 30. Juli 2008 in den Himmel. Der „Very Light Jet" (VLJ) war als leichtes Geschäftsflugzeug für eine schnelle Reise mit einer Reichweite bis zu 2500 Kilometern vorgesehen. Im Anschluss wurde an drei weiteren Prototypen gearbeitet, die für Flugversuche und statische Belastungen benötigt wurden. Piper warb in der Zwischenzeit mit 25 Prozent geringeren Betriebskosten als bei anderen vergleichbaren VLJs. Im Jahr 2011 wurde mit der ersten Serienzelle der Piperjet PA-47 begonnen. Ein erster Flug des vergrößerten Serienmusters war für das Jahr 2012 vorgesehen. Im Jahr 2014 sollte dann nach der Zulassung die Auslieferung der ersten Serienmaschinen beginnen. In Vero Beach in Florida waren bereits Produktionsanlagen für rund 5,6 Millionen US-Dollar gebaut worden, um zügig und mit neuesten Werkzeugen die Serienproduktion gewährleisten zu können. Doch es kam alles anders, im Oktober 2011 gab Piper Aircraft bekannt, dass das Piperjet-Programm aus wirtschaftlichen Gründen auf unbestimmte Zeit verschoben würde. Das Resultat war die Kündigung einer größeren Zahl von Mitarbeitern.

Piper „PiperJet" PA-47	
Verwendung	Geschäftsreiseflugzeug
Produktionszeit	2008
Spannweite (mm)	13.490
Länge/Höhe (mm)	10.870/4780
max. Startmasse (kg)	2309
Vmax in (km/h)	667
Antrieb	Williams FJ44-3AP Turbofan-Triebwerk, 12.5 kN Schub
Besatzung	2
Passagiere	6 bis 7

Piper „Saratoga" PA-32RT-300	
Verwendung	Leichtflugzeug
Produktionszeit	1974 bis 2009
Spannweite (mm)	9990
Länge/Höhe (mm)	8440/2900
Leergewicht (kg)	912
max. Startmasse (kg)	1633
Vmax in (km/h)	306
Antrieb	Lycoming IO-540-K1G5 6-Zylinder-Boxermotor, 300 PS
Besatzung	1
Passagiere	5 bis 6

Piper „Saratoga" PA-32R

Bis 1972 hielt die Piper „Comanche" PA-24 mit einer Leistung von über 260 PS die Messlatte bei einmotorigen Flugzeugen. Da jedoch die Kundschaft von Piper Aircraft ein stärkeres Flugzeug mit mehr Komfort forderte, machten sich die Entwicklungsingenieure daran, ein vollkommen neues Muster zu bauen. Mit Sechszylinder-Boxer, Einziehfahrwerk und verstärktem Rumpf gelang den Technikern im Dezember 1963 ein brillantes Modell, die Piper „Cherikee Six" PA-32. Stetig wurde die PA-32 weiterentwickelt, und am 30. August 1974 trat die Piper „Saratoga" PA-32R zum Erstflug an. Als Lizenz wurde das Flugzeug auch bei Embraer als EMB-721 gebaut.

Piper „Navajo" PA-31

Um in den 1960er Jahren den Bedarf an Geschäfts-, Fracht- und Zubringerflugzeugen annähernd zu decken, entwickelte Piper bis 1964 die „Navajo" PA-31, deren Jungfernflug am 30. September stattfand. Bereits zweieinhalb Jahre später begann die Auslieferung der ersten Serienmaschinen, da das neue zweimotorige Muster bei der Kundschaft anfänglich ausgezeichnet ankam. Doch als die Nachfrage nach der „Navajo" in den 1980er Jahren stark zurückging, beschloss die Piper Aircraft, die Baureihe nach 2044 Flugzeugen einzustellen. Von der „Navajo" gab es viele Varianten wie die -300 als Basisversion mit Standardbestuhlung, den „Mini-Liner" PA-31-310, die -350er „Chieftrain" mit längerer Kabine und stärkeren Motoren, die PA-31P mit Druckkabine oder die PA-31T „Cheyenne" mit Turboprop-Triebwerken und Druckkabine. Die sechssitzige Exklusiv-Ausführung der „Navajo" PA-31-300 verfügte über eine Gardarobe und eine Nasszelle mit WC im Heck. Ohne Nasszelle war ein Aufrüsten auf neun Sitze möglich. Als Commuter-Ausführung war die Kabine der „Navajo" mit einer Trennwand zum Cockpit ausgerüstet.

Piper „Navajo" PA-31-310	
Verwendung	Geschäftsflugzeug
Produktionszeit	1964 bis 1990
Spannweite (mm)	12.400
Länge/Höhe (mm)	9950/3960
Leergewicht (kg)	1709
max. Startmasse (kg)	2900
Vmax in (km/h)	348
Antrieb	2 x Lycoming TIO-540-A2B 6-Zylinder-Boxermotor, 313 PS
Besatzung	1 bis 2
Passagiere	6

Piper „Seminole“ PA-44	
Verwendung	Schulungs- und Reiseflugzeug
Produktionszeit	1978 bis heute
Spannweite (mm)	11.770
Länge/Höhe (mm)	8410/2590
Leergewicht (kg)	1070
max. Startmasse (kg)	1723
Vmax in (km/h)	374
Antrieb	2 x Lycoming O-360-A1H6 4-Zylinder-Boxermotoren, je 182 PS
Besatzung	1
Passagiere	3

Piper „Seminole“ PA-44

Ihren Jungfernflug hatte die viersitzige Piper „Seminole“ PA-44 Ende der 1970er Jahre als Weiterentwicklung der einmotorigen Piper „Cherokee“ PA-28. Die erste Serie war noch mit den Lycoming O-360-E1A6D-Boxermotoren ausgerüstet. Mit der „Seminole“ PA-44-180T Turbo, die ihre Musterzulassung am 29. November 1979 bekam, wurden stärkere Lycoming-TO-360-E1A6D-Motoren mit Turboladern und einer Leistung bis zu 157 kW eingebaut. Dadurch konnte das Bruttogewicht auf 1780 Kilogramm erhöht werden. Die „Seminole“ wurde in mehreren Produktionsabschnitten von 1979 bis 1982, von 1989 bis 1990 und ab 1995 gebaut.

Piper „Seneca“ PA-34

Das zweimotorige Geschäftsreiseflugzeug Piper „Seneca“ PA-34, das seinen Erstflug am 23. September 1971 hatte, wurde auch von Flugschulen bevorzugt für den Erwerb eines Multiengine-Ratings betrieben. Aufgrund einer Dienstgipfelhöhe von 7620 Metern ist die „Seneca“ nicht mit einer Druckkabine ausgestattet. Militärisch wird das Muster von Brasilien, Burkina Faso, der Dominikanischen Republik, Haiti, Panama und Serbien genutzt. Aktuell ist der geräumige „Seneca V“ im Piper-Programm. Mit dem Avionik-Paket Garmin G600 Avionic lässt die Maschine kaum Wünsche offen, und mit einer Reichweite von 1500 Kilometern ist der Sechssitzer für kurze Dienstreisen gut geeignet. Dafür reichen Pisten mit einer Landebahn von 664 und einer Startlänge von 520 Metern aus.

Piper „Seneca V“ PA-34-220T	
Verwendung	Geschäftsreiseflugzeug
Produktionszeit	1971 bis heute
Spannweite (mm)	11.860
Länge/Höhe (mm)	8720/3020
Leergewicht (kg)	1539
max. Startmasse (kg)	2155
Vmax in (km/h)	378
Antrieb	2 x Continental TSIO-360-RB 6-Zylinder-Boxermotoren, je 223 PS
Besatzung	1
Passagiere	5

Piper „Super Cub" PA-18-15	
Verwendung	Schulflugzeug
Produktionszeit	1949 bis 1994
Spannweite (mm)	10.730
Länge/Höhe (mm)	6830/2020
Leergewicht (kg)	367
max. Startmasse (kg)	680
Vmax in (km/h)	180
Antrieb	Continental C-90-12F 4-Zylinder-Boxermotor, 90 PS
Besatzung	1
Passagiere	1

Piper „Super Cub" PA-18

Als Nachfolger des Leichtflugzeugs J-3 stellte die Piper Aircraft Corporation am 23. November 1949 mit einem ersten Flug die Piper „Super Cub" PA-18 vor. Sie wich jedoch in vielen Details vom Vorgängermuster ab. Die Entwicklung des Projekts war auf eine Ausschreibung über ein Aufklärungsflugzeug der US Army zurückzuführen. Dort wurden die Flugzeuge unter den Bezeichnungen L-18 und L-21 geführt. In Deutschland wurden die Maschinen durch die Verwendung in der „Burda"-Staffel der 1960er Jahre bekannt. Das neueste Modell ist auch mit elektrohydraulischen Skiern lieferbar, die den Flugzeugtyp zu einem der besten Gletscherflugzeuge machen.

Piper „Tomahawk" PA-38

Bei der „Tomahawk" PA-38 hatte die Piper Aircraft Corporation über eine Umfrage die Wünsche von Fluglehrern bei US-amerikanischen Flugschulen hinsichtlich eines perfekten Flugtrainers abgefragt. Als Entwurf entstand ein leichtes Ganzmetall-Flugzeug mit Flügeln in Tiefdeckeranordnung. Den Antrieb übernahm ein Vierzylinder-Viertakt-Boxermotor mit Vergaser und Magnetzündung. Beim „Tomahawk" wurde extra Wert auf ein trudelfähiges Verhalten gelegt, das die Konkurrenten in den Flugschulen, die Cessna 150 und 152, nicht hatten. Die „Tomahawk" war bis zu dem Zeitpunkt, als die Diamond-Flugzeugtypen auf den Markt kamen, das modernste Schulungsflugzeug weltweit. Nach dem Jungfernflug ging das Flugzeugmuster 1977 in die Produktion und wurde bis 1982 in 2484 Einheiten gebaut.

Piper „Tomahawk" PA-38-112	
Verwendung	Schulflugzeug
Produktionszeit	1977 bis 1982
Spannweite (mm)	10.360
Länge/Höhe (mm)	7040/2770
Leergewicht (kg)	512
max. Startmasse (kg)	758
Vmax in (km/h)	255
Antrieb	Avco Lycoming O-235-L2A 4-Zylinder-Boxermotor, 112 PS
Besatzung	1
Passagiere	1

Pipistrel „Virus"

Der slowenische Geschäftsmann Ivo Boscarol war der Erste, der in Ex-Jugoslawien im Jahr 1987 eine private Lizenz zum Bau von Flugzeugen erhielt. Als Fimennamen wurde „Pipistrel" gewählt, das von „Pipistrellus" abgeleitet wurde, der wissenschaftlichen Bezeichnung der Gattung der Zwergfledermäuse. Das erste Ultraleichtflugzeug startete im Jahr 1989 zu seinem Erstflug. 1994 begann die Entwicklung der „Sirius". Als Basis dieses Modells wurde das Schwestermodell „Virus" entwickelt, das den Erstflug im Jahr 1999 unternahm. 2000 wurde die Serienproduktion des Ultraleichtfliegers aufgenommen und bereits in den Jahren 2002, 2003 und 2004 gelang es Ivo Boscarol mit der „Virus", die slowenische Ultraleicht-Meisterschaft für sich zu entscheiden. Eine verbesserte „Virus SW" (Short Wing) nahm 2007 und 2008 an der „NASA Challenge" teil und gewann die Gesamtwertung. Sie besaß einen stärkeren Rotax-912-ULS-Boxermotor mit 100 PS.

Pipistrel „Virus" 912 SW 100	
Verwendung	Ultraleichtflugzeug
Produktionszeit	1999 bis heute
Spannweite (mm)	10.710
Länge/Höhe (mm)	6500/1850
Leergewicht (kg)	289
max. Startmasse (kg)	472,5
Vmax in (km/h)	273
Antrieb	Rotax 912 ULS
	44-Zylinder-Boxermotor, 100 PS
Besatzung	1
Passagiere	1

Pitts Model 12 „Macho Stinker“	
Verwendung	Sport-Doppeldecker
Produktionszeit	1996 bis heute
Spannweite (mm)	7000
Länge (mm)	6250
Leergewicht (kg)	703
max. Startmasse (kg)	1021
Vmax in (km/h)	274
Antrieb	Vedeneyev M14P/PF 9+Zylinder-Sternmotor, 360 PS
Besatzung	1
Passagiere	1

Pitts Model 12

Die Geschichte der von Curtis Pitts gebauten und heute legendären Kunstflugdoppeldecker begann mit dem Erstflug einer Pitts Special im Jahr 1945. Erste Entwürfe der Basisversion lagen bereits im Jahr 1942 auf dem Tisch des Flugzeugdesigners Pitts. Zuvor hatte Pitts bereits erfolgreich Eindecker für Luftrennen gebaut. Die Flugzeugentwürfe von Curtis Pitts überzeugten über Jahrzehnte mit ihren Leistungen bei nationalen und internationalen Kunstflugveranstaltungen. Der letzte von Pitts entworfene Hochleistungskunstflug-Doppeldecker war die Pitts Model 12 aus dem Jahr 1993, die auf die Spitznamen „Bolschoi“, „Macho Stinker“ und „Pitts Monster“ hörte. Ihr Erstflug fand im März 1996 statt. Das Flugzeug konnte im Jahr 2004 als Bausatz für ca. 50.000 oder als flugfertiges Modell für 180.000 US-Dollar gekauft werden. Der Aufbau des Flugzeuges ist eine Mischform aus geschweißten Stahlrohren und Holzsparren, die mit Stoff bezogen sind. Das solide Fahrwerk ist aus Leichtmetall. Als Antrieb kommt der russische Neunzylinder-Sternmotor Vedeneyev M14P mit einem Hubraum von 10.160 Kubikzentimetern zum Einbau.

Pitts S-1/S-2

Der erste Pitts S-1 startete im Jahr 1945 zu seinem Erstflug. Eine weitere Version war die S-1C, die einen Continental-Motor besaß und erst später auf Lycoming-Triebwerke umgerüstet wurde. Die Pitts S-1D war eine verlängerte Variante des Modells „C“ mit vier Querrudern. Die Pitts S-1S „Roundwing“ mit ihrem symmetrischen Tragflügelprofil wurde im Jahr 1973 zugelassen und 65-mal gebaut. Die S-1E war die Eigenbauvariante. Von ihr wurden über 100 Bausätze verkauft. Mit einer Leistung von 203 PS kam die Version S-1T mit Verstellpropeller und symmetrischen Querrudern auf den Markt. Die S-1-11A „Super Stinker“ war im Jahr 1993 eine komplette Neukonstruktion mit 260 PS. Als B-Version des „Super Stinker“ war die Pitts S1-11B mit ca. 300 PS zu haben. Die erste S-2 flog im Jahr 1967 und erhielt ihre Zulassung 1971. Auch bei dieser Modellbaureihe gab es bald weitere Versionen wie die S-2S mit Sechszylinder-AEIO-540-Motor oder die S-2B, deren Entwurf vom Zeichentisch von Frank Christensen stammte und somit keine „echte“ Pitts ist. Das Nachfolgemuster der S-2B kam wieder aus der Feder von Curtis Pitts und bekam die Bezeichnung S-2C. Das Auffälligste an diesem Flugzeug sind sicherlich die eckigen Enden der Tragflächen und des Leitwerks. Im Jahr 2005 starb der geniale Flugzeugdesigner Curtis Pitts.

Pitts S-2A Special	
Verwendung	Sport-Doppeldecker
Produktionszeit	1967 bis heute
Spannweite (mm)	6100
Länge/Höhe (mm)	5410/1940
Leergewicht (kg)	454
max. Startmasse (kg)	680
Vmax in (km/h)	253
Antrieb	Avco Lycoming IO-360-A1A 4-Zylinder-Boxermotor, 203 P
Besatzung	1 bis 2

Pitts S-2

Am 12. März 2011 fliegen Mitglieder der US Navy flight demonstration squadron „Blue Angels" in Formation mit zwei Flugzeugen der Staffel Red Eagle Air Sports über Indianapolis im Rahmen der 2011er Show Season. Die beiden Doppeldecker sind Pitts S-2B. Das große Flugzeug ist ein Transportflugzeug des Typs Lockheed C-130 Hercules mit dem Spitznamen „Fat Albert" nach Bill Cosbys gleichnamiger Zeichentrickserie.

UNITED STATES MARINES

Schleicher ASK 16	
Verwendung	Motorsegler
Produktionszeit	1970 bis 1977
Spannweite (mm)	16.000
Länge/Höhe (mm)	7320/2080
Rüstmasse (kg)	460
Höchstflugmasse (kg)	750
Vmax in (km/h)	200
Antrieb	Limbach SL 1700 EBI 4-Zylinder-Boxermotor, 67 PS
Besatzung	1
Passagiere	1

Schleicher ASK 16

Der deutsche Segelflugzeugkonstrukteur Rudolf Kaiser baute als Konkurrenz zum Scheibe SF 25 „Falke" den Motorsegler Schleicher ASK 16. Alexander Schleicher hatte die Alexander Schleicher GmbH & Co. in Poppenhausen (Landkreis Fulda) im Jahr 1927 gegründet, um Segelflugzeuge zu bauen. Nach dem Zweiten Weltkrieg begann die Produktion mit Verzögerung, da bis 1951 in Deutschland keine Flugzeuge gebaut werden durften. Die Schleicher ASK 16 war der erste erfolgreiche Motorsegler des Unternehmens und wurde in Gemischtbauweise hergestellt. Der Reisemotorsegler hatte ein einziehbares Spornradfahrwerk und einen Verstellpropeller. Bis 1977 wurden 77 Flugzeuge gebaut.

Short „Tucano" T1

Den Grundstein des britischen Flugzeugherstellers Short Brothers legten Eustace und Oswald Short bereits im Jahr 1897, als sie zum ersten Mal eine Fahrt in einem Gasballon unternahmen. Diese Ballons verkauften sie, bis sie eine Lizenz zum Nachbau des Wright Flyers erwarben. Damit begann eine lange Geschichte von Short-Flugzeugen. In den 1930er Jahren wurden die Short-Brüder vor allem durch die Entwicklung von Flugbooten bekannt. Im Zweiten Weltkrieg wurden auch Bomber gebaut. Mit Kurzstrecken-Frachtflugzeugen füllte Short in den 1960er Jahren eine Marktlücke. Als die britische Royal Air Force im Jahr 1985 ein Nachfolger für das Schulflugzeug BAC Jet Provost suchte, entwickelte Short auf der Basis der brasilianischen Embraer EMB-312 Tucano die Short S-312.

Short „Tucano" T1	
Verwendung	Schulflugzeug
Produktionszeit	1986 bis 1995
Spannweite (mm)	11.280
Länge/Höhe (mm)	9860/3410
Leergewicht (kg)	2138
max. Startmasse (kg)	3600
Vmax in (km/h)	518
Antrieb	Garrett TPE331-12B Turboprop-Triebwerk, 1100 PS
Besatzung	1
Passagiere	1

Socata TBM 850

Socata TBM 850	
Verwendung	Geschäftsreiseflugzeug
Produktionszeit	2005 bis heute
Spannweite (mm)	12.680
Länge/Höhe (mm)	10.650/4360
Rüstmasse (kg)	2081
Höchstflugmasse (kg)	3370
Vmax in (km/h)	592
Antrieb	Pratt & Whitney Canada PT6A-66D Turboprop-Triebwerk, 850 WPS
Besatzung	1
Passagiere	5

Der französische Flugzeughersteller EADS Socata ging aus dem berühmten Unternehmen Morane-Saulnier hervor, das von den Brüdern Léon und Robert Morane und deren Bekanntem Raymond Saulnier am 10. Oktober 1911 gegründet worden war. Als Weiterentwicklung der Socata TBM 700 kündigte das Unternehmen im Jahr 2004 die TBM 850 an. Ein erster Prototyp flog im Februar 2005, und am 23. September 2006 hob das erste Mal ein Serienflugzeug der TBM 850 von der Startbahn ab. Die erste deutsche TMB 850 ging an den Brose Flugservice am Flughafen Bamberg. Der Preis für das Flugzeug liegt bei ca. 2,8 Millionen US-Dollar.

Utva-75

Das serbische Unternehmen Utva wurde im Jahr 1937 in Zemun gegründet und baute daraufhin vorwiegend Segelflugzeuge. Im Jahr 1941 zog das Unternehmen nach Pančevo um. Nach dem Zweiten Weltkrieg stieg Utva wiederum ins Flugzeuggeschäft ein und stellte 1946 das leichte Schulflugzeug Utva Trojka vor. Weitere Flugzeugtypen für Schulungsflüge folgten, bis Mitte 1970 die Utva-75 der Firma zu internationalem Erfolg verhalf. Die Utva-75 wurde zur Ablösung der Utva Aero 3, die noch aus den 1950er Jahren stammte, von der jugoslawischen Luftwaffe benötigt. Nach dem Zerfall des Balkanstaates wurde die Utva-75 weiterhin von Bosnien und Herzegowina, Kroatien, Mazedonien, Montenegro, Serbien, Slowenien und dem Sudan eingesetzt. Von der Utva-75 gab es zwei unterschiedliche Versionen: die Utva-75A21 als Zweisitzer mit einer Doppelsteuerung. Das Flugzeug wurde vor allem für den Instrumentenflug genutzt. Die zweite Version, die Utva-75A41, war ein Viersitzer mit moderner Avionik und flog im Jahr 1986 das erste Mal.

Utva-75	
Verwendung	Schulflugzeug
Produktionszeit	1976 bis 2003
Spannweite (mm)	9730
Länge/Höhe (mm)	7110/3150
Rüstmasse (kg)	685
Höchstflugmasse (kg)	1140
Vmax in (km/h)	215
Antrieb	Lycoming IO360-B1F 4-Zylinder-Boxermotor, 182 WPS
Besatzung	1
Passagiere	1

MILITÄRFLUGZEUGE

Hoch technisch und sehr teuer

Auch in der heutigen Zeit sind moderne Kampfjets nicht wegzudenken. Ob während eines Staatenkonflikts oder während Großveranstaltungen wie den Olympischen Spielen oder internationalen politischen Treffen, der Militärjet hat immer noch mannigfaltige Aufgaben im entsprechenden Luftraum. Zwar halbierte Deutschland ab dem Jahr 2000 seine Flugzeuganzahl, doch Länder wie die Schweiz, die 33 „Gripen" für 2,2 Milliarden Franken bestellte rüsten weiter ständig auf. Auch Russland gehört mit 1100 Kampfflugzeugen zu den „Großen" auf der Welt. Die heute zwar teils aus veralteten Mustern bestehende russische Luftwaffe wird im Jahr 2020 über die modernste Flugzeugflotte Europas verfügen. Doch auch die Weltmacht Amerika treibt die Modernisierung und Neuentwicklung ihrer Luftflotte mit kostenintensiven Programmen voran. Im Jahr 2006 hatte die US Air Force rund 4600 Flugzeuge im aktiven Dienst. Weitere 1700 Maschinen sind als Reserve in Bereitschaft.

TRAVIS
AMC
70117
SW
221

Aermacchi MB-339

Bereits seit über 100 Jahren beschäftigt sich der italienische Pionier mit dem Bau von Flugzeugen. Heute gehört Aermacchi als Teil des Finmeccanica-Konzerns zu den führenden Firmen in der Luftfahrttechnik.1972 vergab die italienische Luftwaffe einen Forschungsauftrag für ein neues Schulflugzeug, woraufhin Aermacchi sieben Studien vorlegte, die sich vor allem durch verschiedene Triebwerke auszeichneten. Im Februar 1975 entschied sich die italienische Luftwaffe für die MB-339 und bestellte 100 Serienmaschinen. Für die Flugerprobung baute Aermacchi zwei Prototypen, von denen der erste am 12. August 1976 seinen Jungfernflug absolvierte. Die erste Serienmaschine der Aeronautica Militare nahm am 8. August 1979 die Truppenerprobung auf. Bis 1984 waren insgesamt 84 Maschinen ausgeliefert. Danach wurden wegen finanzieller Probleme Italiens die weiteren Lieferungen storniert. Erst später konnten auch die letzten 19 Flugzeuge übergeben werden. Argentinien erhielt ebenfalls sechs Aermacchi MB-339, die während des Falklandkrieges eingesetzt und dort auch stationiert wurden. Die Aermacchi MB-339 war bis in die 1980er Jahre der einzige Düsenjet, mit dem die Flugmanöver wie der „Crazy Flight", der „Hammer Head" und der „Tailslide" perfekt geflogen werden konnten.

Aermacchi MB-339K	
Verwendung	Schul- und Erdkampfflugzeug
Produktionszeit	1976 bis heute
Spannweite (mm)	10.860
Länge/Höhe (mm)	10.790/3990
Leergewicht (kg)	3175
max. Startmasse (kg)	4400
Vmax in (km/h)	900
Antrieb	Rolls-Royce Viper MK632-43 Turbojet-Triebwerk, 17,8 kN Schub
Besatzung	2
Bewaffnung	2 x 30 mm-DEFA-Kanonen Waffen an den Flügelstationen

Aero L-39C „Albatros“	
Verwendung	Trainingsflugzeug
Produktionszeit	1968 bis 1999
Spannweite (mm)	9460
Länge/Höhe (mm)	12.130/4770
Leergewicht (kg)	3565
max. Startmasse (kg)	4700
Vmax in (km/h)	750
Antrieb	Iwtschenko Progress AI-25-TL Turbofan-Triebwerk, 16,87 kN Schub
Besatzung	2
Bewaffnung	Waffenzuladung von 1,5 Tonnen an 2 bis 4 Außenlaststationen

Aero L-39 „Albatros“

Im Jahr 1919 wurde die „Aero“ in Prag gegründet. Der Bau von Flugzeugen begann im Jahr 1923. Heute ist Aero der größte Produzent von militärischen Schulflugzeugen weltweit. Im Jahr 1968 löste die Aero L-39 „Alabatros“ mit ihrem Erstflug am 4. November die L-29 „Delfin“ ab. Die Entwicklungsarbeiten hatten bereits im Jahr 1963 begonnen. Ab dem Jahr 1971 begann man bereits mit dem Bau einer Vorserie von zehn Flugzeugen. Die Serienproduktion begann Ende des Jahres 1972. Ein Jahr später wurden die ersten L-39 an die Luftstreitkräfte der Tschechoslowakei und der UdSSR geliefert. Bis heute wurden über 2900 dieser zuverlässigen Trainer für Fortgeschittene in den Versionen L-39, L-59 und L-139 gebaut. Geliefert wurden die Flugzeuge an 18 Luftwaffen weltweit. Bei den alljährlich im September stattfindenden National Championship Air Races in Reno (Nevada) gibt es seit dem Jahr 2002 eine Extraklasse, die mit Aero L-39 ausgeflogen wird. Am Anfang des James-Bond-Kinofilms „Der Morgen stirbt nie“ aus dem Jahr 1997 hatten zwei Aero L-39 des ehemaligen Ausbildungsgeschwaders 25 der NVA ihren Auftritt.

Aero L-159

Die Entwicklung der Aero L-159 „Albatros“ begann im Jahr 1994 als Ein- wie auch Zweisitzer. Ein B-Zweisitzer nahm die Flugerprobung am 2. August 1997 auf. Obwohl der Jet von der L-39 abgeleitet wurde, war das leichte Erdkampf- und Schulflugzeug eine Neuentwicklung. Der Frontbereich wurde so verlängert, dass eine moderne Avionik von Rockwell-Collins mit Mehrzweck-Doppelradar eingebaut werden konnte. Das Navigationssystem, in das ein GPS-Empfänger integriert ist, kommt von Honeywell. Für ca. 715 Millionen US-Dollar bestellte zunächst Tschechien 72 Flugzeuge, die zwischen den Jahren 2000 und 2003 ausgeliefert wurden. Die Version A ist ein leichtes Erdkampfflugzeug, das in 70 Exemplaren gebaut wurde, die L-159B wurde nur einmal gebaut und dient dem Fortgeschrittenen-Training. Die Version L-159T1 ist ebenfalls ein zweisitziger Trainer, der aus L-159A umgebaut wurde. Er hatte den Erstflug am 8. März 2007. Zwei Muster mit der Bezeichnung L-159BQ gingen als Trainer an den Irak. Weitere 24 Jets sollen laut einer Bestellung aus dem Jahr 2012 folgen.

Aero L-159 „Alea“	
Verwendung	Trainingsflugzeug
Produktionszeit	1997 bis heute
Spannweite (mm)	9540
Länge/Höhe (mm)	12.730/4780
Leergewicht (kg)	4160
max. Startmasse (kg)	8000
Vmax in (km/h)	936
Antrieb	Honeywell F124-GA-100 Turbofan-Triebwerk, 28 kN Schub
Besatzung	1
Bewaffnung	Waffenzuladung von 2,7 Tonnen an 7 Außenlaststationen

AIDC AT-3	
Verwendung	Trainingsflugzeug
Produktionszeit	1980 bis 1990
Spannweite (mm)	10.460
Länge/Höhe (mm)	12.900/4780
Leergewicht (kg)	3855
max. Startmasse (kg)	7940
Vmax in (km/h)	900
Antrieb	2 x Honeywell TFE731-2-2L-Turbofan-Triebwerke, je 15,57 kN Schub
Besatzung	2
Bewaffnung	Waffenschacht für Bomben oder MG-Behälter, Außenlaststationen

AIDC AT-3

Um die alten Lockheed T-33 der taiwanesischen Luftwaffe zu ersetzen, einigte sich die chinesische Aerospace Industry Development Center (AIDC) mit Northrop im Jahr 1975 über das Projekt eines neuen strahlgetriebenen Trainingsflugzeugs. Der Erstflug des Prototyps XAT-3 verlief am 16. September 1980 ohne Probleme, und so konnte bis zum 6. Februar 1984 das erste Serienflugzeug vom Boden abheben. Bis zum Jahr 1990 waren 62 AT-3 gebaut worden, von denen einige an die chinesische Kunstflugstaffel „Thunder Tiger" gingen. Außer der zweisitzigen Standardversion wurden zwischen 1981 und 1983 auch zwei einsitzige A-3 „Lui Meng" als Erdkampfflugzeuge gebaut. Einer der Jets bekam nachträglich ein Westinghouse-AN/APG-66-Radar eingebaut. Die Produktion endete im Jahr 1990.

Airbus A310 MRTT

Ende der 1990er Jahre suchte die Deutsche Luftwaffe nach einem Flugzeugmuster, das für die unterschiedlichsten Aufgaben eingesetzt werden konnte. Schließlich wurden vier gebrauchte Lufthansa-A310-300 in den EADS Elbe Flugzeugwerken in Dresden und bei der Lufthansa Technik in Hamburg umgebaut. Der Erstflug einer MRTT fand am 25. März 1999 statt. Innerhalb von drei bis sieben Tagen kann die A310-300 MRT als Passagier-, Transport-, Lazarett- (MRTT MedEvac) oder Tankflugzeug (MRTT) umgebaut werden. Ab dem Jahr 2010 waren alle vier Maschinen auf das Multi-Role-Tanker-Transport-(MRTT-)System umgerüstet. Inzwischen fliegt auch die Royal Canadian Air Force als CC-150 „Polaris" zwei Muster dieses Typs.

Airbus A310 MRTT	
Verwendung	Tankflugzeug
Produktionszeit	2003 bis heute
Spannweite (mm)	43.900
Länge/Höhe (mm)	47.400/15.800
Leergewicht (kg)	114.000
max. Startmasse (kg)	164.000
Vmax in (km/h)	978
Antrieb	2 x General Electric CF6-80C2-Turbofan-Triebwerke, je 262 kN Schub
Besatzung	3 oder 4
Treibstoffkapazität (kg)	28.000

Airbus A330-200 MRTT	
Verwendung	Tankflugzeug
Produktionszeit	2007 bis heute
Spannweite (mm)	60.300
Länge/Höhe (mm)	58.800/17.400
Leergewicht (kg)	125.000
max. Startmasse (kg)	233.000
Vmax in (km/h)	880
Antrieb	2 x Pratt & Whitney PW 4168A-Turbofan-Triebwerke, je 320 kN Schub
Besatzung	3
Treibstoffkapazität (kg)	111.000

Airbus A330-200 MRTT

Das militärische Modell des Airbus A330-200 MRTT erhielt seine Musterzulassung im Jahr 2010. MRTT steht für „Multi Role Tanker Transport". Die MRTT ist für die Luftbetankung so konstruiert, dass sie zwei Flugzeuge gleichzeitig mit Treibstoff entweder über 27,5 Meter lange Schläuche mit Auffangkörben oder über das Tankausleger-System Air Refuelling Boom System (ARBS) mit einer Reichweite von 17 Metern befüllen kann. Während der Betankung können entweder 1590 Liter oder 4540 Liter (ARBS) Treibstoff in der Minute abgegeben werden. Die Steuerung der Luftbetankung übernimmt ein Besatzungsmitglied an einer Steuerkonsole vom Heck des Flugzeuges aus. So verfügt der „Tankwart" über Sichtkontakt zu den unterschiedlichsten Luftfahrzeugen wie Eurofighter, F/A-18, F16, Sukhoi 30 oder Großflugzeugen wie der A400M.

Airbus A400M „Atlas"

„Was lange währt, wird endlich gut", so könnte die Entwicklung des Airbus A400M bezeichnet werden. Denn das von den europäischen Luftwaffen dringend benötigte Transportflugzeug sollte bereits im Jahr 2008 in Serie gehen. Doch erst mit einem Jahr Verzögerung fand am 11. Dezember 2009 ein erster Flug statt. Im November 2011 wurde dann mit dem Bau einer ersten Serienmaschine in Bremen begonnen, die die französischen Streitkräfte am 1. August 2013 bekamen. Der erste Einsatz war ein Flug nach Mali im Dezember 2013. Im Dezember 2014 erhielt die Bundeswehr ihre erste Maschine. Bis zum Jahr 2020 sollen alle Luftwaffentransporter ausgeliefert sein.

Airbus A400M „Atlas"	
Verwendung	militärischer Transporter
Produktionszeit	2009 bis heute
Spannweite (mm)	42.360
Länge/Höhe (mm)	45.100/14.700
Leergewicht (kg)	78.600
max. Startmasse (kg)	141.000
Vmax in (km/h)	750
Antrieb	4 x Europrop International TP400-Turboprop-Triebwerke, je 11.216 PS
Besatzung	3 bis 4
max. Nutzlast (kg)	37.000 (Frachtgüter oder Panzerfahrzeuge)

Alenia C-27J „Spartan"	
Verwendung	militärischer Transporter
Produktionszeit	1999 bis heute
Spannweite (mm)	28.700
Länge/Höhe (mm)	22.700/9640
Leergewicht (kg)	16.500
max. Startmasse (kg)	30.500
Vmax in (km/h)	602
Antrieb	2 x Rolls-Royce AE 2100-D2-Turboprop-Triebwerke, je 4637 WPS
Besatzung	3
max. Nutzlast (kg)	8500 bis 11.500

Alenia C-27J „Spartan"

Der italienische Flugzeughersteller Alenia Aeronautica begann im Jahr 1995 erste Gespräche mit Lookheed zur Weiterentwicklung des italienischen Transportflugzeugs Aeritalia G.222 aus den 1970er Jahren. Als Vorbild für die ersten Pläne nahm man sich die größere Lockheed C-130 „Hercules". Doch sollten noch viele Detailänderungen folgen, bevor das Entwicklungsprogramm gestartet werden konnte und dann ein erster Prototyp vom Boden abhob. Am 25. September 1999 war es dann so weit, die Alenia C-27J absolvierte ihren Erstflug. Inzwischen hatten die US Army und US Air Force eine Ausschreibung im Rahmen des JCA-Programms veröffentlicht, in der sie bis zu 145 Transportflugzeuge bestellen wollten, um alte Muster auszutauschen. An dieser Ausschreibung beteiligte sich auch Lockheed Martin mit der „Hercules". Alenia Aeronautica konnte im November 2006 ebenfalls nachweisen, dass ihre C-27J die JCA-Anforderungen erfüllte. Am 13. Juni 2007 erhielt dann die Alenia C-27J den Zuschlag des Pentagons und der Hersteller einen Auftrag über 78 Flugzeuge mit einem Gesamtetat von 2,04 Milliarden US-Dollar. Trotz eines Einspruches von Raytheon, die sich auch an der Ausschreibung beteiligt hatten, lief im Juni 2008 das Test- und Trainingsprogramm der C-27J an.

Alenia Aermacchi M-346 „Master"

Sieben Jahre lang, von 1993 bis 2000, arbeiteten die beiden Firmen Alenia Aermacchi aus Italien und das Jakowlew-Experimental-Konstruktionsbüro in Moskau eng zusammen, um einen Strahltrainer und leichtes Erdkampfflugzeug im Jak/AEM-130-Programm zu entwickeln. Der Jet, der bei Jakowlew unter der Bezeichnung Jak/AEM-130 und in Italien unter dem Namen Alenia Aermacchi M-346 entstand, sollte für den westlichen Markt konzipiert sein. Das Projekt war so angelegt, dass Aermacchi eine einfachere Version des Jets baute und beide Unternehmen bei dem Flugzeug komplett auf Teile aus Russland verzichteten. Ein Prototyp hob am 15. Juli 2004 vom Boden ab. Ein Jahr später wurde ein zweiter Prototyp auf der Pariser Luftfahrtschau 2005 gezeigt, ein erstes Rollout eines Vorserien-Musters fand Anfang 2008 statt. Dieses Vorserienmodell war gegenüber den beiden Prototypen gründlich überarbeitet worden und hatte neben einem komplett modifizierten Fahrwerk einen hohen Anteil an Verbundwerkstoffen, die das Gewicht des Flugzeugs um ca. 700 Kilogramm verringern konnten.

Alenia Aermacchi M-346 „Master"	
Verwendung	Schulflugzeug
Produktionszeit	2004 bis heute
Spannweite (mm)	9720
Länge/Höhe (mm)	11.490/4760
Leergewicht (kg)	4625
max. Startmasse (kg)	9500
Vmax in (km/h)	1083
Antrieb	2 x Honeywell F124-GA-200-Turbofan-Triebwerke, je 27,8 kN Schub
Besatzung	2
Bewaffnung	9 Außenlaststationen

AMX „Ghibli“	
Verwendung	Jagdbomber, Aufklärer, Trainer
Produktionszeit	1984 bis 1999
Spannweite (mm)	8870
Länge/Höhe (mm)	13.230/4550
Leergewicht (kg)	6730
max. Startmasse (kg)	13.000
Vmax in (km/h)	1165
Antrieb	Rolls-Royce Spey Mk. 807-Turbofan-Triebwerk, 49 kN Schub
Besatzung	1 oder 2 (Trainer)
Bewaffnug	20-mm-MK M61A1 Vulcan4 2 x 30-mm-MK DEFA 554 5 Außenlaststationen, bis 3800 Kilogramm

AMX „Ghibli“

Mitte der 1970er Jahre wollte die italienische Luftwaffe die etwas älteren Muster Lockheed F-104 „Starfighter“ und Fiat G.91 austauschen und die bereits im Dienst stehenden Panavia 200 „Tornado“ unterstützen. Der Gesamtbedarf belief sich auf 187 einsitzige Jets und 51 zweisitzige Schulungsflugzeuge. Da die beiden Flugzeughersteller Aeritalia und Aermacchi bereits einen großen Erfahrungsschatz durch den teilweisen Bau am „Tornado“ hatten, fielen die Entwicklungsarbeiten nicht schwer. Schließlich gelang in der Vereinigung AMX (Aeritalia, Aermacchi, Embraer) der Entwurf des Prototyps A-01 MMX594. Der Erstflug fand am 15. Mai 1984 statt. Die Produktion erster Serienflugzeuge begann 1986, und bereits 1989 wurden die ersten brasilianischen und italienischen Staffeln mit AMX „Ghibli“ ausgestattet.

Antonow An-26

Der Militärtransporter Antonow An-26 basierte auf der für zivile Transporte entworfenen An-24. Vor allem in den Bereichen des Fahrwerks und des Kabinenbodens wurden die Materialien gegenüber der An-24 wesentlich verstärkt. Ein weiterer Umbau war das neue Heck mit der großen Laderampe. Um die Stabilität des Flugzeuges im Flug zu verbessern, wurden seitlich der Ladeluke am Heck zwei Stabilisierungsflossen montiert. Außer der reinen Transportversion gibt es auch Kombivarianten für den Transport von Soldaten und Material. Der Jungfernflug des Flugzeugs war am 21. Mai 1969, und drei Monate später verließ die erste Serienmaschine das Werk in Kiew. In Lizenz begann China 1983 mit dem Bau des Kurz- und Mittelstreckentransporters Y-7H.

Antonov An-26	
Verwendung	Militärtransporter
Produktionszeit	1969 bis 1986
Spannweite (mm)	29.200
Länge/Höhe (mm)	23.800/8320
Leergewicht (kg)	15.020
max. Startmasse (kg)	24.000
Vmax in (km/h)	680
Antrieb	2 x Iwtschenko AI-24WT-Propellerturbinen, je 2860 PS
Besatzung	4 bis 5
Nutzlast (kg)	5500 bis 6300
Bewaffnung	4 Außenstationen

Antonow An-30	
Verwendung	Luftbildflugzeug
Produktionszeit	1967 bis 1980
Spannweite (mm)	29.200
Länge/Höhe (mm)	24.260/8320
Leergewicht (kg)	15.950
max. Startmasse (kg)	23.000
Vmax in (km/h)	540
Antrieb	2 x Iwtschenko AI-24WT-Turboprop-Triebwerke, je 2821 WPS
Besatzung	5 bis 7
max. Nutzlast (kg)	ca. 7000

Antonow An-30

Speziell für die Luftbildüberwachung wurde in den 1960er Jahren die Antonow An-30 mit dem NATO-Codenamen „Clank" entwickelt. Die Basis des zweimotorigen Schulterdeckers bildete die Antonow An-24 FK. Hauptmerkmal der am 21. August 1967 erstmalig geflogenen An-30 ist der verglaste Bug. Zum Fotografieren war das Flugzeug, das über STOL-Eigenschaften verfügte, mit insgesamt fünf Kameras mit unterschiedlichen Brennweiten bestückt. Die Kurzstart- und -landeeigenschaften erlaubten es dem Piloten, auch auf kleinen Flugplätzen starten und landen zu können. Zwischen den Jahren 1975 und 1980 wurden insgesamt 123 Antonow An-30 gefertigt.

Antonow An-140-100

Die mit einer klimatisierten Frachtkabine ausgerüstete Antonow An-140 war Ende der 1990er Jahre als Passagierflugzeug für Kurzstrecken entwickelt worden. Die Flugtests des Hochdeckers erstreckten sich bis ins Jahr 2000. Während dieser Zeit wurden unter anderem einige Änderungen am Leitwerk vollzogen. Anfang des neuen Jahrtausends erhielt auch der Iran eine Lizenz zur Fertigung dieses Flugzeugtyps. Als militärischer Transporter wurde die Antonow An-140-100 mit einer größeren Spannweite entwickelt. Das Flugzeug wird für die Seeaufklärung, die geologische Erkundung und als militärische Frachtmaschine eingesetzt.

Antonow An-140-100	
Verwendung	militärischer Transporter
Produktionszeit	2001 bis heute
Spannweite (mm)	25.500
Länge/Höhe (mm)	22.600/8230
Leergewicht (kg)	13.300
max. Startmasse (kg)	21.500
Vmax in (km/h)	575
Antrieb	2 x Klimow TW3-117WMA-SBM1-Turboprop-Triebwerke, je 2499 PS
Besatzung	2
max. Nutzlast (kg)	6000

Atlas Cheetah

Um sich von Exporten unabhängig zu machen, entschlossen sich die südafrikanischen Luftstreitkräfte, die vorhandenen Kampfflugzeuge der Typen Dassault Mirage III, Mirage F1 und MiG-23 durch ein im Land gefertigtes Muster zu ersetzen. Im Juli 1986 zeigte die Atlas Aircraft Corporation of South Africa einen modernen Mehrzweckkampfjet auf der Basis der Mirage III unter der Bezeichnung „Cheetah". Der Kampfjet wurde in drei Baumustern im Projekt „Cushion" als einsitzige C- und E-Version und als zweisitzige D-Variante gebaut. Heute wird angenommen, dass bei den ersten Konstruktionen das Unternehmen Israel Aircraft Industries involviert war, da einige verbaute Bauteile aus Israel kamen. Und auch die Ähnlichkeit mit der israelischen „Kfir" lässt eine Zusammenarbeit vermuten. Von der Atlas Cheetah wurden bis in die 1990er Jahre – vor allem als Abfangjäger – zirka 70 Jets gebaut. Im Jahr 2011 erwarb Ecuador zwölf „Cheetah", die dort überholt wurden und ebenfalls französische Mirage ersetzen sollen.

Atlas Cheetah C	
Verwendung	Mehrzweckkampfflugzeug
Produktionszeit	1986 bis 1990er Jahre
Spannweite (mm)	8220
Länge/Höhe (mm)	15.550/4500
Leergewicht (kg)	6600
max. Startmasse (kg)	13.700
Vmax in (km/h)	2350
Antrieb	Snecma Atar 9K50C-11-Turbojet-Triebwerk, 71 kN Schub
Besatzung	1 oder 2
Bewaffnung	2 x 30-mm-MK GIAT DEFA 6 Außenlaststationen, 4000 Kilogramm

BAE T-45A „Goshawk"	
Verwendung	Schul-, Erdkampfflugzeug
Produktionszeit	1974 bis 2009
Spannweite (mm)	9390
Länge/Höhe (mm)	11.970/5820
Leergewicht (kg)	4263
max. Startmasse (kg)	6387
Vmax in (km/h)	1006
Antrieb	Rolls-Royce Adour F405-PR-Turbofan-Triebwerk, 26 kN Schub
Besatzung	2
Bewaffnung	5 Außenlaststationen, 3100 Kilogramm

BAE Hawk/Goshawk

Der internationale und weltweit zweitgrößte britische Rüstungskonzern BAE Systems war Anfang der 1970er Jahre dafür vorgesehen, einen modernen zweisitzigen Kampfjet zu entwickeln, der die alten Folland „Gnat" ablösen sollte. Das neue Flugzeug sollte nicht wie die „Gnat" für den Luftkampf, sondern für Bombenangriffe ausgerüstet sein. Außerdem musste es auch als Trainer für die Pilotenausbildung geeignet sein. Noch als Hawker Siddeley Aircraft Corporation Ltd. begann der britische Flugzeugbauer 1968 mit dem Umsetzen der Pläne für das Jet-Muster. Den Jungfernflug absolvierte die erste „Hawk" im Jahr 1974. Zwei Jahre nach Beendigung der Testphase wurden die ersten „Hawks" bei der britischen Luftwaffe in Dienst gestellt. Durch ihre phantastischen Flugeigenschaften wurden sie bei Flugschülern sehr beliebt. Eine interessante Variante der „Hawk" war die T-45 „Goshawk", die für das Starten und Landen auf Flugzeugträgern konzipiert war. Der Erstflug der „Goshawk" war am 16. April 1988, und die Trägererprobung begann im Dezember des Jahres 1991 auf der USS „Kennedy". Die letzte von 221 Maschinen wurde am 20. Oktober 2009 ausgeliefert. Dieser Mehrzweckjet soll noch bis 2035 in Dienst bleiben.

Bell-Boeing V/CV-22 „Osprey"

Bereits Mitte der 1950er Jahre beschäftigte sich Bell Helicopter mit Kipprotor-VTOL-Wandelflugzeugen, wie der Bell XV-3 und der Bell XV-15. So kann man die V-22 „Osprey" als Fortsetzung dieser Idee sehen. Im Joint-Services-Advanced-Vertical-Lift-Aircraft-(JVX-)Programm 1981 suchte das US-Verteidigungsministerium nach einem Kipprotor-Wandelflugzeug, da beim Fehlschlag wie der „Operation Eagle Claw" oder von Combat-Search-and-Rescue-(CSAR-)Unternehmen ein solches Fluggerät bessere Dienste tun würde als ein herkömmlicher Helikopter. So begann Bell erneut seine Erfahrungen im Bereich dieser Flugzeuge in die Praxis umzusetzen. Am 19. März 1989 startete ein erstes Kipprotor-Wandelflugzeug des Typs CV-22 in Arlington in Texas in den Himmel. Doch die Serienproduktion ließ durch mehrere Rückschläge und Unfälle von Prototypen und Truppenerprobungsmustern bis 2005 auf sich warten, dann hob die erste Marine-Osprey zu einem dienstlichen Flug vom Boden ab. Im März 2011 waren von den 50 bestellten 16 Maschinen an die Staffeln ausgeliefert.

Bell-Boeing V/VC-22 „Osprey"	
Verwendung	VTOL-Transporter
Produktionszeit	1989 bis heute
Spannweite (mm)	13.970
Rotordurchmesser (mm)	11.580
Länge/Höhe (mm)	17.480/6630
Leergewicht (kg)	15.032
max. Startmasse (kg)	27.443
Vmax in (km/h)	565
Antrieb	2 x Rolls-Royce AE 1107C-Libert-Turboshaft-Triebwerke, 6150 WPS
Besatzung	2
Nutzlast	24 Soldaten in kompletter Ausrüstung

Boeing 747-100 „Shuttle Carrier Aircraft" NASA 905	
Verwendung	Transportflugzeug
Produktionszeit	1970 bis 1973
Spannweite (mm)	59.600
Länge/Höhe (mm)	70.600/19.300
max. Startmasse (kg)	323.410
Vmax in (km/h)	648
Antrieb	4 x Pratt & Whitney JT9D-7J-Turbofan-Triebwerke, je 222,4 kN Schub
Besatzung	4
Nutzlast	Space Shuttle

Boeing 747 SCA

Nach dem letzten Flug einer US-amerikanischen Apollo-Raumkapsel im Jahr 1975 startete ab 1981 das Space-Transportation-System-(STS-)Programm zur Erkundung des Weltraums. Um die gelandeten Space Shuttles wieder an ihren Ausgangspunkt, das Kennedy Space Center, zurückzubringen, wurden parallel zu den Space-Shuttle-Flügen zwei Transportflugzeuge gebaut. Als Basis wurde die Boeing 747 genommen, die speziell für den Einsatz umgebaut wurde. Dazu wurde außer den Verankerungen für das Space Shuttle am Rücken auch der Rumpf verstärkt. Danach begannen bei der NASA 905 die Approach and Landing Tests des Space Shuttles. Als zweite Transportmaschine wurde die NASA 911 am 15. April 1988 auf die NASA zugelassen. Ihr erster Einsatz war es, die neue Raumfähre „Endeavour" von der Werkshalle in Palmdale in Kalifornien zum Kennedy Space Center zu bringen. Als nach 30 Jahren das Space-Shuttle-Programm beendet wurde, hatte man auch für die beiden Flugzeuge keine Verwendung mehr. Heute stehen beide als Ersatzteillager für das SOFIA-Programm im Dryden Flight Research Center auf dem Gelände der Edwards Air Force Base.

Boeing B-52 „Stratofortress"

Der Langstreckenbomber B-52 wurde bereits Ende der 1940er Jahre als Nuklearwaffenträger zur Abschreckung im „Kalten Krieg" entwickelt. Das große Militärflugzeug kam in vielen Kriegen in Vietnam, im Golf- und im Kosovokonflikt zum Einsatz. Auch in Afghanistan gehörte es lange Zeit zum Inventar der US Air Force. Die Entwicklung des Bombers erwuchs aus den Forderungen der US Air Force für ein neues Flugzeug als Ersatz für die Convair B-36. Den ersten Bomber B-52B stellte die US Air Force am 29. Juni 1955 in Dienst. Die heute noch im Einsatz befindliche Version ist die B-52H, die ab 1959 gebaut wurde. Zwischen den Jahren 1971 und 2003 wurde diese letzte Version immer wieder auf neuesten Stand gebracht. Doch obwohl seit dem Jahr 1983 der Rockwell B-1 „Lancer" als Nachfolgetyp im Dienst ist und seit 1997 der Tarnkappenbomber Northrop B-2 „Spirit" zur Verfügung steht, sollen die Boeing-B-52H-Langstreckenbomber bis zum Jahr 2040 eingesetzt werden.

Boeing B-52H „Stratofortress"	
Verwendung	strategischer Bomber
Produktionszeit	1952 bis 1962
Spannweite (mm)	56.390
Länge/Höhe (mm)	47.720/12.400
Leergewicht (kg)	83.250
max. Startmasse (kg)	221.150
Vmax in (km/h)	1014
Antrieb	8 x Pratt & Whitney TF33-P-3/103-Turbofan-Triebwerke, je 75,6 kN Schub
Besatzung	5 bis 6
Bewaffnung	4 x 12,7-mm-MG Browning M3 2 Außenlaststationen, 31,5 Tonnen Bombenschacht

Red Arrows

Einen großen Bekanntheitsgrad bekam die BAE „Hawk" durch die Royal-Air-Force-Kunstflugstaffel „Red Arrows", die auch heute noch regelmäßig auf Air-Shows zu sehen ist. Kunstflugstaffeln haben bei der Royal Air Force eine lange Tradition, die bis in die 1920er Jahre zurückreicht. Am 6. Mai 1965 gründeten sich dann die berühmten „Red Arrows", die ihre ersten Flugvorführungen von der Luftwaffenbasis „Little Rissington" aus durchführten. Die erste Staffel bestand aus sieben Flugzeugen des Typs Folland Fo. 141 „Gnat" aus den 1950er Jahren. Im Jahr 1980 wurden die „Gnat" durch die moderneren BAE „Hawk" ersetzt. Bis zum Jahr 2006 hatten die „Red Arrows" in 51 Ländern über 4000 Vorführungen geflogen. Auch die „Midnight Hawks" aus Finnland und die „Saudi Hawks" aus Saudi-Arabien setzen das BAE-Muster für ihre Kunstflugteams ein.

Boeing C-17 „Globemaster III"	
Verwendung	strategischer Transporter
Produktionszeit	1991 bis heute
Spannweite (mm)	50.290
Länge/Höhe (mm)	53.040/16.790
Leergewicht (kg)	122.016
max. Startmasse (kg)	263.083
Vmax in (km/h)	818
Antrieb	4 x Pratt & Whitney F117-PW-100-Turbofan-Triebwerke, je 185,55 kN Schub
Besatzung	3
Nutzlast (kg)	77.519

Boeing C-17 „Globemaster III"

In den 1970er Jahren suchte das US-Militär nach einer Ergänzung für die US-Militärmuster Lockheed C-141 „Starlifter" und Lockheed C-5 „Galaxy". Benötigt wurde ein neuer Transporter, der selbst unter widrigen Bedingungen einsatzbar war. Dazu sollte das neue Flugzeug über eine interkontinentale Reichweite und STOL-Eigenschaften verfügen. Im Jahr 1981 wurde McDonnell Douglas von der US-Regierung beauftragt, ein neues Transportermodell für diese Vorgaben zu konstruieren. Dabei konnte das Unternehmen auf eigene Studien des strategischen Transporters McDonnell Douglas YC-15 zurückgreifen. Es sollten jedoch zehn Jahre ins Land gehen, bis am 15. September 1991 ein Prototyp zum Erstflug abhob. Mitte des Jahres 1993 erfolgte dann die Indienststellung der McDonnell Douglas C-17 durch die Truppe. Als schließlich das Unternehmen Boeing die Firma McDonnell Douglas im Jahr 1997 übernahm, wurde das Flugzeug als Boeing C-17 weitergebaut, da der Bedarf im Jahr 2002 auf 220 benötigte Exemplare angewachsen war. Inzwischen ist bekannt geworden, dass die „Globemaster" bis 2015 weitergebaut werden soll.

Boeing C-40 „Clipper"

Die Boeing C-40 „Clipper" wird von der US Navy wie auch von der Air Force eingesetzt und ersetzt nach und nach die veralteten Douglas C-9B „Skytrain II", das erste Frachtflugzeug der US Navy, seit langer Zeit. Der Erstflug der militärischen Version der Boeing 737-700C fand am 14. April 1999 statt, zwei Serienmaschinen C-40A, als Passagier-/Fracht-Version, wurden am 21. April 2001 an die US-Marine ausgeliefert. Von der „A"-Variante wurden insgesamt neun Flugzeuge gebaut. Im Gegensatz zur Navy wählte die Air Force die Boeing-Business-Version der 737-700, die die C-137 „Stratoliner" ersetzen sollte. Verschlüsselte Datenleitungen, Internet, Computer und TV neben hohem Reisekomfort sind bei dieser Version eine Selbstverständlichkeit. Die „C"-Variante ist als Transporter für die US Air Force gebaut worden. Von dem Typ existieren sechs Muster. Sie sind auf der Andrews Air Force Base, der Hickam Air Force Base und auf der Scott Air Force Base stationiert. Alle C-40A sind mit einem Flight Management Computer System und Head-up-Display ausgestattet.

Boeing C-40 „Clipper"	
Verwendung	Transportflugzeug
Produktionszeit	1999 bis heute
Spannweite (mm)	34.320
Länge/Höhe (mm)	33.630/12.550
Leergewicht (kg)	57.150
max. Startmasse (kg)	78.000
Vmax in (km/h)	990
Antrieb	2 x CFM International CFM56-7 SLST-Turbofan-Triebwerke, je 121 kN Schub
Besatzung	5
Nutzlast (kg)	18.000

Boeing E-4 „Nightwatch"

In der Zeit des „Kalten Krieges" sah die US-Regierung auch einen Angriff mit nuklearen Waffen als Möglichkeit vor. Um auch in so einem Ernstfall die Führung des Landes und der Streitkräfte weiterhin kontrollieren zu können, beschloss die Landesführung, die Befehlsgewalt auch an Bord eines Flugzeugs weiter aufrechterhalten zu können. Für diese Serie von Flugzeugen bestellte die US-Regierung im Februar 1973 zunächst drei Boeing 747-200B als E-4A, deren Erstflug am 13. Juni 1973 stattfand. Im Dezember 1979 wurde eine weitere E-4B mit modernerer Elektronik an die US-Luftwaffe ausgehändigt und die A-Versionen ebenfalls auf den neuen Standard gebracht. Ausgerüstet waren die vier E-4B mit einer Außenhaut, die bei einem atomaren Angriff einen Schutz gegen den dabei entstehenden elektromagnetischen Impuls bot. An Bord der Flugzeuge gab es die unterschiedlichsten Kommunikationssysteme, die alle Frequenzen abdeckten und sogar die Ausstrahlung von Radiosendungen für die Bevölkerung ermöglichten. Die Flugzeuge können während des Einsatzes bis zu 63 Personen befördern. Sie befinden sich in ständiger Alarmbereitschaft.

Boeing E-4A „Nightwatch"	
Verwendung	Kommandoflugzeug
Produktionszeit	1973 bis 1979
Spannweite (mm)	59.600
Länge/Höhe (mm)	70.500/19.300
Leergewicht (kg)	186.000
max. Startmasse (kg)	360.000
Vmax in (km/h)	970
Antrieb	4 x General Electric CF6-80C2-Turbofan-Triebwerke, 233,5 kN Schub
Besatzung	4
max. Flugdauer (Std.)	72 (mit Luftbetankung)

Boeing KC-135R „Stratotanker"	
Verwendung	Tankflugzeug
Produktionszeit	1956 bis 1995
Spannweite (mm)	39.900
Länge/Höhe (mm)	41.500/12.700
Leergewicht (kg)	54.100
max. Startmasse (kg)	146.300
Vmax in (km/h)	980
Antrieb	4 x CFM International F108-CF-100-Turbofan-Triebwerke, je 99 kN Schub
Besatzung	3
Treibstoff (kg)	92.000

Boeing KC-135 „Stratotanker"

Um Militärstützpunkte im Ausland so weit wie möglich zu reduzieren, die für die vorhandenen Langstreckenbomber unbedingt notwendig waren, entschloss sich die USA, die Möglichkeit der Luftbetankung zu entwickeln. Erste Experimente wurden bereits im Jahr 1948 bei Boeing mit einem steuerbaren Teleskopausleger durchgeführt, die jedoch unbefriedigend verliefen. Erst die Boeing KC-97 „Stratotanker" aus dem Jahr 1951 stellte sich für diese Aufgabe als das richtige Muster heraus. Doch erwies sich auch diese Lösung als nicht optimal. Während der „Stratotanker" mit Vollgas fliegen musste, kämpften die zu betankenden Jets mit Strömungsabriss. Im August 1954 bestellte die US Air Force ein neues Tank- und Transportflugzeug unter der Bezeichnung KC-135A „Stratotanker". Das Rollout der ersten Serienmaschine fand am 18. Juli 1956 im Werk Renton statt, und die KC-135A startete am 31. August 1956 zu ihrem Erstflug. Bis zum Jahr 1995 wurde die KC-135 in acht unterschiedlichen Versionen in einer Stückzahl von 803 Flugzeugen gebaut. Außer den USA betrieben auch Frankreich, Singapur und die Türkei mehrere „Stratotanker".

Boeing OC-135B „Open Skies"

Der militärische Transporter Boeing C-135 „Stratolifter", dessen Basis die KC-135 war, wurde Mitte der 1950er Jahre in Dienst gestellt. Heute gibt es eine unüberschaubare Anzahl an Varianten und Versionen, darunter Tanker, Aufklärer und Transporter, die lediglich umgerüstet wurden. Der Erstflug eines B-Modells fand am 1. März 1962 statt. Doch bereits im Jahr 1965 begann die US-amerikanische Luftwaffe die ersten C-135B wieder auszumustern. Diese Flugzeuge wurden nun für die Wetteraufklärung und zum militärischen VIP-Transport eingesetzt. Als im Jahr 1992 die NATO mit den ehemaligen Warschauer-Pakt-Staaten den „Open Skies"-Vertrag unterschrieb, der es den Staaten gegenseitig erlaubte, die Länder auf festgelegten Routen zu überfliegen um Foto-, Radar- und Infrarotaufnahmen zu machen, bekamen auch mehrere Boeing C-135 ein neues Betätigungsfeld unter der Bezeichnung Boeing OC-135B „Open Skies". Durch diese Maßnahmen sollen Konflikte vermieden und soll ein allgemeiner Frieden gesichert werden. Seit dem 1. Januar 2002 ist der Vertrag in Kraft, und die ersten Flüge haben bereits stattgefunden und wurden von Arbeitsgruppen der ODCC ausgewertet. Lediglich das deutsche Beobachtungsflugzeug, eine Tupolew Tu-154M „Open Skies", wurde nach dem Absturz im Jahr 1997 nicht mehr ersetzt.

Boeing OC-135B „Open Skies"	
Verwendung	Beobachtungsflugzeug
Produktionszeit	1992 bis 1996
Spannweite (mm)	39.880
Länge/Höhe (mm)	41.530/12.700
Leergewicht (kg)	44.663
max. Startmasse (kg)	146.000
Vmax in (km/h)	933
Antrieb	4 x Pratt & Whitney TF33-P-5-Turbojet-Triebwerke, je 80 kN Schub
Besatzung	7
Nutzlast (kg)	40.000

Boeing RC-135V „Rivet Joint"	
Verwendung	strategischer Aufklärer
Produktionszeit	1965 bis 1967
Spannweite (mm)	39.900
Länge/Höhe (mm)	41.100/12.800
Leergewicht (kg)	44.700
max. Startmasse (kg)	134.000
Vmax in (km/h)	900
Antrieb	4 x CFM International F108-CF-201-Turbofan-Triebwerke, je 96 kN Schub
Besatzung	5
Missionscrew	22

Boeing RC-135

Die RC-135 von Boeing basierte auf dem Transporter Boeing C-135. Zur strategischen elektronischen Aufklärung war das Flugzeug mit „ ELINT" (Electronic Intelligence) und „COMINT" (Communication Intelligence) ausgestattet. Ein erster Flug wurde von dem Aufklärungsmuster am 28. April 1965 absolviert. Während der langen Einsatzzeit bis in die heutigen Tage wurden viele der Maschinen immer wieder umgebaut. Daraus entstanden auch die Versionen RC-135 V und -W „Rivert Joint". Die V-Version entstand zwischen dem Dezember 1972 und 1977 aus sieben C-Versionen und einer U-Version. Die Variante „W", die zwischen 1985 und 2005 umgebaut wurde, ging aus drei C-135B und sechs RC-135M hervor. Ende der 1990er Jahre erhielten alle Modelle moderne F108-Turbofans. Das markanteste Detail zur Erkennung der „Rivet Joint" ist die lange „Nase", die den Sensor und mehrere Antennen verdeckt. Während des „Kalten Kriegs" wurden die Maschinen vor allem entlang der sowjetischen Grenzen eingesetzt, heute werden die Flugzeuge weltweit verwendet.

Boeing VC-25A „Air Force One"

Seit den 1940er Jahren begannen US-amerikanische Präsidenten das Flugzeug als Beförderungsmittel für ihre Staatsangelegenheiten zu nutzen. Franklin D. Roosevelt verwendete zunächst die Boeing 314 „Clipper", ein Flugboot mit der militärischen Bezeichnung C-98. Im Jahr 1962 wurde das erste Mal eine Boeing 707-320B speziell für die Bedürfnisse des amerikanischen Präsidenten umgebaut. Verantwortlich für die Präsidentenflüge mit der „Air Force One" ist die Presidential Airlift Group der 89th Airlift Wing des Air Mobility Command, die auf der Andrews Air Force Base in Maryland stationiert ist. Heute fungiert eine Boeing 747-200B unter der Bezeichnung VC-25A als Regierungsmaschine. Um den amerikanischen Präsidenten zu schützen, verfügt das Flugzeug über eine ganze Reihe von militärischer Ausrüstung, die jedoch streng geheim ist. Bei Reiseaktivitäten des Präsidenten wird bereits drei Tage zuvor ein fest bestimmtes Prozedere in Bewegung gesetzt. Das geht vom Verladen von gepanzerten Limousinen des Secret Service bis hin zum Bestücken des Flugzeuges mit Lebensmitteln und anderen täglich benötigten Produkten. Während des Fluges wird die „Air Force One" von einer ganzen Armada von Versorgungs-, Tank- und Transportflugzeugen begleitet. Jagdflugzeuge gehören nicht zur Flotte.

Boeing VC-25A „Air Force One"	
Verwendung	Präsidentenflugzeug
Produktionszeit	1987
Spannweite (mm)	59.600
Länge/Höhe (mm)	70.600/19.300
max. Startmasse (kg)	375.000
Reichweite (km)	13.000
Vmax in (km/h)	1015
Antrieb	4 x General Electric CF6-80C2B1-Turbofan-Triebwerke, je 250 kN Schub
Besatzung	2 + 26
Passagiere	76

Breguet „Atlantic"

Im Jahr 1956 beschloss die NATO einen einheitlichen Langstrecken-Seeaufklärer für alle Mitgliedstaaten bauen zu lassen. Das Flugzeug sollte für Patrouillenflüge und zur U-Boot-Bekämpfung eingesetzt werden. Doch 1959 stiegen Großbritannien und die USA aus dem Projekt aus. Dornier übernahm in Deutschland die technische und logistische Betreuung. Der Erstflug des Gemeinschaftsprojekts Breguet „Atlantic" fand am 21. Oktober 1961 statt, und 1962 wurden die ersten Muster an Deutschland und Frankreich ausgeliefert. Ein Teil der „Atlantic" wurde ab 1972 modernisiert, doch bald zeigte sich, dass durch die Entspannung zwischen Ost und West ein Bedarf an Seeaufklärern nicht mehr wichtig war. Da auch ein Nachfolger nicht in Sicht war, wurde entschieden, dass 15 Exemplare neu überarbeitet werden sollten, damit ihre Lebensdauer verlängert werden konnte. Beauftragt wurden im Oktober 2013 die französischen Unternehmen Dassault Aviation S.A. und die Thales Group. Die erste modernisierte „Atlantic 2" soll im Jahr 2018 wieder im Einsatz sein und bis ca. 2030 geflogen werden.

Breguet BR 1150 „Atlantic"	
Verwendung	Seefernaufklärer
Produktionszeit	1961 bis 1987
Spannweite (mm)	36.300
Länge/Höhe (mm)	31.700/10.890
Leergewicht (kg)	24.000
max. Startmasse (kg)	43.200
Vmax in (km/h)	650
Antrieb	2 x Rolls-Royce RTY.20 Tyne-Mk-21-Turboprop-Triebwerke, je 6118 PS
Besatzung	12
Bewaffnung	Mk.46-Torpedos, Wasserbomben, 250 kg Minen, Raketen

CASA C-212-200 „Aviocar"	
Verwendung	STOL-Transportflugzeug
Produktionszeit	1971 bis heute
Spannweite (mm)	19.000
Länge/Höhe (mm)	15.160/6290
Leergewicht (kg)	3915
max. Startmasse (kg)	7400
Vmax in (km/h)	385
Antrieb	2 x Honeywell TPE331-10-Turboprop-Triebwerke, je 912 PS
Besatzung	2
Bewaffnung	2 Außenlaststationen, 0,5 Tonnen

CASA C-212 „Aviocar"

Die spanische Firma Construcciones Aeronáuticas S.A. (CASA) wurde 1923 von José Ortiz Echagüe gegründet. Zunächst wurden Flugzeuge verschiedener Hersteller gewartet. 1930 wurde das erste eigene Flugzeug hergestellt. Auch nach dem Krieg begann die Firma mit dem Bau von Flugzeugen in Lizenz. Als das Militär ein Transportflugzeug mit STOL-Eigenschaften auf unbefestigten Pisten forderte, entwarf CASA den Hochdecker C-212. Den Erstflug absolvierte das Flugzeug am 26. März 1971. Seit CASA zu Airbus gehört, ist auch die C-212 in der militärischen Produktpalette von Airbus. Die 6th Special Operations Squadron (16th Special Operations Wing) der USAF setzt die C-212 als CASA C-41A ein.

CASA C-295 „Persuader"

Auf der Basis der CN-235 entwickelte das spanische Unternehmen CASA Mitte der 1980er Jahre das taktische Transportflugzeug, Seeaufklärungs- und U-Boot-Jagdflugzeug C-295. Gegenüber der CN-235 waren die Tragflächen und das Fahrwerk verstärkt. Zum Einbau kamen zwei Pratt & Whitney Canada PW127G-Turbinen mit je 1972 kW. Der erste Prototyp flog am 22. Dezember 1998, und die spanische Luftwaffe bekam im Jahr 2000 die erste Serienmaschine. Auch die Luftwaffe Polens gehörte bald zu den Bestellern des Musters.

CASA C-295 „Persuader"	
Verwendung	Transporter, Seefernaufklärer
Produktionszeit	1998 bis heute
Spannweite (mm)	25.810
Länge/Höhe (mm)	24.500/8660
Leergewicht (kg)	11.500
max. Startmasse (kg)	21.000
Vmax in (km/h)	480
Antrieb	2 x Pratt & Whitney Canada PW127G-Turboprop-Triebwerke, je 2681 PS
Besatzung	2
Nutzlast (kg)	9700

CASA CN-235-300	
Verwendung	Transportflugzeug
Produktionszeit	1983 bis heute
Spannweite (mm)	25.810
Länge/Höhe (mm)	21.350/8180
Leergewicht (kg)	9800
max. Startmasse (kg)	16.500
Vmax in (km/h)	460
Antrieb	2 x General Electric CT7-9C3-Turboprop-Triebwerke, je 1774 PS
Besatzung	2
Nutzlast (kg)	4300

CASA CN-235

Als komplette Eigenentwicklung baute das spanische Unternehmen CASA Mitte der 1980er Jahre das taktische Transport- und Seeaufklärungsflugzeug CN-235M. Am 11. November 1983 fand der Jungfernflug statt, und fünf Jahre später wurden die ersten Maschinen als Transporter in Dienst gestellt. Eine weitere Version kam als CN-235 MP „Persuader" hinzu, die als Seeaufklärer eingesetzt wurde. Die militärischen Nutzer sind außer Spanien auch die Arabischen Emirate, Burai, Indonesien, Irland und die Türkei, die die CASA CN-235 MP in Lizenz bei Turkish Aerospace Industries (TAI) in Ankara fertigen lässt. Aufgrund der Verzögerung des Airbus A400M bestellte auch Frankreich 19 CASA CN-235-200 als Übergangslösung. In Zusammenarbeit mit der Lockheed Martin/Northrop Grumman-Gruppe entstand die Version CN-235-300M mit von Rockwell Collins eingebautem elektronischem Flugmanagementsystem. Dieses Flugzeug soll in 36 Exemplaren gebaut und als HC-144A „Ocean Sentry" von der US-amerikanische Küstenwache eingesetzt werden.

Cessna O-2 „Skymaster"

Die 336 stellte Cessna im Jahr 1963 vor. Die Cessna 336 war ein ungewöhnliches Flugzeug mit einem Zentralschubsystem mit Zug- und Druckpropeller. Bald war auch das Militär nach den eher schlechten Erfahrungen aus dem Vietnamkrieg an dem kleinen und leichten Modell für den Fliegerbegleitdienst interessiert. Ende des Jahres 1966 entschied sich das US-Militär, keine Neukonstruktion zu planen, sondern die Cessna 337 als O-2 zu bestellen. Das Flugzeug war so ausgelegt, dass ein drittes Besatzungsmitglied, der Forward Air Controller, den Einsatz von Kampfflugzeugen bei Luftnahunterstützungsmissionen leiten konnte. Außerdem unterschieden sich die private und die militärische Version lediglich durch zusätzliche Beobachtungsfenster und die vier Träger an den Tragflächen. An diesen Außenlastträgern konnten leichte Waffen, Raketen oder Leuchtkörper mitgeführt werden. Zur psychologischen Kriegsführung wurden 31 Maschinen mit drei 300 Watt leistenden Richtlautsprechern ausgerüstet. Diese Version bekam die Bezeichnung O-2B. Insgesamt wurden an die US-amerikanische Luftwaffe 501 und im Jahr 1970 zwölf Flugzeuge an die iranische Luftwaffe geliefert. Die amerikanischen Flugzeuge wurden von der Luftwaffe in den 1980er Jahren alle außer Dienst gestellt.

Cessna O-2 „Skymaster"	
Verwendung	Beobachtungsflugzeug
Produktionszeit	1963 bis 1982
Spannweite (mm)	11.620
Länge/Höhe (mm)	9070/2790
Leergewicht (kg)	1264
max. Startmasse (kg)	2100
Vmax in (km/h)	332
Antrieb	2 x Continental-Motoren IO-360-GB-6-Zylinder-Boxermotoren, je 210 PS
Besatzung	3
Bewaffnung	4 Aufhängevorrichtungen

Consolidated PBY-5A „Catalina“	
Verwendung	Seeaufklärungsflugzeug
Produktionszeit	1935 bis 1945
Spannweite (mm)	31.700
Länge/Höhe (mm)	19.460/6150
Leergewicht (kg)	7976
max. Startmasse (kg)	16.081
Vmax in (km/h)	315
Antrieb	2 x Pratt & Whitney R-1830-92 14-Zylinder-Sternmotoren, je 1200 PS
Besatzung	9
Bewaffnung	3 x 7,62-mm-MGs 2 x 12,7-mm-MGs ca. 2 Tonnen Bombenlast

Consolidated PBY „Catalina“

Am 28. Oktober 1933 bestellte die US Navy einen Flugboot-Prototyp bei dem US-amerikanischen Flugzeughersteller Consolidated Aircraft. Der Prototyp „Catalina“ startete am 28. März 1935 in Buffalo zum Erstflug. Von dem Muster überzeugt, bestellte die US NAvy im Juni 1935 60 Maschinen der Consolidated PBY-1 und im Anschluss nochmals 116 Ausführungen PBY-2. Außer bei Consolidated wurden die Flugboote auch unter der Bezeichnung „Canso“ in Kanada und als GST in der Sowjetunion gebaut. Noch Mitte der 1950er Jahre setzte die Marine der UdSSR diese Flugboote ein. Als meistgebautes Flugboot wurden bis zum Jahr 1945 insgesamt 3272 „Catalinas“ gebaut. Britische „Catalinas“ nahmen auch an der „Berliner Luftbrücke“während der Berlin-Blockade vom 24. Juni 1948 bis zum 12. Mai 1949 durch die sowjetische Besatzung teil und landeten zur Versorgung der Bevölkerung auf der Havel. Im Jahr 1994 kaufte die holländische Firma Carair eine „Catalina“ und restaurierte sie über viele Monate hinweg. Mit neuem Farbkleid und Staffelzeichen des Dutch Naval Air Service ist die „alte Dame“ heute auf vielen Flugshows zu bewundern.

Convair CV 880 „Golden Arrow“	
Verwendung	Tankflugzeug
Produktionszeit	1959 bis 1962
Spannweite (mm)	36.580
Länge/Höhe (mm)	39.420/11.000
Leergewicht (kg)	42.730
max. Startmasse (kg)	87.730
Vmax in (km/h)	990
Antrieb	4 x General Electric CJ805-3-Turbojet-Triebwerke, je 51,95 kN Schub
Besatzung	9
Nutzlast (kg)	10.900

Convair CV 880 „Golden Arrow“

Als vierstrahliges Verkehrsflugzeug wurde die Convair CV 880 im Jahr 1959 präsentiert. Durch die hohe Reisegeschwindigkeit erhielt sie den Zusatz „Golden Arrow“. Auch die US Navy kaufte eine gebrauchte 880 und baute sie als fliegenden Teststand um. Das in den Listen als UC-880 dokumentierte Flugzeug wurde dem Naval Air Station Patuxent River zugewiesen und als Tankflugzeug und bei den Tests des Tomahawk-Marschflugkörpers eingesetzt. Als man im Jahr 1995 im Frachtraum der UC-880 einen Explosionstest durchführte, wurde das Flugzeug zerstört.

3
4
Blue Angels

Blue Angels

Nach dem Zweiten Weltkrieg im Jahr 1946 wurde die heute wohl berühmteste Kunstflugstaffel der Welt, die „Blue Angels", gegründet. Damals flog die Staffel noch auf drei Grumman F6F „Hellcat" ihre erste Vorführung auf der Southeastern Air Show in Jacksonville. Heute treten die „Blue Angels" mit ihren sechs Kampfflugzeugen vom Typ McDonnell Douglas F/A-18 Hornet jährlich vor zirka zehn Millionen Menschen während vieler internationaler Flugshows auf. Die letzte große Show in Europa zeigten die blauen Jets zu ihrem 60-jährigen Bestehen im Jahr 2006 bei einer Veranstaltung in den Niederlanden.

Dassault Super Étendard	
Verwendung	Jagdbomber
Produktionszeit	1974 bis 1981
Spannweite (mm)	9600
Länge/Höhe (mm)	14.310/3850
Leergewicht (kg)	6450
max. Startmasse (kg)	12.000
Vmax in (km/h)	1380
Antrieb	SNECMA Atar 8K50-Turbojet-Triebwerk, 49 kN Schub
Besatzung	1
Bewaffnung	2 x 30-mm-MK GIAT DEFA 553 5 Außenlaststationen, 2100 Kilogramm

Dassault Super Étendard

Von der französischen Marine wurde Mitte der 1970er Jahre ein flugzeugträgergestütztes Kampfflugzeug gefordert. Für die Umsetzung des Projekts wurde das französische Unternehmen Dassault Aviation ausgewählt. Als Grundlage für den Bau des neuen Jets griff Dassault auf das leichte und preiswerte Jagdflugzeug Dassault Étendard IV zurück. Ein erster Flug mit dem Prototyp zum Erproben der Triebwerke und mit ersten Lenkwaffentests fand am 28. Oktober 1974 statt. Anfangs glaubte die französische Marine, 100 Flugzeuge zu benötigen, doch dann wurde die Bestellung auf lediglich 71 Maschinen gekürzt. Der Test des ersten Serienmusters verlief Ende 1977 zu aller Zufriedenheit, und so begann ein Jahr später die Auslieferung der Serienflugzeuge, die bis zum Februar 1979 abgeschlossen war. Weitere 14 Dassault Super Étendard wurden bis zum Jahr 1981 an Argentinien geliefert, wo die Jagdbomber auch am Falklandkrieg teilnahmen. Bis zum Jahr 2013 wurden alle noch im Einsatz befindlichen Flugzeuge durch die modernen Dassault Rafale ersetzt. Insgesamt wurden 85 Dassault Super Étendard für verschiedene französische Flugzeugträger gebaut.

Dassault Super Mirage 4000

Als Abfangjäger und Jagdbomber stellte Dassault am 9. März 1979 den Prototyp der Dassault Mirage 4000 vor. Vorbild der Konstruktion war das einstrahlige Jagdflugzeug Mirage 2000. Der Militärjet hatte Deltaflügel und besaß ein modernes Fly-by-Wire-System. Bereits im März beim Erstflug erreichte die Super Mirage eine Geschwindigkeit von über 1,2 Mach und während der weiteren Flugerprobung eine Höchstgeschwindigkeit von 2655 km/h. Dabei erreichte der Kampfjet eine Gipfelhöhe von 20.000 Metern. Für externe Waffen standen 14 Außenpylonen für acht Tonnen Bomben und Raketen zur Verfügung. Mit diesen Leistungen war die Super Mirage erheblich leichter als alle vergleichbaren westlichen Jagdflugzeuge. Im Jahr 1980 kam dann das Aus für die zweistrahlige Mirage 4000 trotz fester Bestellungen aus Saudi-Arabien. Durch Haushaltskürzungen im Regierungsbudget war der Mirage 2000 der Vorzug gegeben worden. Die einzige Mirage 4000 ist heute im Freigelände des französischen Luftfahrtmuseums in Paris-Le Bourget zu besichtigen.

Dassault Super Mirage 4000	
Verwendung	Luftüberlegenheitsjäger
Produktionszeit	1979
Spannweite (mm)	12.000
Länge/Höhe (mm)	18.700/5800
Leergewicht (kg)	13.400
max. Startmasse (kg)	16.100
Vmax in (km/h)	2655
Antrieb	2 x SNECMA M53-2-Turbofan-Triebwerk, 95 kN Schub
Besatzung	1
Bewaffnung	2 x 30-mm-MK Giat DEFA 554 14 Außenlaststationen, 8000 Kilogramm

Dassault Mirage F1C	
Verwendung	Abfangjäger
Produktionszeit	1966 bis 1989
Spannweite (mm)	8400
Länge/Höhe (mm)	15.000/4490
Leergewicht (kg)	7400
max. Startmasse (kg)	15.200
Vmax in (km/h)	2340
Antrieb	SNECMA Atar-9K-50-Turbojet-Triebwerk, 70,18 kN Schub (Nachbrenner)
Besatzung	1
Bewaffnung	2 x 30-mm-MK M553 DEFA 7 Außenlaststationen, 4000 Kilogramm

Dassault Mirage F1

Frankreich hatte bereits in den 1960er Jahren den Abfangjäger Dassault Mirage III mit tief angesetzten Deltaflügeln bei der Luftwaffe im Einsatz. Ende der 1960er Jahren sollte der Mirage III eine kleinere und leichtere Version zur Seite gestellt werden. Dies war das Startsignal zur Entwicklung der Dassault Mirage F1. Zwar hatte ein erster Prototyp seinen Erstflug am 23. Dezember 1966, doch da er ein Jahr später abstürzte, wurde die Flugerprobung ausgesetzt. Erst im Jahr 1969 begann man das F1-Projekt fortzusetzen. Im März 1973 wurde dann das erste Serienexemplar an die französische Armée de l'air ausgeliefert. Im Vergleich zur Mirage III hatte der Schulterdecker einen konventionellen Flügel und einen größeren Tank. Die Version F1C war als Abfangjäger ausgelegt. Für Aufklärungszwecke wurden im Jahr 1982 einige Maschinen zur F1CR umgebaut. Durch weitere Umrüstungsmaßnahmen im Jahr 1992 wurden daraus F1CT. Beide Versionen waren 2009 noch im Einsatz. Die F1A war eine erfolgreiche Exportvariante. Bei den B- und D-Versionen handelte es sich um zweisitzige Schulungsvarianten. Die Dassault Mirage F1E wurde als Mehrzweckkampfflugzeug modernisiert. Bis zum Jahr 1989 wurden 730 Flugzeuge aller Versionen gebaut.

Dassault Rafale F3

Um die inzwischen lange im Einsatz befindliche Mirage III und die F1 in Zukunft nach und nach zu ersetzen, sollte ab Anfang der 1990er Jahre ein neues Kampfflugzeug bei den französischen Luftstreitkräften eingeführt werden. Zusätzlich sollte das neue Mehrzweckkampfflugzeug auch von Flugzeugträgern aus operieren können und die Vought F-8 „Crusader" ersetzen. Da Frankreich mit Jets mit Deltaflügeln gute Erfahrungen gemacht hatte, war das Flugzeug mit dieser Flügelform entworfen worden. Die ersten Ideen lagen bereits Mitte der 1970er Jahre auf den Zeichentischen von Dassault. Doch der Entwurf gefiel nicht, und so wurden erst 1977 die Pläne zum Bau des neuen Jets wieder aufgenommen. Ein Zusammenschluss mit England und Deutschland, die ebenfalls einen neuen Kampfjet suchten, wurde Anfang der 1980er Jahre verworfen. Als am 4. Juli 1986 endlich eine Rafale A von der Luftwaffenbasis Istres zum Jungfernflug startete, war der Jet noch mit GE-F404-GE-400-Triebwerken ausgestattet. Die erste Serienmaschine hob am 4. Dezember 1998 vom Boden ab.

Dassault Rafale F3	
Verwendung	Mehrzweckkampfflugzeug
Produktionszeit	1986 bis heute
Spannweite (mm)	10.800
Länge/Höhe (mm)	15.270/5340
Leergewicht (kg)	10.220
max. Startmasse (kg)	24.500
Vmax in (km/h)	2125
Antrieb	2 x SNECMA-M88-2-E4-Turbofan-Triebwerk, 75 kN Schub (Nachbrenner)
Besatzung	1
Bewaffnung	30-mm-MK GIAT 30 M791 14 Außenlaststationen, 9500 Kilogramm

Elbit Hermes 450	
Verwendung	Aufklärungsdrohne
Produktionszeit	1995 bis heute
Spannweite (mm)	10.510
Länge (mm)	6100
max. Startmasse (kg)	450
Vmax in (km/h)	176
Antrieb	UAV Engines R802-Wankelmotor, 52 PS
Besatzung	unbemannt
Nutzlast (kg)	150

Elbit Hermes 450

Der Einsatz von Drohnen im Militärbereich geht bereits auf das Jahr 1931 zurück, als die RAF drei Fairey IIIF als Fairey „Queen" über Funksteuerung als Zieldrohnen einsetzte. Heute wächst der Bedarf an diesen unbemannten Luftfahrzeugen enorm. Auch das israelische Unternehmen Elbit Systems gehört zu den Herstellern von Drohen. Mitte der 1990er Jahre stellte die Firma eine einmotorige Version als Elbit 450s vor. Das unbemannte System war so interessant, dass die israelische Armee 1997 mehrere Drohnen kaufte und ab dem Jahr 2000 einsetzte. Seit dem Jahr 2007 nutzen auch die Militärs von Kroatien, Mexiko, Singapur und Zypern die israelische Aufklärungsdrohne.

Fairchild-Republic A-10A „Thunderbolt II"

Die einsitzige Version der Fairchild-Republic A-10A war speziell für den Bodenangriff und die Luftunterstützung konzipiert. Die ersten Exemplare bekam im Oktober 1975 die Davis-Monthan Air Force Base in Arizona. Vor allem die fest installierte Bordkanone, die panzerbrechende Uranmunition mit 4200 Schuss in der Minute verfeuert, macht das wendige Flugzeug einmalig.

Fairchild-Republic A-10A „Thunderbolt II"	
Verwendung	Erdkampfflugzeug
Produktionszeit	1972 bis 1986
Spannweite (mm)	17.530
Länge/Höhe (mm)	16.260/4470
Leergewicht (kg)	11.321
max. Startmasse (kg)	23.000
Vmax in (km/h)	833
Antrieb	2 x General Electric TF34-GE-100A-Turbofan-Triebwerke, je 40.32 kN Schub
Besatzung	1
Bewaffnung	30-mm-Gatling-MK GAU-8/A Avenger, 11 Außenlastträger, 7000 Kilogramm

General Atomics MQ-1 „Predator"	
Verwendung	Aufklärungsdrohne
Produktionszeit	1995 bis heute
Spannweite (mm)	14.840
Länge/Höhe (mm)	8230/2100
Leergewicht (kg)	512
max. Startmasse (kg)	850
Vmax in (km/h)	180
Antrieb	Rotax-914-TC-Vierzylinder-Boxermotor, Turbolader, 106 PS
Besatzung	unbemannt
Nutzlast (kg)	204

General Atomics MQ-1

Die Entwicklung des Unmanned Aerial Vehicle (UAV) „Predator" geht auf ein geheimes Programm einer Behörde des US-amerikanischen Veteidigungsministeriums zurück. Eine erste Drohne unter der Bezeichnung General Atomics Gnat 750 flog Mitte des Jahres 1989. Sie stellte den direkten Vorläufer der MQ-1 dar. Als während des somalischen Bürgerkriegs im Jahr 1993 in der Stadt Mogadischu zwei MH-60 „Black Hawk"-Hubschrauber notlanden mussten und von einem übermächtigen Mob überrannt wurden, kamen zwei US-Soldaten ums Leben und wurden danach durch die Straßen der somalischen Hauptstadt geschleift. Dieser Vorfall zeigte die Problematik von bemannten Luftfahrzeugen auf, und die US-Regierung veranlasste eine höhere Priorität des laufenden unbemannten Drohnenprogramms. Im Frühjahr 1995 begannen die ersten Tests mit einer RQ-1A „Predator"-Drohne. Sie wurde mittlerweile in Afghanistan, Bosnien, Libyen, dem Irak, dem Jemen und Pakistan eingesetzt. Während des bis zu 24-stündigen Einsatzes kann die Drohne mithilfe von Tag- und Nachtkameras und einem Synthetic Aperture Radar über eine Satellitenverbindung mit der Bodenstation aufklären.

General Atomics MQ-9 „Reaper"	
Verwendung	Erdkampfdrohne
Produktionszeit	2001 bis heute
Spannweite (mm)	20.120
Länge/Höhe (mm)	10.970/3800
Leergewicht (kg)	2223
max. Startmasse (kg)	4763
Vmax in (km/h)	313
Antrieb	Honeywell TPE-331-10-Turboprop-Triebwerk, 900 WPS
Bewaffnung	4 Außenlaststationen 1361 Kilogramm

General Atomics MQ-9 „Reaper"

Die Basis der größeren und besser bewaffneten US-Erdkampfdrohne „Reaper" war die MQ-1 „Predator", die im Zuge des politischen Schlagworts „Krieg gegen den Terror" entwickelt wurde. Der Erstflug des großen unbemannten Fluggeräts erfolgte am 2. Februar 2001. Den offiziellen Namen bekam die Drohne im Februar 2003 und den Zusatz „Reaper" im Jahr 2009. Zu Beginn des Jahres waren bereits 28 General Atomics MQ-9 gebaut. Die erste „Reaper"-Staffel als 42nd Attack Squadron auf der Creech Air Force Base wurde im November 2009 ins Leben gerufen. In den nächsten Jahren ist die Anschaffung weiterer 60 Drohnen geplant.

General Dynamics F-16E „Fighting Falcon“	
Verwendung	Mehrzweckkampfflugzeug
Produktionszeit	1974 bis heute
Spannweite (mm)	9450
Länge/Höhe (mm)	14.520/5090
Leergewicht (kg)	8670
max. Startmasse (kg)	22.680
Vmax in (km/h)	2007
Antrieb	General Electric F110-GE-132-Turbofan-Triebwerk, 142,38 Schub (Nachbr.)
Besatzung	1
Bewaffnung	20 mm MK M61 Vulcan 6 11 Außenlaststationen, 7700 Kilogramm

General Dynamics F-16

Die Entwicklung des leichten Jägers F-16 „Fighting Falcon“ begann im Jahr 1971 unter der Modellbezeichnung 401. Anfang 1972 bestellte die USAF zwei Prototypen, die nun als YF-16 bezeichnet wurden. Für das nachfolgende Testprogramm wurden nochmals acht F-16, sechs F-16A und zwei zweisitzige F-16B bestellt. Zur gleichen Zeit zeigten auch Belgien, Dänemark, die Niederlande und Norwegen Interesse an der F-16. Der Erstflug einer F-16 fand am 2. Februar 1974 statt, und die USAF erhielt am 17. August 1978 die ersten Serienmuster. In Europa bekam die Force Aerienne Belge im Januar 1979 die ersten Jets. Im Mai folgten die ersten F-16 für die Niederlande. Die General Dynamics F-16 „Fighting Falcon“ erwies sich in der Folgezeit als sparsames und universell einsetzbares „Arbeitstier“. In den 1980er Jahren wurde die F-16 als Versionen „C“ und „D“ modernisiert und mit neuer Avionik und besseren Triebwerken ausgestattet. Für die gegnerische Flugabwehr wurde eine spezielle Version, die F-16 CJ angeschafft, die die Luft-Boden-Rakete AGM-88 HARM zur Bekämpfung von Radaranlagen auf dem Boden tragen kann. Bis zum Jahr 2012 wurden zirka 4500 F-16 gebaut, die weltweit bei 26 verschiedenen Luftwaffen eingesetzt werden.

General Dynamics F-111 „Aardvark“

Auf der Basis des Schwenkflügelflugzeugs Bell X-5 sollte Anfang der 1960er Jahre ein taktisches Flugzeug als Trägermuster für nukleare Kampfmittel gebaut werden. Das neue Militärflugzeug sollte auch von unbefestigten Pisten starten können und eine Reichweite von 6100 Kilometern haben. Nach eingehenden Vergleichen von Entwürfen verschiedener Flugzeughersteller gingen schließlich die Pläne von General Dynamics und Boeing als Sieger hervor. Die weiteren Konstruktionen gewann dann Boeing. Dennoch ermunterte der damalige US-Verteidigungsminister auch General Dynamics zum Bau des nun als F-111 bezeichneten Jets. Den Erstflug absolvierte der Bomber F-111A am 21. Dezember 1964. In den aktiven Dienst wurde das Flugzeug ab dem Jahr 1967 eingeführt. Die zweite B-Version war eine spezielle Jägerversion für die US Navy. Doch da die B-Variante für den Trägereinsatz stark untermotorisiert war, wurde das Programm im Jahr 1968 abgebrochen. Die D-Version war für den Export, dort vor allem für Australien reserviert.

General Dynamics FB-111A „Aardvark“	
Verwendung	strategischer Bomber
Produktionszeit	1964 bis 1982
Spannweite (mm)	10.340/21.330
Länge/Höhe (mm)	23.050/5180
Leergewicht (kg)	21.763
max. Startmasse (kg)	54.091
Vmax in (km/h)	2338
Antrieb	2 x Pratt & Whitney TF30-P-7-Turbofan-Triebwerke, je 90,56 Schub (Nachbr.)
Besatzung	2
Bewaffnung	20-mm-Gatling-MK M61A1 Vulcan, Außenlaststationen

Grumman A-6E „Intruder"	
Verwendung	Kampfflugzeug
Produktionszeit	1960 bis 1990
Spannweite (mm)	7720/16.150
Länge/Höhe (mm)	16.690/4930
Leergewicht (kg)	12.093
max. Startmasse (kg)	27.397
Vmax in (km/h)	1036
Antrieb	2 x Pratt & Whitney J52-P-8B-Turbojet-Triebwerke, je 41,2 Schub
Besatzung	2
Bewaffnung	5 Außenlaststationen, 8150 Kilogramm

Grumman A-6 „Intruder"

Um nach dem Koreakrieg ein modernes strahlgetriebenes Angriffsflugzeug zu haben, das von Flugzeugträgern aus operieren konnte, schloss die US Navy im Jahr 1957 einen Vertrag mit Grumman. Die erste Grumman A-6 „Intruder", die die kolbengetriebene AD-1 „Skyraider" ersetzen sollte, flog am 19. April 1960. Ab dem Jahr 1963 sollte das Kampfflugzeug der wichtigste Jet der US Navy und des Marine Corps werden. Die ersten Kampfeinsätze flog die „Intruder" in Vietnam, inzwischen unverzichtbar folgten Einsätze im Libanon im Jahr 1983 und 1986 in Libyen als Vergeltung des Bombenanschlags libyscher Terroristen auf die Berliner Diskothek „La Belle". Anfang der 1990er Jahre beteiligten sich 90 „Intruder" der Marine und 20 A-6 des Marine Corps während der Operation „Wüstensturm" an Angriffen auf den Irak. Da das Nachfolgemuster McDonnell Douglas/General Dynamics A-12 „Avenger II" jedoch aufgrund zu hoher Kosten bereits in der Entwicklungsphase gestoppt wurde, musste die A-6 „Intruder" im Dienst bleiben. Erst im Jahr 1996, als mittlerweile die F/A-18 zur Verfügung stand, wurden die letzten A-6 ausgemustert. Viele der Jets wurden im Meer versenkt, um künstliche Riffe anzulegen.

Grumman C-2 „Greyhound"

Mit Rumpfteilen, Tragflächen und dem Antrieb der Grumman E-2C entstand bis 1964 das trägergestützte Transportflugzeug C-2A „Greyhound". Der Erstflug wurde am 18. November 1964 gefeiert, und die Produktion der ersten Serienmaschinen begann ein Jahr später. Als man 1968 keinen weiteren Bedarf an dem Transporter sah, wurde die Produktion 1968 eingestellt und die ersten ausgelieferten Muster wurden 1973 einer Generalsanierung unterzogen, um die Einsatzzeit auszudehnen. Doch Anfang der 1980er Jahre wurden diese speziellen Transportflugzeuge, die ihre Flügel einklappen konnten, knapp, und man entschloss sich, die „Greyhound" weiterzubauen. So kamen die ersten Reproduced C-2A ab 1985 zu den Staffeln. Sie hatten inzwischen eine große Zahl von Verbesserungen am Rumpf und in der Elektronik erhalten. Im gleichen Zeitraum wurden die „alten" C-2A bis 1987 ausgemustert. Für die C-2A gab es ein breites Spektrum an Einsatzgebieten, die einen Bogen vom Lazarettflugzeug über den Transport von Ersatztriebwerken bis hin zum Postdienst zwischen Einsatzgebieten und den Heimatbasen während des ersten Golfkriegs spannten.

Grumman C-2 „Greyhound"	
Verwendung	Transporter
Produktionszeit	1964 bis 1989
Spannweite (mm)	24.600
Länge/Höhe (mm)	17.300/4850
Leergewicht (kg)	15.310
max. Startmasse (kg)	24.655
Vmax in (km/h)	553
Antrieb	2 x Allison T56-A-425-Turboprop-Triebwerke, je 4623 PS
Besatzung	4
Nutzlast (kg)	4500

Grumman E-2 „Hawkeye"	
Verwendung	AEW-Luftaufklärer
Produktionszeit	1960 bis 2009
Spannweite (mm)	24.560
Länge/Höhe (mm)	17.600/5580
Leergewicht (kg)	18.090
max. Startmasse (kg)	26.083
Vmax in (km/h)	648
Antrieb	2 x Allison T56-A-427-Turboprop-Triebwerke, je 5100 WPS
Besatzung	5
max. Einsatzdauer	6 Stunden 15 Minuten

Grumman E-2 „Hawkeye"

Um ein trägergestütztes Frühwarnflugzeug zu erhalten, experimentierte Grumman bereits Ende der 1950er Jahre mit der „WF", aus der später die Grumman WF/E-1 „Tracer" werden sollte. Das Frühwarnflugzeug war bis zum Jahr 1977 im Einsatz. Doch die WF/E-1 war lediglich eine umgebaute Variante der Grumman S-2. Als neuer Frühwarner sollte nun ein speziell für diesen Zweck gebautes Flugzeug die WF/E-1 ersetzen. Den ersten Flug absolvierte der unter der Bezeichnung W2F-1 eingesetzte Prototyp am 21. Oktober 1960. Ab dem Jahr 1964 wurde das Flugzeug dann das „Auge der US-Luftflotte" und bestritt zahlreiche Einsätze gegen Ende des Vietnamkriegs. Während des Libyenkriegs leiteten die „Hawkeyes" die Grumman F-14 „Tomcats" zu ihren Einsatzorten und patroullierten während der Golfkriege über Feindgebiet. Von den 205 gebauten „Hawkeyes" fliegen außer den USA auch Ägypten, China, Israel und Frankreich dieses Grumman-Muster. Auch aktuell gehört die Grumman noch nicht zum „alten Eisen". Als E-2D wird die moderne Variante seit 2011 ausgeliefert.

Grumman F-14 „Tomcat"

Um gestartete Seezielflugkörper von sowjetischen U-Booten und Bombern während des „Kalten Kriegs" abwehren zu können, suchte die US Navy in den 1950er Jahren nach einem trägergestützten Langstreckenabfangjäger. Entwürfe für den Jäger kamen von General Dynamics, Grumman, Ling-Temco-Vought, McDonnell Douglas und North American Rockwell. Schließlich erhielt Grumman im Januar 1969 den Auftrag für den Bau des Flugzeugmusters. Zu Ehren des US-Konteradmirals Thomas „Tomcat" Connelly erhielt der Jet den Namen „Tomcat". Connelly hatte sich öffentlich für die F-14 starkgemacht, die favorisierte F-111A als ungeeignet erachtet und mit dieser Aussage seine Karriere gefährdet. Bereits 22 Monate nach Vertragsunterzeichnung hob der erste F-14-Prototyp am 21. Dezember 1970 vom Boden ab. Doch stürzte der Prototyp einige Tage später wegen Hydraulikproblemen ab. Beide Piloten konnten sich mit den Schleudersitzen retten. Die Produktion der F-14 lief 1973 an, und im September des darauffolgenden Jahres lief der Flugzeugträger USS Enterprise das erste Mal mit zwei F-14-Staffeln aus. Von den bis zum Jahr 1992 gebauten Exemplaren bekam lediglich der Iran während der Regentschaft des Schahs von Persien 79 von 80 bestellten „Tomcats".

Grumman F-14 „Tomcat"	
Verwendung	Luftüberlegenheitsjäger
Produktionszeit	1970 bis 1992
Spannweite (mm)	11.650/19.550
Länge/Höhe (mm)	19.100/4880
Leergewicht (kg)	18.191
max. Startmasse (kg)	32.805
Vmax in (km/h)	1996
Antrieb	2 x Pratt & Whitney-TF30P-412A-Turbofan-Triebwerke, je 68 Schub
Besatzung	2
Bewaffnung	20-mm-Gatling-MK M61A1 Vulcan 10 Außenlaststationen, 6600 Kilogramm

IAI Arava

Als erstes größeres Flugzeug begann die Konstruktion des leichten Transporters IAI Arava durch das Unternehmen Israel Aircraft Industries im Jahr 1966. Von der israelischen Luftwaffe waren für den Transporter vor allem STOL-Eigenschaften gewünscht, um auch von Behelfspisten operieren zu können und das Verladen von mindestens 25 Soldaten oder der entsprechenden Nutzlast zu gewährleisten. Erstmals flog eine Arava am 27. November 1969, und schon bald zeigte sich, dass das Flugzeug vielseitig verwendbar war. So wurden während der Bauzeit mehrere Versionen als Transporter, Kombi-, VIP- und Passagierflugzeuge für zivile wie militärische Nutzer gefertigt. Insgesamt wurden über 90 Maschinen gebaut.

IAI Arava	
Verwendung	Transportflugzeug
Produktionszeit	1969 bis 1988
Spannweite (mm)	20.900
Länge/Höhe (mm)	13.000/5200
Leergewicht (kg)	4000
max. Startmasse (kg)	6803
Vmax in (km/h)	397
Antrieb	2 x Pratt & Whitney Canada PT6A34-Turboprop-Triebwerke, je 782 PS
Besatzung	2
Nutzlast (kg)	2800

IAI Heron

Die allwetterfähige Aufklärungsdrohne Heron der Israel Aerospace Industries absolvierte ihren Erstflug am 15. Juli 2006 und wird seit der Indienststellung bei der israelischen Luftwaffe „Machatz-1" genannt. Die für eine mittlere Höhe und eine lange Ausdauer geeignete Drohne kann nahezu vollautomatisch fliegen, indem über GPS-Daten eine feste Route einprogrammiert wird. Auch die Starts und Landungen werden automatisch vollzogen. Somit hat der bis zu 400 Kilometer entfernte Air Vehicle Operator (AVO) lediglich eine Überwachungsaufgabe. Lediglich über die Sensoren an Bord der Drohne kann der Operator in die Flugstrecke eingreifen, da sich die Drohne nach den geforderten Blickwinkeln ausrichten muss. Doch auch hier berechnet die Elektronik des Systems die Möglichkeit. Das erarbeitete Bildmaterial wird in Echtzeit direkt zur Einsatzführung übertragen, wo professionelle Bildauswerter das gelieferte Bildmaterial prüfen. Seit 2007 experimentiert IAI mit einer Weiterentwicklung der Aufklärungsdrohne unter der Bezeichnung Heron TP.

IAI Heron 1	
Verwendung	Aufklärungsdrohne
Produktionszeit	2006 bis heute
Spannweite (mm)	16.600
Länge/Höhe (mm)	8500/2300
max. Startmasse (kg)	1150
Vmax in (km/h)	213
Antrieb	Rotax-914-TC-Vierzylinder-Boxermotor, Turbolader, 115 PS
Einsatzdauer (Std.)	bis 45

United States Air Force Thunderbirds

Die erste Staffel der „Thunderbirds", die im Jahr 1953 gegründet wurde, war mit Republic F-84 „Thunderjets" ausgestattet. Im Jahr 1956 wechselten die Piloten auf North American F-100 „Super Sabre". Ein weiterer Wechsel zur Republic F-105 „Thunderchief" im Jahr 1960 wurde aufgegeben, da der Jet wegen immer wieder auftretender Probleme unzuverlässig war. Im Sommer des Jahres 1969 stieg die Kunstflugstaffel auf die McDonnell F-4 Phantom um. Als die Vereinigten Staaten im Jahr 1976 ihr 200-jähriges Bestehen feierten, wurden die „Thunderbirds" zur offiziellen Kunstflugstaffel Amerikas. Seit dem Jahr 1986 fliegen die in den US-amerikanischen Nationalfarben Rot, Weiß und Blau lackierten „Thunderbirds" den Mehrzweckkampfjet General Dynamics F-16 „Fighting Falcon". Die Staffel ist seit dem Jahr 1956 auf der Nellis Air Force Base bei Las Vegas stationiert.

Jakowlew Jak-141

Auch die Sowjetunion entwickelte Ende der 1980er Jahre ein Überschall-Kampfflugzeug, das senkrecht starten und landen sollte. Die Yak-41 basierte auf der Jakowlew Jak-38, die ab den 1970er Jahren in 231 Exemplaren gebaut worden war. Der erste Prototyp zeigte am 9. März 1987, das erste Mal noch mit konventionellem Start und konventioneller Landung, was er konnte. Der erste Flug, während dessen Erprobung das Flugzeug von einem senkrechten Start in den waagrechten Flug überging, wurde am 13. Juni 1990 durchgeführt. Während der Erprobung der beiden Prototypen bis zum Jahr 1991, als die Entwicklung des Projekts wegen eines verringerten Militärbudgets abgebrochen wurde, konnte das nun als Yak-141 bezeichnete VTOL-Kampfflugzeug zwölf Weltrekorde für sich gewinnen. Auch der Unfall eines der Prototypen, bei dem das Flugzeug komplett zerstört wurde, trug zum Entwicklungsstopp bei. Die VTOL-Eigenschaften wurden bei der Yak-141 durch zwei Hubtriebwerke direkt hinter der Pilotenkanzel und Schubtriebwerken im hinteren Rumpfbereich erreicht. Die Hubtriebwerke wurden während des Horizontalflugs abgeschaltet.

Jakowlew Jak-141	
Verwendung	VTOL-Kampfflugzeug
Produktionszeit	1987
Spannweite (mm)	13.970
Länge/Höhe (mm)	18.360/5000
Leergewicht (kg)	11.650
max. Startmasse (kg)	19.500
Vmax in (km/h)	1800
Antrieb	MNPK Kobchenko/Sojus R-79-300 Turbofan als Schubtriebwerk, 2 x Rybinsk Motors RKBM-RD-41 Turbojets als Hubtriebwerke
Besatzung	1

Lockheed AC-130 H „Spectre"	
Verwendung	Gunship
Produktionszeit	1967 bis heute
Spannweite (mm)	40.410
Länge/Höhe (mm)	29.790/11.660
Leergewicht (kg)	28.575
max. Startmasse (kg)	69.750
Vmax in (km/h)	480
Antrieb	4 x Allison-T56-A-1A-Turboprop-Triebwerke, je 4240 WPS
Besatzung	13
Bewaffnung	4 Lafetten sechsläuf. 7,62-mm-MG 4 Lafetten sechsläufige 20-mm-MK (Bewaffnung für Gunship II)

Lockheed AC-130

Das Konzept der Lockheed AC-130 ging auf den Vietnamkrieg zurück, als große Militärflugzeuge um ein Schlachtfeld kreisend die Ziele mit Schnellfeuerwaffen beschossen. Vor allem die Douglas AC-47 „Spooky" hatte sich während dieses Krieges als Gunship gut bewährt. Die Entwicklung des neuen Gunships begann mit dem Umbau eines Transportflugzeugs vom Typ JC-130A „Hercules" zur AC-130A mit vier mehrläufigen M61-Vulcan-Maschinenkanonen und vier mehrläufigen Minigun-Maschinengewehren. Der Einsatz der AC-130A Ende 1967 in Vietnam war erfolgreich, und so beschloss die Militärleitung weitere „Hercules" in Gunships umzubauen. Das Modell „Spectre" wurde während des US-militärischen Einsatzes in Panama im Jahr 1989 eingesetzt, und auch im Zweiten Golfkrieg erwies sich das feuerstarke Großflugzeug als effektiv. Die modernste Variante des Lockheed-Gunships ist die AC-130U „Spooky II", die im Januar 2007 negative Schlagzeilen machte, als im südsomalischen Dorf Badel Zivilisten getötet wurden.

Lockheed C-5 „Galaxy"

Bis zur Präsentation der sowjetischen Antonow An-124 „Ruslan" im Jahr 1982 war die US-amerikanische Lockheed C-5 „Galaxy" das größte Flugzeug der Welt. Die ersten Pläne für so einen großen strategischen Transporter gingen schon in die 1960er Jahre zurück, als die US-Luftwaffe eine Studie in Auftrag gab. Der Plan sah einen Bedarf von zirka 200 Maschinen vor. Um den lukrativen Auftrag zu bekommen, reichten die Flugzeughersteller Boeing, Douglas, General Dynamics, Lockheed und Martin Marietta ihre Entwürfe ein. Bald kristallisierte sich heraus, dass Lockheed mit seinem Entwurf das Rennen machen sollte, da das Projekt das kostengünstigste war. Der Erstflug der Lockheed C-5 „Galaxy" fand auf der Dobbins Air Force Base in Georgia am 30. Juni 1968 statt. In den Einsatz ging die erste „Galaxy" im Dezember 1969. Im September 2009 stellte die C-5 M 41 mehrere Weltrekorde im Flug bei Zuladung und Erreichen bestimmter Höhen auf. In der Zeit von 1968 bis 1973 und nach einer Fertigungspause von 1986 bis 1989 wurden insgesamt 131 Lockheed C-5 „Galaxy" gebaut. Lediglich sechs Maschinen gingen bis heute durch Unglücke verloren. Auch zurzeit sind „Galaxy" noch im regelmäßigen Einsatz und sollen nach und nach modernisiert werden, um auch 2040 im Lufttransport noch eine strategische Rolle zu spielen.

Lockheed C-5A „Galaxy"	
Verwendung	strategischer Transporter
Produktionszeit	1968 bis 1989
Spannweite (mm)	67.880
Länge/Höhe (mm)	75.530/19.340
Leergewicht (kg)	169.643
max. Startmasse (kg)	379.657
Vmax in (km/h)	919
Antrieb	4 x General Electric TF39-GE-1C-Turbofan-Triebwerke, je 191,34 kN Schub
Besatzung	5/15

Lockheed C-141 B/C „Starlifter"	
Verwendung	strategischer Transporter
Produktionszeit	1965 bis 1968
Spannweite (mm)	48.800
Länge/Höhe (mm)	51.300/12.000
Leergewicht (kg)	67.186
max. Startmasse (kg)	147.000
Vmax in (km/h)	912
Antrieb	4 x Pratt & Whitney TF33-P-7-Turbofan-Triebwerke, je 91 kN Schub
Besatzung	5
max. Zuladung (kg)	42.500

Lockheed C-141 „Starlifter"

Um die kolbengetriebenen US-Militärtransporter durch strahlgetriebene Muster zu ersetzen, entschied sich die USAF Anfang der 1960er Jahre, die Lookheed C-141A bauen zu lassen. Die Hauptaufgaben des „Starlifters" waren vor allem das Transportieren von militärischen Gerätschaften und Frachtpaletten, aber auch von verwundeten Soldaten oder Fallschirmjägern. Diese Einsätze sollten auch über längere Strecken möglich sein. Dadurch hatte die C-141A eine Reichweite von über 6500 Kilometern. Der Erstflug des „Starlifters" fand am 17. Dezember 1963 statt, dem 60. Jahrestag des ersten Flugs der Gebrüder Wright. Die Indienststellung des als Schulterdecker konzipierten Transportflugzeugs begann im April 1965 beim Military Air Transport Service (MATS). Zwischen den Jahren 1977 und 1982 wurden alle im Einsatz befindlichen C-141A umgebaut, da sie immer mehr die für viele Aufgaben zu große „Galaxy" ersetzten. 64 der noch im Einsatz befindlichen Maschinen des Typs C-141 wurden zwischen 1997 und 1999 nochmals modernisiert und als C-Version wieder in Betrieb genommen. Erst im Jahr 2006 wurden die letzten „Starlifter" außer Dienst gestellt.

Lockheed Martin F-22

Die US Air Force beschäftigte sich schon in den 1970er Jahren mit der Tarnkappentechnik. Dazu hatte Lockheed das „Have Blue"-Programm ins Leben gerufen. Das Ergebnis war die F-117 „Nighthawk". Auf dieser Basis forderte die USAF Mitte der 1990er Jahr einen Entwurf eines Luftüberlegenheitsjägers. Lookheed begann mit der Konstruktion des Tarnkappenjets und präsentierte am 9. April 1997 ein ungewöhnliches Kampfflugzeug der Öffentlichkeit, die F-33. Der Erstflug fand am 29. Juni 1998 mit mehreren Demonstrationen der Leistungsfähigkeit des Flugzeugs statt. Während der kurzen Bauphase wurden insgesamt 195 F-22 gebaut. Doch keines der Flugzeuge beteiligte sich an Einsätzen.

Lockheed Martin F-22A „Raptor"	
Verwendung	Luftüberlegenheitsjäger
Produktionszeit	2005 bis 2011
Spannweite (mm)	13.560
Länge/Höhe (mm)	18.870/5080
Leergewicht (kg)	19.659
max. Startmasse (kg)	37.875
Vmax in (km/h)	1915
Antrieb	2 x Pratt & Whitney F119-PW-100-Turbofan-Triebwerke, je 116 kN Schub
Besatzung	1
Bewaffnung	4 Waffenschächte, 4 externe Waffenstationen

Lockheed Martin F-35A „Lightning II"	
Verwendung	Mehrzweckkampfflugzeug
Produktionszeit	2006 bis heute
Spannweite (mm)	10.670
Länge/Höhe (mm)	15.670/4570
Leergewicht (kg)	13.170
max. Startmasse (kg)	31.751
Vmax in (km/h)	2135
Antrieb	Pratt & Whitney-F135-100-Turbofan-Triebwerk, 191,3 kN Schub
Besatzung	1
Bewaffnung	11 Außenlaststationen, 8000 Kilogramm

Lockheed Martin F-35

Durch eine Ausschreibung des US-Verteidigungsministeriums entstand das Joint-Advanced-Strike-Technology-Programm (JAST), um künftige Anforderungen der Streitkräfte festzuschreiben. Im Rahmen dieses Programms entsprangen die beiden Prototypen Boeing X-32 und Lockheed Martin X-35, die VTOL-Technik besaß. Da Lockheed mit der X-35 das bessere Konzept bot, ging der Konstruktionsvertrag im Jahr 2001 an dieses Unternehmen. Der Bau der ersten Tarnkappen-Prototypen begann 2004. Die erste F-35A startete am 15. Dezember 2006 in Fort Worth zum Jungfernflug, der durch unerwartete technische Probleme bereits nach einer halben Stunde abgebrochen werden musste. Im STOVL-Bereich flog der BAE-Testpilot Graham Tomlinson das F-35B-Muster das erste Mal am 11. Juni 2008. Der dritte Prototyp F-35C flog am 6. Juni 2010 das erste Mal. Bis zum Jahr 2030 soll die F-35 alle F-16 der US Air Force ersetzt haben. Die Gesamtkosten für die 2456 neuen F-35 werden sich auf 396 Milliarden US-Dollar belaufen.

Lockheed Martin F-117

Stealth-Flugzeuge sind heute die modernen Muster der Kampfjets. Diese Tarnkappeneigenschaften sind auf eine besondere Rumpfform zurückzuführen, die aus mehreren ebenen Flächen besteht. Ein Jet, der auch an Kampfeinsätzen teilnahm, war die Lockheed Martin F-117 „Nighthawk". Sie geht auf die beiden Prototypen Lookheed „Have Blue" zurück, die ihren Erstflug am 1. Dezember 1977 absolvierten. Danach begann die Produktion der um etwa ein Drittel größeren Serienjets. Unter höchster Geheimhaltungsstufe fand am 18. Juni 1981 der Jungfernflug einer F-117 statt. Die Auslieferung der F-117A begann am 23. August 1982 und endete nach 64 Exemplaren im Sommer 1990. Ein erster Einsatz von F-117 ist im Dezember 1989 belegt, als sechs „Nighthawks" von Tonopah zu einem Bombenangriff nach Panama während der Operation „Just Cause" aufbrachen. Zwei Jahre später begannen F-117A mit Angriffen auf Bagdad die Operation „Dessert Storm", während deren Verlauf die Flugzeuge insgesamt 1270 Kampfeinsätze flogen, und auch am 20. März 2003 leiteten F-117 die Operation „Iraqi Freedom" ein.

Lockheed Martin F-117 „Nighthawk"	
Verwendung	Tarnkappenflugzeug
Produktionszeit	1981 bis1990
Spannweite (mm)	13.200
Länge/Höhe (mm)	20.080/3780
Leergewicht (kg)	13.381
max. Startmasse (kg)	23.814
Vmax in (km/h)	1040
Antrieb	2 x General Electric F404-F1D2-Turbofan-Triebwerk, je 48 kN Schub
Besatzung	1
Bewaffnung	2 Waffenschächte, 2000 Kilogramm

Lockheed P-3

Als parallele Entwicklung der zivilen Lookheed L-188 „Electra" war die viermotorige P-3 „Orion" vor allem für militärische Aufgaben in der Seeaufklärung und bei der U-Boot-Jagd geplant. Der noch von einer „Electra" umgebaute Prototyp wurde am 25. November 1959 erstmalig im Flug vorgeführt und ab dem Jahr 1962 an die Streitkräfte ausgeliefert. Auch die deutsche Marine setzt acht Lookheed P-3C als U-Boot-Jagdflugzeuge mit einer elfköpfigen Besatzung ein. Die Flugzeuge sind aus niederländischen Beständen und wurden nach modernsten Gesichtspunkten umgebaut. Das erste Flugzeug wurde offiziell am 18. Mai 2006 ausgeliefert. Bis zum Jahr 1990 wurden insgesamt 757 Flugzeuge in sehr unterschiedlichen Versionen gebaut und an viele Nutzer weltweit verkauft.

Lockheed P-3C „Orion"	
Verwendung	U-Boot-Jagdflugzeug
Produktionszeit	1959 bis 1990
Spannweite (mm)	30.370
Länge/Höhe (mm)	35.610/10.270
Leergewicht (kg)	27.892
max. Startmasse (kg)	64.410
Vmax in (km/h)	761
Antrieb	4 x Rolls-Royce-Allison-T56-A-14-Turboprop-Triebwerke, je 4910 PS
Besatzung	10
Bewaffnung	Waffenzul. 3300 Kilogramm, 10 Außenlaststationen, 5700 Kilogramm

Lockheed S-3

Kolbengetriebene U-Boot-Jäger gehörten Ende der 1960er Jahre der Vergangenheit an. Gefragt waren moderne Jagdflugzeuge mit Strahltriebwerken. So entschied sich die US-amerikanische Marine für ein von Lockheed konzipiertes Muster. Die mit YS-3A gezeichnete Testmaschine hatte ihren Erstflug am 21. Januar 1972, und zwei Jahre nach dem gelungenen Flug konnte der erste einsatzfähige, mit Faltflügeln versehene Jet der US Navy übergeben werden. Eingesetzt wurde die „Viking" von Flugzeugträgern aus, wo sie für die U-Boot-Bekämpfung und die Fernerkundung bis 2009 eingesetzt wurde. Im April 2010 begann eine zweite Karriere der S-3, als eine Maschine für Überwachungsaufgaben an die Waffenteststaffel VX-30 ausgeliefert wurde.

Lockheed S-3 „Viking"	
Verwendung	U-Boot-Jagdflugzeug
Produktionszeit	1972 bis 1978
Spannweite (mm)	8990/20.930
Länge/Höhe (mm)	16.260/6930
Leergewicht (kg)	12.057
max. Startmasse (kg)	23.831
Vmax in (km/h)	835
Antrieb	2 x General Electric TF34-GE-400B-Turbofan-Triebwerke, je 41,26 kN Schub
Besatzung	4
Bewaffnung	2 Waffenschächte, 1800 Kilogramm

McDonnell Douglas F-15C „Eagle"	
Verwendung	Luftüberlegenheitsjäger
Produktionszeit	1972 bis heute
Spannweite (mm)	13.050
Länge/Höhe (mm)	19.430/5630
Leergewicht (kg)	13.336
max. Startmasse (kg)	30.844
Vmax in (km/h)	2655
Antrieb	2 x Pratt & Whitney F100-PW-220-Turbofan-Triebwerke, je 63,9 kN Schub
Besatzung	1
Bewaffnung	20-mm-MK Typ M61 Vulcan, 11 Waffenstationen

McDonnell Douglas F-15

Amerikas Militärs waren im Jahr 1967 geschockt, als während der Luftfahrtshow in Moskau-Domodedowo die neuen sowjetischen Kampfflugzeuge MiG-23 und MiG-25 zu sehen waren. Schnell musste ein neues Jagdflugzeug gefunden werden. McDonnell Douglas hatte das benötigte Muster in Form der FX-Studie bereitliegen. Am 27. Juli 1972 konnte Amerika mit einem Erstflug der F-15A „Eagle" kontern. Eine zweisitzige Variante folgte am 7. Juli 1973. Im November 1974 kamen die ersten F-15 zu den einzelnen Staffeln. Im April 1977 wurden auch F-15A/B beim 36. TFW in Bitburg in der Eifel stationiert. Ihre Einsätze hatten die US-F-15 „Eagle" in den Golfkriegen und den Auseinandersetzungen im Kosovo. Die israelische Luftwaffe schoss am 26. Juni 1979 fünf syrische MiG-21 ab, die die F-15 hindern wollten, Stützpunkte bei Sidon anzugreifen. Auch im Libanonkrieg waren israelische F-15 im Einsatz. Die saudische Luftwaffe verfügt ebenfalls über F-15, die im Jahr 1984 gegen den Iran eingesetzt wurden.

McDonnell Douglas KC-10

Der Vietnamkrieg hatte gezeigt, dass Tankflugzeuge wie die Boeing KC-135 „Stratotanker" auch in größerer Anzahl bei permanenten Luftangriffen für das Nachtanken der Jets und Bomber zu klein waren. So wurde durch das Projekt „Advanced Tanker/Cargo Aircraft" die KC-10 gebaut. Ihren Erstflug bestand das Flugzeugmuster am 12. Juli 1980, und bereits im März 1981 waren die ersten Maschinen im Einsatz. Mit der McDonnell Douglas KC-10 „Extender" konnte das Tankflugzeug eine C-5 „Galaxy" mit bis zu 4200 Litern Treibstoff pro Minute beliefern. Bis zum Jahr 1990 wurden insgesamt 60 Tank- und Transportflugzeuge gebaut.

McDonnell Douglas KC-10 „Extender"	
Verwendung	Tank- und Transportflugzeug
Produktionszeit	1980 bis 1990
Spannweite (mm)	50.400
Länge/Höhe (mm)	55.650/17.700
Leergewicht (kg)	121.199
max. Startmasse (kg)	267.620
Vmax in (km/h)	978
Antrieb	3 x General Electric CF6-50C2-Turbofan-Triebwerke, je 233,31 kN Schub
Besatzung	4
Zuladung (kg)	165.565 (Treibstoff)

Mikojan-Gurewitsch MiG-31	
Verwendung	Abfangjäger
Produktionszeit	1975 bis 2000
Spannweite (mm)	13.460
Länge/Höhe (mm)	22.690/6150
Leergewicht (kg)	21.825
max. Startmasse (kg)	46.200
Vmax in (km/h)	ca. 3000
Antrieb	2 x Solowjow D-30-F6-Turbofan-Triebwerke, je 92,2 kN Schub
Besatzung	2
Bewaffnung	23-mm-MK Grjasew-Schipunow GScha-6-23, 7 Außenlaststationen, 4000 Kilogramm

Mikojan-Gurewitsch MiG-31

Sie gleichen sich fast wie ein Ei dem anderen, und dennoch sind die beiden Mikojan-Gurewitsch MiGs vom Typ 25 und 31 komplett unterschiedliche Konstruktionen. Bei der sowjetischen Luftverteidigung lag Anfang der 1970er Jahre einiges im Argen, und weder die nur in geringen Stückzahlen für die Frühwarnung zur Verfügung stehenden Tu-126 noch die neuen Abfangjäger MiG-25 konnten an diesem Zustand etwas ändern. So begann im Jahr 1971 das Projekt 518-22, dessen Resultat ein Abfangjäger, strategischer Bomber und Tarnkappenbomber sein sollte. Aus dem Projekt entwickelte sich schließlich die MiG-31, die ihren Erstflug am 16. September 1975 absolvierte. Während der Erprobung kam es dann zu einigen Unfällen, sodass die Serienproduktion bis in das Jahr 1980 immer wieder verschoben wurde. Der Westen erfuhr erst 1976 von der Existenz der MiG-31, als sich der sowjetische Leutnant Viktor Belenko mit seiner MiG-25 nach Hakodate in Japan in den Westen verabschiedete. Eine besondere Variante der MiG-31 mit der Bezeichnung Je-266M stellte zwischen 1965 und 1973 mehrere Weltrekorde auf wie eine Durchschnittsgeschwindigkeit von 2981,5 km/h auf einem 500-Kilometer-Rundkurs oder einen Höhenrekord von 29.977 Metern am 5. Oktober 1967.

Mikojan-Gurewitsch MiG-35

Die MiG-29 war nach der Öffnung in den Westen nicht mehr auf dem neuesten Stand bei den Kampfjets. Vor allem die Avionik brachte sehr viele Nachteile. Die Lösung sahen die russischen Luftstreitkräfte nur in der Entwicklung eines neuen Mehrzweckkampfjets, und obwohl die MiG-35 der MiG-29 sehr ähnlich war, wurde sie komplett neu konstruiert. So besitzt die MiG-35 das Radar- und Waffenleitsystem NIIR Schuk-A, das Luftziele bis zu 160 Kilometer und Seeziele bis zu 300 Kilometer verfolgen kann. Von diesen bis zu 30 Zielen können gleichzeitig sechs feindliche Einheiten mit Luft-Luft-Mittelstreckenraketen attackiert werden. Das vordere Pilotencockpit beinhaltet drei Multifunction- und Head-up-Displays. Während der Internationalen Luft- und Raumfahrtausstellung in Berlin im Jahr 2006 konnte die MiG-29MOWT erstmals ihre erstaunliche Wendigkeit bei fantastischen Flugmanövern vorführen. Bis zum Jahr 2008 waren insgesamt zehn MiG-35 einsatzbereit. Wie viele insgesamt gebaut werden, ist im Moment ungewiss.

Mikojan-Gurewitsch MiG-35	
Verwendung	Mehrzweckkampfflugzeug
Produktionszeit	2007 bis heute
Spannweite (mm)	11.410
Länge/Höhe (mm)	17.160/4360
Leergewicht (kg)	12.000
max. Startmasse (kg)	23.500
Vmax in (km/h)	2445
Antrieb	2 x Klimow-RD-33MK(B)-3M-Turbofan-Triebwerke, je 53 kN Schub
Besatzung	1
Bewaffnung	30-mm-MK Grjasew-Schipunow GSch-30-1, 11 Außenlaststationen, 6500 Kilogramm

Northrop B-2 „Spirit"	
Verwendung	strategischer Bomber
Produktionszeit	1989 bis 1993
Spannweite (mm)	52.430
Länge/Höhe (mm)	21.030/5180
Leergewicht (kg)	72.575
max. Startmasse (kg)	152.635
Vmax in (km/h)	1010
Antrieb	4 x General Electric F-118-GE-100-Turbofan-Triebwerke, je 84,6 kN Schub
Besatzung	2
Bewaffnung	2 Waffenschächte, 18.144 Kilogramm

Northrop B-2 „Spirit"

Im Rahmen des Projekts „Harvey", benannt nach dem im US-Film „Mein Freund Harvey" mit James Stewart vorkommenden unsichtbaren Hasen, suchten die US-Streitkräfte nach neuen Technologien. Zuvor hatten die Konstrukteure bereits Erfahrungen mit der Lockheed SR-71 und U-2 gesammelt. Das Projekt sollte einen Bomber mit Stealth-Eigenschaften hervorbringen, der weit hinter den feindlichen Linien die sowjetischen Panzerverbände eliminieren sollte. Ein erster Prototyp der B-2 flog am 17. Juli 1989. Am 23. September gelang bereits eine erste Luftbetankung. Inzwischen sah das Beschaffungsamt 132 Maschinen vor, doch wegen des jähen Endes des „Kalten Kriegs" sah man vonseiten der Politik bald kaum mehr Verwendung für den großen Tarnkappenbomber. So strich man die Bestellungen auf lediglich 21 Einheiten zusammen. Im Jahr 1999 wurden zwei B-2 erstmals im Rahmen des Kosovo-Kriegs eingesetzt, um Ziele in Jugoslawien anzugreifen. Auch während des Afghanistan-Kriegs wurden sechs Northrop B-2 „Spirit" ab 2001 eingesetzt, und auch im Irak-Krieg flogen vier B-2 regelmäßig Angriffe auf vorbestimmte Ziele.

Northrop F-5 „Freedom Fighter"/„Tiger II"

Das Muster wurde von Northrop bereits in den 1950er Jahren als günstiges Jagdflugzeug unter der Bezeichnung NF-156F entwickelt. Doch da die US Air Force nur geringes Interesse an dem Jäger hatte, wurde das Projekt vorerst eingestellt. Als John F. Kennedy in einem Militärhilfeprogramm auch die Technologie der alliierten Staaten mitfördern wollte, wurde das Projekt als Northrop F-5 „Freedom Fighter" wieder aktiviert und für den Export angeboten. Südvietnam gehörte zu den ersten Staaten, die sich für den neuen Jäger interessierten, und so bekam er auch bei den Einsätzen an der Grenze zu Nordvietnam seinen Spitznamen „Tiger". Als größtes Problem stellte sich die nur geringe Reichweite der F-5 heraus, das mit der neuen Version F-5E „Tiger II" allerdings behoben wurde. Neue Triebwerke und größere Tanks ergaben nun eine Reichweite von 1500 Kilometern. Vor allem für die Luftstreitkräfte in Äthiopien, Brasilien, Chile, Griechenland, Indonesien, Iran, Jordanien, Kanada, Marokko, Norwegen, Philippinen, Saudi-Arabien, Südkorea, der Schweiz, Taiwan, Thailand, Tunesien und der Türkei war das Jagdflugzeugmuster jahrelang das Hauptstandbein. Durch die große Nachfrage aus dem Ausland blieb der Jäger nur in den USA erfolglos, weltweit wurden ingesamt 2238 Flugzeuge verkauft.

Northrop F-5 „Tiger II"	
Verwendung	Jagdflugzeug
Produktionszeit	1959 bis 1987
Spannweite (mm)	8130
Länge/Höhe (mm)	14.450/4080
Leergewicht (kg)	4.349
max. Startmasse (kg)	11.187
Vmax in (km/h)	1743
Antrieb	2 x General Electric J85-GE-21B-Turbojet-Triebwerke, je 15,5 kN Schub
Besatzung	1
Bewaffnung	2 x 20-mm-MK Pontiac (Colt-Browning) M39A2, 5 Außenlaststationen,

Turkish Stars

Bereits vor dem Ersten Weltkrieg zeigten türkische Militärpiloten ihr Können in der Luftakrobatik. Ab dem Jahr 1932 besaß die türkische Luftwaffe eine erste eigene Staffel in der Waffenfarbe Blau. Das erste Kunstflugteam in der Türkei wurde im Jahr 1952 gegründet und flog mit Republic F-84G „Thunderjet". Zwischen 1952 und 1962 wurde die Staffel durch ihre Kunstflüge in Belgien, Italien und der Türkei welweit bekannt. Ein zweites Luftakrobatenteam flog ab dem Jahr 1955 die North American F-86 Sabre. Weitere Teams der türkischen Luftwaffe folgten, und im Jahr 1971 waren insgesamt sechs Staffeln im „Luftzirkus" unterwegs. Dann wurde die Luftakrobatik uninteressant, und bis 1992 gab es keine einzige Staffel mehr. Erst am 7. November 1992 beschloss die türkische Luftwaffe mit vier Northrop F-5 ein neues Akroteam zu gründen. Mittlerweile fliegen acht F-5 bei den „Turkish Stars".

Northrop F-20 „Tigershark"	
Verwendung	Jagdflugzeug
Produktionszeit	1982 bis 1983
Spannweite (mm)	8530
Länge/Höhe (mm)	14.400/4200
Leergewicht (kg)	5090
max. Startmasse (kg)	11.920
Vmax in (km/h)	2334
Antrieb	General Electric F404-GE-100-Turbofan-Triebwerke, 54 kN Schub
Besatzung	1
Bewaffnung	2 x 20-mm-Pontiac M39A2-MK, 5 Außenlaststationen, 3600 Kilogramm

Northrop F-20 „Tigershark"

Die Northrop F-20 „Tigershark" sollte die Weiterentwicklung der F-5 „Freedom Fighter 2" und „Tiger II" werden. Deshalb wurde das leichte Jagdflugzeug zunächst auch als F-5G bezeichnet. Der Rumpf der F-20 war weitgehend mit dem der F-5 identisch. Während der Entwicklungsphase wurden insgesamt drei Prototypen gebaut, von denen einer am 30. August 1982 zu seinem Jungfernflug vom Boden abhob. Da die Northrop F-20 „Tigershark" der General Dynamics F-16 „Fighting Falcon" unterlegen war, entschied sich die US Air Force im Jahr 1986 für das GE-Muster. So sah sich Northrop genötigt, die F-20 im Ausland anzubieten. Einige Länder wie Deutschland und die Schweiz zeigten Interesse an dem kostengünstigen Jäger, Indien und Südkorea wollten das Flugzeug sogar in Lizenz fertigen, doch der US-Kongress verhinderte die Technologie-Ausfuhr, da man die Exportchancen für die „Fighting Falcon" für gefährdet sah. So kam es, wie es kommen musste, das Projekt „Tigershark" wurde noch im Jahr 1986 nach drei gebauten Exemplaren eingestellt.

Northrop Grumman E-8 „Joint STARS"

Das fliegende Kommando- und Kontrollzentrum E-8C „Joint STARS" hat die Boeing 707-300 als Basis und wird zur Gefechtsfeldüberwachung eingesetzt. Dafür ist das Flugzeug mit verschiedenen Elektronik- und Radarsystemen ausgestattet, die von 18 Operatoren bedient werden. Die Entscheidung für das Flugzeug fiel im Mai 1984, und Grumman erhielt im September 1985 einen Auftrag zur Durchführung einer ersten Maschine. In folgenden Abschnitten sollten ein weiteres Flugzeug und zehn Versuchsträger gebaut werden. Die erste E-8A, die als B707-300C 1968 von Qantas Airways gekauft und dann ausgetauscht worden war, flog im April 1988. Bereits in der Erprobung setzte man im Jahr 1991 zwei E-8 während der Operation „Dessert Storm" über dem Irak und Kuwait ein, wo sie sehr erfolgreich irakische Truppenbewegungen weitermeldeten. Bis 2005 wurden insgesamt 17 Boeing 707 in drei Versionen umgebaut. Die E-8A wurde in der Anfangsphase zur Erprobung eingesetzt. Eine geplante B-Version mit der neuen Boeing 707 wurde lediglich in einem Prototyp umgesetzt. Die Version C ist die Serienmaschine, die bis zum 23. März 2005 ausgeliefert wurde.

Northrop Grumman E-8C „Joint STARS"	
Verwendung	Kommandoflugzeug
Produktionszeit	1988 bis 2005
Spannweite (mm)	44.420
Länge/Höhe (mm)	46.610/12.950
Leergewicht (kg)	77.564
max. Startmasse (kg)	152.407
Vmax in (km/h)	973
Antrieb	4 x Pratt & Whitney TF33-102C-Turbofan-Triebwerke, 85,4 kN Schub
Besatzung	4/18
Einsatzdauer (Std.)	9

Northrop Grumman RQ-4A „Global Hawk"	
Verwendung	Langstr.-Aufklärungsdrohne
Produktionszeit	1998 bis heute
Spannweite (mm)	35.320
Länge/Höhe (mm)	13.530/4630
Leergewicht (kg)	5148
max. Startmasse (kg)	12.133
Vmax in (km/h)	644
Antrieb	Rolls-Royce Allison AE3007H, Turbofan-Triebwerk, 36,8 kN Schub
Besatzung	unbemannt
Einsatzdauer (Std.)	36
Zuladung (kg)	907

Northrop Grumman RQ-4A „Global Hawk"

Die Version Northrop Grumman RQ-4 „Global Hawk" kann fast unbegrenzt weltweit eingesetzt werden. Dazu leitet ein Computerprogramm die Drohne automatisch vom Start bis zur Landung. Das unbemannte Luftfahrzeug operiert dabei in einer Höhe von bis zu 20.000 Metern. Ausgestattet ist die Aufklärungsdrohne mit CCD-Kameras für Tages- und Nachtsicht sowie mit einem allwettertauglichen Seitensichtradar, das selbst in großer Höhe jedes Objekt erkennen kann. Theoretisch kann die Drohne innerhalb von 24 Stunden ein Gebiet in der Größe Griechenlands komplett aufklären. Die RQ-4A „Global Hawk", von der inzwischen sieben Exemplare gebaut wurden, absolvierte ihren Jungfernflug am 28. Februar 1998. Erstmals in einem Konflikt eingesetzt wurde die Drohne in Afghanistan, doch traten immer wieder Probleme mit der Datenverbindung auf, die zu Fastabstürzen führten. Bei der RQ-4B wurden die Spannweite und die Tragkraft auf 1360 Kilogramm erhöht. Sie flog am 1. März 2007 das erste Mal. Laut Stand von Januar 2013 sind mittlerweile 46 Drohnen gebaut worden.

Northrop YF-23 „Black Widow II"

Um mit der Luftwaffe der Sowjetunion in den 1970er Jahren gleichzuziehen, rief das US-Verteidigungsministerium ein Konzept für einen taktischen Jäger ins Leben. Im Jahr 1976 wurde mit mehreren Studien begonnen, wobei der Schwerpunkt auf einem Jet mit Luft-Boden-Fähigkeiten beruhte. Jedes US-amerikanische Flugzeugunternehmen erhielt eine Milliarde US-Dollar, um ein umsetzbares Muster zu liefern. Doch im Jahr 1983 wurde das Programm dahingehend ausgerichtet, dass der neue Jet als Luftüberlegenheitsjäger Verwendung finden sollte. Inzwischen hatten Lockheed und Northrop die Entwicklungsaufträge erhalten und unter der Bezeichnung „Senior Sky" mit der Arbeit begonnen. Lockheed entwickelte die YF-22 „Lightning II" und Northrop YF-23. Am 27. August 1990 hob das erste Testmuster von Northrop zu einem 20-minütigen Demonstrationsflug ab. Dennoch bekam Lockheed den Zuschlag für die Serienproduktion und die beiden YF-23 wurden in einem Hangar der Edwards Air Force Base eingelagert. Erst im Jahr 1995 wurden die beiden Flugzeuge aufwändig restauriert und dem National Museum of the United States Air Force in Dayton bzw. dem Western Museum of Flight in Hawthorne übergeben.

Northrop YF-23 „Black Widow II"	
Verwendung	Luftüberlegenheitsjäger
Produktionszeit	1990 bis 1991
Spannweite (mm)	13.210
Länge/Höhe (mm)	20.260/4200
Leergewicht (kg)	16.783
max. Startmasse (kg)	29.029
Vmax in (km/h)	über 2655
Antrieb	2 x Pratt & Whitney YF119-Turbofan-Triebwerke, 155,7 kN Schub
Besatzung	1
Bewaffnung	keine

Rockwell OV-10D „Bronco"	
Verwendung	Angriffs-/Aufklärungsflugzeug
Produktionszeit	1965 bis 1976
Spannweite (mm)	12.190
Länge/Höhe (mm)	12.490/4620
Leergewicht (kg)	3167
max. Startmasse (kg)	6563
Vmax in (km/h)	463
Antrieb	2 x Garret T-76-G-420/421 Turboprop-Triebwerke, je 1040 PS
Besatzung	2
Bewaffnung	20-mm-Gatling-MK General Dynamics M197, 4 x 7,62-mm-MG U.S. Ordnance M60C

Rockwell OV-10 „Bronco"

Der Koreakrieg von 1950 bis 1953 hatte der US Air Force gezeigt, wie wichtig ein leichtes bewaffnetes Aufklärungsflugzeug war. Daher suchte das Verteidigungsministerium der USA ab dem Jahr 1963 eine universell einsetzbare propellergetriebene Maschine, die vor allem bei bewaffneten Aufständen zum Einsatz kommen sollte. In der Ausschreibung für das Flugzeug waren folgende Kriterien festgelegt: zweimotorig, propellergetrieben, mit einer Besatzung von zwei Mann, Höchstgeschwindigkeit bis 560 km/h, Startstrecke von 250 Metern, Frachtgewicht bis 1100 Kilogramm, Startmöglichkeit auch von Flugzeugträgern, Bewaffnung mit MKs und/oder MGs und Außenlaststationen. Im August 1964 war klar, dass Rockwell den richtigen Entwurf für das neue Militärflugzeug hatte. Für 3,1 Millionen US-Dollar sollte das Unternehmen sieben Prototypen fertigen. Den Erstflug einer „Bronco" vollzog die YOV-10 am 16. Juli 1965, der jedoch nicht zufriedenstellend verlief. Nach einigen Änderungen belieferte Rockwell ab dem 6. August 1967 das US Marine Corps und die US Air Force mit den ersten Maschinen.

Rockwell B-1 „Lancer"

Um die Boeing B-52 zu ersetzen, begann die US Air Force Anfang der 1960er Jahre bei den großen amerikanischen Flugzeugherstellern anzufragen, ob die Möglichkeit bestünde, einen Unterschall-Tiefflugbomber zu entwickeln. Ferner sollte das neue Muster die Fähigkeit haben, durch die feindliche Luftabwehr hindurch Ziele des Gegners angreifen zu können. Dies sollte durch Tiefflüge unter der Radarerfassung im hohen Geschwindigkeitsbereich erreicht werden. Im Juni 1970 entschloss sich die Regierung, den Vorschlag des Unternehmens Rockwell International anzunehmen. Nach vielen Änderungswünschen seitens der USAF begannen im Oktober 1971 die Entwicklungsarbeiten der ersten B-1A in Palmdale in Kalifornien. Doch erst ein Jahr nach dem geplanten Termin fand das feierliche Rollout statt, und zwei Monate später, am 23. Dezember 1974, hob eine erste „Lancer" zu ihrem Erstflug für 78 Minuten vom Boden ab. Während ihrer langen Einsatzzeit stellte die B-1 viele Weltrekorde auf, z. B. bei der Geschwindigkeit, der Nutzlast und der Distanz im Jahr 1987. 2003 stellte eine B-1B fast 50 neue Bestmarken auf.

Rockwell B-1 „Lancer"	
Verwendung	strategischer Bomber
Produktionszeit	1974 bis 1988
Spannweite (mm)	23.840/41.670
Länge/Höhe (mm)	44.810/10.360
Leergewicht (kg)	86.183
max. Startmasse (kg)	216.634
Vmax in (km/h)	1450
Antrieb	4 x General Electric F101-GE-102 Turbofan-Triebwerke, je 64,94 kN Schub
Besatzung	4
Bewaffnung	6 Außenlaststationen, 3 Waffenschächte, 60.781 Kilogramm

Saab JA 37 „Viggen"	
Verwendung	Mehrzweckkampfflugzeug
Produktionszeit	1967 bis 1990
Spannweite (mm)	10.600
Länge/Höhe (mm)	16.400/5900
Leergewicht (kg)	9900
max. Startmasse (kg)	20.500
Vmax in (km/h)	2126
Antrieb	Volvo Flygmotor RM8B Turbofan-Triebwerk, 125,04 kN Schub (Nachbrenner)
Besatzung	1
Bewaffnung	30-mm-MK Oerlikon KCA 4 Außenlaststationen, 6000 Kilogramm

Saab JA 37 „Viggen"

Das schwedische Verteidigungsministerium sah Mitte der 1960er Jahre vor, die einstrahlige Saab 35 „Draken" durch einen moderneren Jet abzulösen. Wie bei den schwedischen Kampfflugzeugen üblich, sollte auch das neue Muster hervorragende Start- und Landeeigenschaften besitzen, die es möglich machten, den Jet auch von Hauptstraßen oder unbefestigten Pisten aus einsetzen zu können. Erste Studien des mit STOL-Eigenschaften versehenen Kampfflugzeugs lagen bereits im Jahr 1953 auf den Zeichentischen der Konstrukteure von Saab. Die Entwicklungsarbeiten an der „Viggen" begannen jedoch erst 1962. Mit leistungsstarkem Triebwerk, Deltaflügeln und „Entenflügeln" (Canards) sollte das Flugzeug schnell genügend Auftrieb haben. Der erste Prototyp von sieben Vorserienmaschinen hob am 8. Februar 1967 in Linköping zum Jungfernflug ab. Die erste Serienmaschine flog am 23. Februar 1971. Die erste schwedische Staffel wurde im Jahr 1972 mit der Saab JA 37 „Viggen" ausgerüstet.

Saab JAS 39 „Gripen"

Als die schwedische Luftwaffe abermals einen neuen Jet suchte, schlossen sich die Firmen Ericsson, FFV Aerotech, Saab und Volvo zur Industriegruppe JAS zusammen, um das neue Flugzeug zu entwickeln. Erste Pläne für das Muster wurden im Jahr 1981 vorgelegt und sie wurden bald genehmigt. Bis zum Jahr 1984 waren erste Systemerprobungen erfolgreich abgeschlossen und ein Mock-up des Jets konnte ab Februar 1986 präsentiert werden. Nach dem Rollout eines ersten Prototyps am 26. Februar 1987 stieg am 9. Dezember 1988 eine erste „Gripen" in den Himmel. Außer der einsitzigen Variante gab es auch eine zweisitzige Ausführung, die am 29. Mai 1996 das erste Mal flog. Den ersten Einsatz über einem Kampfgebiet flog die Saab JAS 39 „Gripen" in Libyen im Jahr 2011, als acht Muster im März mehrere Aufklärungsflüge tätigten. An Kampfhandlungen beteiligten sich die schwedischen Luftstreitkräfte nicht. In zirka 650 Einsätzen lieferten die Maschinen 150.000 Aufnahmen in etwa 2000 Stunden Aufklärungsflug. Da sich die Entwicklungskosten der „Gripen" erst nach der 200. Maschine amortisieren, wird der schwedische Jet auch in Staaten wie Ungarn, Südafrika, Thailand und Tschechien verkauft. Bis heute sind 202 Maschinen gebaut worden.

Saab JAS 39 „Gripen"	
Verwendung	Mehrzweckkampfflugzeug
Produktionszeit	1988 bis heute
Spannweite (mm)	8400
Länge/Höhe (mm)	14.800/4700
Leergewicht (kg)	6622
max. Startmasse (kg)	14.000
Vmax in (km/h)	2130
Antrieb	Volvo Aero RM12 Turbofan-Triebwerk, 80,54 kN Schub (Nachbrenner)
Besatzung	2
Bewaffnung	27-mm-MK AKAN Mauser BK-27 8 Außenlaststationen, 5200 Kilogramm

Frecce Tricolori

In den 1920er Jahren wurde die italienische Kunstflugstaffel ins Leben gerufen. Die Gründung geht auf einen Besuch in England zurück, bei dem italienische Offiziere diese Art des Kunstflugs bei der RAF kennengelernt hatten. Oberst Rino Corso Fougier rief daraufhin auch eine italienische Kunstflugstaffel ins Leben. Ihren ersten offiziellen Auftritt hatte die aus fünf Flugzeugen bestehende Kunstflugstaffel am 8. Juni 1930 bei der 1. Giornata Aerea dell'Ala in Rom mit Jagddoppeldeckern des Typs Fiat CR.20. Nach dem Zweiten Weltkrieg bildeten sich bei der italienischen Luftwaffe mehrere Teams mit so klangvollen Namen wie „Cavallino Rampante" (aufbäumendes Pferdchen), „Getti Tonanti" (donnernde Jets), „Tigri Bianche" (weiße Tiger), „Lancieri Neri" (schwarze Lanzenreiter) und die „Diavoli Rossi" (rote Teufel). Die Staffel „Frecce Tricolori" (dreifarbige Pfeile) entstand am 1. Juli 1961 und fliegt heute auf Aermacchi MB-339. Negative Schlagzeilen machte die Kunstflugstaffel, als beim Flugtag in Ramstein im Jahr 1988 drei Flugzeuge zusammenstießen. Bei diesem Unglück kamen 70 Menschen ums Leben und es gab eine Vielzahl Verletzte.

Suchoi Su-25

Als die Suchoi Su-25 ab dem Jahr 1968 entwickelt wurde, stand sie in den militärischen Projektlisten als T-8. Doch die militärische Begeisterung war anfänglich eher zurückhaltend gegenüber dem neuen Jet. Erst zwischen 1972 und 1973 begann die sowjetische Luftwaffe mehr Interesse an der Su-25 zu zeigen. Ab diesem Zeitpunkt gingen die Entwicklungsarbeiten schneller voran, und bereits im Jahr 1974 war der erste Prototyp T-8-1 fertiggestellt, der am 22. Februar 1975 mit dem sowjetischen Testpiloten Wladimir Iljuschin zum Jungfernflug abhob. Die erste Serien-Su-25 startete im Juni 1979 zum Erstflug. Seine ersten Einsätze hatte das Muster zwischen April und Juni 1980 in Afghanistan gegen Widerstandstruppen, wo es über 44 Einsätze flog. Nach der Auflösung der Sowjetunion behielten die russischen Luftstreitkräfte 200 der insgesamt 1024 gebauten Maschinen.

Suchoi Su-25K	
Verwendung	Erdkampfflugzeug
Produktionszeit	1975 bis heute
Spannweite (mm)	14.360
Länge/Höhe (mm)	15.360/5200
Leergewicht (kg)	9315
max. Startmasse (kg)	17.600
Vmax in (km/h)	975
Antrieb	2 x Tumanski R-95Sh Turbojet-Triebwerke, je 40,17 kN Schub
Besatzung	1
Bewaffnung	30-mm-MK KBP Grjasew-Schipunow GSch-30-2, 10 Außenlaststationen, 4400 Kilogramm

Suchoi Su-30

Mitte der 1980er Jahre begann die Entwicklung der Su-30 als Langstreckenabfangjäger. Zu dieser Zeit war ein starker Bedarf an mehreren militärischen Flugzeugtypen neuerer Generation erkennbar. Ein erster Prototyp, noch unter der Bezeichnung T-10PU-5, flog erstmalig am 30. Dezember 1989. Da der Prototyp schnell überzeugte, wurde zügig mit einer Serienfertigung begonnen, und das erste Serienmuster hob am 14. April 1992 vom Boden ab. Trotz des hohen Gewichts ist die Su-30 ein wendiger Kampfjet, der universell eingesetzt werden kann.

Suchoi Su-30	
Verwendung	Langstreckenabfangjäger
Produktionszeit	1989 bis heute
Spannweite (mm)	14.700
Länge/Höhe (mm)	21.940/6360
Leergewicht (kg)	17.700
max. Startmasse (kg)	24.550
Vmax in (km/h)	2500
Antrieb	2 x Saturn/Ljulka AL-31FL Turbofan-Triebwerke, je 74,50 kN Schub
Besatzung	2
Bewaffnung	30-mm-MK Grjasew-Schipunow GSch-301, 12 Außenlaststationen, 8000 Kilogramm

Suchoi Su-34	
Verwendung	Jagdbomber
Produktionszeit	1990 bis heute
Spannweite (mm)	14.700
Länge/Höhe (mm)	23.340/6090
Leergewicht (kg)	22.500
max. Startmasse (kg)	44.360
Vmax in (km/h)	1900
Antrieb	2 x Saturn/Ljulka AL-35F-Turbofan-Triebwerke, je 137,21 kN Schub
Besatzung	2
Bewaffnung	30-mm-MK Grjasew-Schipunow GSch-301, 12 Außenlaststationen, 8200 Kilogramm

Suchoi Su-34

Um die Su-17, Su-24 und MiG-27, die nur speziell als Bomber verwendet wurden, durch ein Universalflugzeug, das als Abfangjäger wie auch als Jagdbomber einsetzbar war, zu ersetzen, gab die sowjetische Regierung Anfang 1983 den Befehl zur Entwicklung eines schweren Jagdbombers. Am 13. April 1990 absolvierte der erste Prototyp seinen Erstflug, und im Jahr 2005 war die Erprobung des Musters abgeschlossen. Ein Jahr später wurden die ersten beiden Maschinen an die russischen Luftstreitkräfte abgegeben.

Suchoi Su-35

Als Luftüberlegenheitsjäger und Mehrzweckkampfflugzeug gehörte die Su-35 ebenfalls in die Jet-Familie, die die Sowjetunion in den 1970er Jahren entwickelte. Insgesamt wurden zehn Prototypen gebaut, von denen die als T-10M-1 bezeichnete Maschine ihren Erstflug am 28. Juni 1988 unternahm. Doch erst im Jahr 1992 wurde die Existenz des Flugzeuges der Öffentlichkeit auf der Farnborough International Airshow bekannt. Doch obwohl das Flugzeug modern wirkte, fanden sich keine Abnehmer für das Jet-Muster, und das Projekt wurde auf Eis gelegt. Erst 2003 wurde die Entwicklung an der Su-35 weitergeführt. Das komplett überarbeitete Modell absolvierte am 19. Februar 2008 seinen Erstflug, und mit der Produktion von Serienmaschinen konnte 2009 begonnen werden. Inzwischen wurden 48 Jets für die russischen Luftstreitkräfte bestellt, die zwischen den Jahren 2012 und 2015 ausgeliefert werden sollen.

Suchoi Su-35S	
Verwendung	Mehrzweckkampfflugzeug
Produktionszeit	1988 bis heute
Spannweite (mm)	15.300
Länge/Höhe (mm)	21.940/5930
Leergewicht (kg)	19.000
max. Startmasse (kg)	34.500
Vmax in (km/h)	2390
Antrieb	2 x Saturn-117S Turbofan-Triebwerke, je 79,43 kN Schub
Besatzung	1
Bewaffnung	30-mm-MK Grjasew-Schipunow GSch-301, 14 Außenlaststationen, 8000 Kilogramm

Tupolew Tu-95MS	
Verwendung	strategischer Bomber
Produktionszeit	1952 bis 1993
Spannweite (mm)	50.040
Länge/Höhe (mm)	46.130/13.200
Leergewicht (kg)	86.000
max. Startmasse (kg)	185.000
Vmax in (km/h)	830
Antrieb	4 x Kusnezow NK-12MP Turboprop-Triebwerke, je 15.000 PS
Besatzung	7
Bewaffnung	6 Zwillingslafetten, Außenlaststationen, Bombenschacht, 25.000 Kilogramm

Tupolew Tu-95

Als Nachfolger der nicht mehr zeitgemäßen kolbengetriebenen Tu-4 und der Tu-85 entwickelte die Sowjetunion in den 1950er Jahren einen Langstreckenbomber mit Turboprop-Antrieb. Ein erster Prototyp absolvierte seinen Jungfernflug am 12. November 1952, doch dieses erste Muster ging ein Jahr später wegen eines Getriebeschadens verloren. Als der Westen von dem riesigen Bomber erfuhr, stuften die Alliierten das Flugzeug als ernste Bedrohung ein. Diese Einschätzung sollte sich als richtig erweisen, denn im Jahr 1961 warf eine Tu-95 die „Zar-Bombe“, die stärkste jemals gezündete Wasserstoffbombe, zu Versuchszwecken ab. Die gebauten Maschinen zeigten, dass sie sehr langlebig und auch zuverlässig waren. Deshalb beschlossen die russischen Militärs im Jahr 2005 ein Modernisierungsprogramm für die „alten Ladys“ unter der Bezeichnung Tu-95MSM. Seit dem Jahr 2007 fliegen Tu-95 auch wieder Beobachtungseinsätze über das russische Territorium hinaus.

Tupolew Tu-160

Mitte der 1970er Jahre wollte die Sowjetunion unbedingt als zweite Nation nach den USA einen Überschallbomber mit Schwenkflügeln in ihrer Luftwaffe haben. So traten drei sowjetische Flugzeughersteller, die Tupolew-Werke, der Flugzeug-Konstrukteur Wladimir Mjassischtschew und das Experimental-Konstruktionsbüro Suchoi mit ihren Bomberprojekten gegeneinander an. Von allen Mitstreitern wurde Tupolew die Durchführung am ehesten zugetraut, daher bekam das Werk den Zuschlag für den Bau des Bombers. Dieser sah der amerikanischen Rockwell B-1 sehr ähnlich, konnte jedoch mit einer interkontinentalen Reichweite von bis zu 10.500 Kilometern aufwarten. Nach dem Erstflug am 18. Dezember 1981 erfolgte im Jahr 1987 die Indienststellung der Tupolew Tu-160. Doch die Auflösung der Sowjetunion machte einen Einsatz der Maschinen unmöglich, da sich 19 Tu-160 auf der nun ukrainischen Bomberbasis Pryluky befanden und weitere 15 Tu-95MS auf dem Flugplatz Usin, der ebenfalls in der seit August 1991 unabhängigen Ukraine liegt. Dies sollte in den folgenden Jahren zu einigem Zündstoff zwischen den beiden Ländern führen. Seit dem Jahr 2006 werden alle noch vorhandenen Tu-160 einer Modernisierung unterzogen.

Tupolew Tu-160	
Verwendung	strategischer Bomber
Produktionszeit	1981 bis 2008
Spannweite (mm)	35.800/55.700
Länge/Höhe (mm)	54.100/13.100
Leergewicht (kg)	110.000
max. Startmasse (kg)	275.000
Vmax in (km/h)	2220
Antrieb	4 x Kusnezow-NK-321 Turbojet-Triebwerke, je 245,7 kN Schub
Besatzung	4
Bewaffnung	6 Außenlaststationen, 2 Bombenschächte, 40.000 Kilogramm

Vought A-7

Um ein modernes Angriffsflugzeug für den Einsatz von Flugzeugträgern aus zu erhalten, fragte die US Navy bei den US-amerikanischen Flugzeugherstellern zur Realisierung des Projekts an. Am 11. Februar 1964 gab die US Navy bekannt, dass Vought das neue Flugzeug bauen sollte. Bereits ein Jahr später, am 27. September 1965, absolvierte die YA-7A ihren Erstflug, und zwei Jahre später wurden die ersten Flugzeuge unter der Bezeichnung A-7A an die erste Staffel übergeben. Erste Einsätze flog der Jet bereits im Dezember 1967 in Vietnam. Nach Ende des Vietnamkriegs kamen die Vought A-7 auch während der Operation „Urgent Fury", der US-Invasion in Grenada, im Libanon und in Libyen zum Einsatz. Die letzten Flüge von Vought-A-7-Staffeln erfolgten während der Operation „Dessert Storm" von Bord der USS John F. Kennedy. Als Hauptbewaffnung für die A-7 waren zwei 20-mm-Maschinenkanonen Colt Mk. 12 mit je 250 Schuss vorgesehen, außerdem konnte die „Corsair II" an ihren Flügelstationen bis zu 6,8 Tonnen Last mitführen. Die letzte Staffel wurde im November 1994 außer Dienst gestellt. Insgesamt waren zwischen den Jahren 1965 und 1983 1569 Flugzeuge gebaut worden.

Vought A-7E „Corsair II"	
Verwendung	Jagdbomber
Produktionszeit	1965 bis 1983
Spannweite (mm)	11.810
Länge/Höhe (mm)	14.060/4900
Leergewicht (kg)	8669
max. Startmasse (kg)	19.051
Vmax in (km/h)	1110
Antrieb	Allison TF41-A-2 Turbofan-Triebwerk, 66,75 kN Schub
Besatzung	1
Bewaffnung	20-mm-MK M61A1 Vulcan, 2 x 20-mm-MK Colt-Browning Mk.12, 8 Außenlaststationen, 6800 Kilogramm

HUBSCHRAUBER

Universell einsetzbar

Ob zivil oder militärisch genutzt, Hubschrauber sind heute im Kurzstreckenverkehr, bei der Polizei wie auch auf Kriegsschauplätzen nicht mehr wegzudenken. Ob Überwachungsdrohne, Transport- oder Kampfhubschrauber, die Vielfalt ist fast unbegrenzt. Der Durchbruch des heutigen Hubschraubers gelang jedoch verhältnismäßig spät. Erst im Jahr 1933 erfanden die beiden Franzosen Louis Breguet und Rene Dorand ein Luftfahrzeug namens „Gyroplane-Laboratoire“, das zwei Jahre später seinen Erstflug absolvierte. Heute können Hubschrauber sogar, trotz der sich drehenden Rotoren, in der Luft betankt werden, und der moderne Sikorsky X2 erreicht Höchstgeschwindigkeiten von 481 km/h.

RONHORSE
06

Aérospatiale SA-319 „Alouette III"

Verwendung	Mehrzweckhubschrauber
Produktionszeit	1959 bis 1985
Rotordurchmesser (mm)	11.020
Länge/Höhe (mm)	10.030/2950
Leergewicht (kg)	1108
max. Startmasse (kg)	2250
Vmax in (km/h)	220
Antrieb	Turbomeca Astazou XIVH Gasturbine, 789 WPS
Besatzung	1/6
Bewaffnung	3 schwenkbare Lafetten (1 x MK, 2 x MG)

Aérospatiale SA-319

Die Aérospatiale SA-319 „Alouette III" war als leichter Mehrzweckhubschrauber geplant und vom französischen Hersteller Sud Aviation, später Aérospatiale, ab dem Jahr 1959 in mehr als 2000 Exemplaren sowohl für militärische als auch für zivile Zwecke gebaut. Die erste Version der „Alouette III" war die SE.3160. Der Grundtyp leitete sich von der erfolgreichen „Alouette II" ab und flog am 28. Februar 1959 zum ersten Mal. Der Hubschrauber wurde von einer Turbomeca-Artouste-IIIB-Gasturbine mit 750 PS angetrieben. Die Version wurde bis zum Jahr 1969 produziert. Der Nachfolgetyp, die SA-316, nutzte ebenfalls eine Turbomeca-Turbine, hatte jedoch ein höheres Abfluggewicht. Die SA-319 war anders als die Vorgänger mit einer Turbomeca Astazou-XIV-Turbine mit einer Leistung bis zu 789 Wellen-PS ausgerüstet. Diese Maßnahme verbesserte die Leistung des Hubschraubers besonders in tropischen und alpinen Regionen. Parallel zu der SA-316 blieb dieser Typ bis in die frühen 1980er Jahre in Produktion. Jahrelang wurde der mit über 2000 Exemplaren sehr erfolgreiche Hubschrauber auch in Rumänien und in der Schweiz produziert. Aufgrund seiner Einfachheit und des robusten Aufbaus wird er auch heute noch zur Drogenbekämpfung eingesetzt.

Aérospatiale SA 330

Der Hubschrauber SA 330 „Puma" von Aérospatiale war das Ergebnis einer Anforderung der französischen Streitkräfte an einen neuen allwettertauglichen Kampfzonen-Transporthubschrauber mittlerer Größe. Zunächst wurde eine geänderte Version des Sikorsky S-58 bevorzugt, da aber Sud-Aviation über die Zeit und die benötigten Ingenieure verfügte, entwickelte die Firma einen technologisch wesentlich fortschrittlicheren Helikopter. Der erste von zwei Prototypen hob am 15. April 1965 zu seinem Erstflug vom Boden ab. Danach wurden noch sechs weitere Vorserienmodelle gefertigt, bevor das erste Serienmodell im September 1968 zu seinem Jungfernflug startete. Am 25. April 1978 wurde der Aérospatiale Type SA 330J als erster Hubschrauber außerhalb der Sowjetunion als allwettertauglich eingestuft, da er auch bei Vereisungsgefahr starten konnte. 1967 entschied sich auch die Royal Air Force für den SA 330 und gab ihm die Militärbezeichnung „Puma" HC Mk. 1. Wegen dieser Entscheidung wurde der SA 330 ein Teil der Produktionskooperation zwischen Aérospatiale und Westland Helicopters.

Aérospatiale SA 330 „Puma"

Verwendung	Transporthubschrauber
Produktionszeit	1965 bis 1987
Rotordurchmesser (mm)	15.000
Länge/Höhe (mm)	18.150/5140
Leergewicht (kg)	3770
max. Startmasse (kg)	7400
Vmax in (km/h)	258
Antrieb	2 x Turbomeca-Turmo-IVC Turboprop-Triebwerke, 1598 PS
Besatzung	3/16
Bewaffnung	7,62-mm-MGs, 20-mm-MKs

Aérospatiale SA 341 „Gazelle"	
Verwendung	Kampfhubschrauber
Produktionszeit	1967 bis 1996
Rotordurchmesser (mm)	10.500
Länge/Höhe (mm)	9530/3150
Leergewicht (kg)	850
max. Startmasse (kg)	1800
Vmax in (km/h)	265
Antrieb	Turboméca-Astazou-IIIA Gasturbine, 598 PS
Besatzung	1/4
Bewaffnung	bis zu 4 Außenlaststationen, 600 Kilogramm

Aérospatiale SA 341 „Gazelle"

Um die erfolgreiche Alouette II zu ersetzen, begannen im Jahr 1966 die Arbeiten an einem leichten, fünfsitzigen Mehrzweckhubschrauber. Der Prototyp SA 340 absolvierte am 7. April 1967 seinen Jungfernflug. Er und ein weiterer Prototyp waren der Serienversion bereits so nah, dass lediglich noch Details wie der Rotorkopf geändert werden mussten. Der erste SA 341 Serienhubschrauber hob am 17. April 1968 vom Boden ab. Nach verschiedensten Versionen für das französische und das britische Militär erschien die SA 342, welche mit einer leistungsstärkeren Turbine ausgestattet wurde und ihren Erstflug am 11. Mai 1973 hatte. Das Army Air Corps der British Army hatte bis zum März 2009 noch „Gazellen" in Elmpt am Niederrhein stationiert. Die SA 342 wurde von Aérospatiale, Westland sowie in Lizenz von SOKO in Jugoslawien als „Gazela" produziert. Anfang der 1980er Jahre suchte ein Filmteam den passenden Hubschraubertyp für die US-Kinoproduktion „Das fliegende Auge". Da der Hubschrauber „Blue Thunder" ein Superhubschrauber mit modernster Technologie sein sollte, entschied sich die Produktionsfirma für zwei „Gazellen", wohl wegen des ungewöhnlichen Heckrotors. Für diesen Film wurde der Rumpf beider Helikopter umgebaut.

Agusta A.119 „Koala"

Da der achtsitzige Mehrzweckhubschrauber Agusta A.109 sehr beliebt, jedoch auch sehr teuer war, stellte Agusta Westland diesem Muster 1995 eine günstigere Einstiegsvariante mit der Bezeichnung AW119 „Koala" zur Seite. Der ebenfalls achtsitzige Helikopter hatte kein Einziehfahrwerk sondern Kufen und nur eine Turbine von Pratt & Whitney Canada mit einer Leistung von rund 1000 PS. Bis zum Jahr 1994 war ein erster Prototyp, der jedoch nur bei Statiktests Verwendung fand, gefertigt. Erst der zweite Prototyp wurde für den Erstflug am 1. Februar 1995 eingesetzt, der diesen erfolgreich abschließen konnte. Da sich in den nachfolgenden Flugtests zeigte, dass die zuerst eingebaute Turboméca-Arriel-2K1-Turbine zu schwach war, entschied sich Agusta Westland diese gegen die bewährte Pratt & Whitney Canada-Turbine zu tauschen. Zwischen 1999 und 2000 erhielt der Agusta Westland AW119 „Koala" die Zertifizierungen der italienischen und US-amerikanischen Zulassungsbehörden. Die Serienfertigung war im Werk Verigate in Italien und bei Denel Saab Aerostructures in Kempton in Südafrika vorgesehen.

Agusta Westland A.119 „Koala"	
Verwendung	Mehrzweckhubschrauber
Produktionszeit	1995 bis heute
Rotordurchmesser (mm)	11.000
Länge/Höhe (mm)	13.100/3770
Leergewicht (kg)	1576
max. Startmasse (kg)	2850
Einsatzreichweite (km)	1013
Vmax in (km/h)	278
Antrieb	Pratt & Whitney Canada PT6B Turboprop-Triebwerk, 1002 PS
Besatzung	1/7

Agusta Westland A129 „Mangusta"	
Verwendung	Kampfhubschrauber
Produktionszeit	1983 bis 1990
Rotordurchmesser (mm)	11.900
Länge/Höhe (mm)	14.290/3300
Leergewicht (kg)	2529
max. Startmasse (kg)	4600
Vmax in (km/h)	275
Antrieb	2 x Rolls Royce Gem 2-1004D Turbinen, je 760 PS
Besatzung	2
Bewaffnung	bis zu 4 Außenlaststationen, 1500 Kilogramm

Agusta A129 „Mangusta"

Zuerst war der A129 als eine Weiterentwicklung des Mehrzweckhubschraubers Agusta A109 für das italienische Heer gedacht. Doch wegen der hohen Anforderungen an die Panzerung und die Allwettertauglichkeit durch computergestützte Steuersysteme konnte dies nicht realisiert werden. Daher wurde das Muster neu konstruiert. Der Erstflug fand im September 1983 statt. Da die finanziellen Mittel für die Produktion in kostendeckenden Stückzahlen fehlten, wurde der Bau der A129 gedrosselt, was eine Verspätung der ersten Serienmaschinen von über drei Jahren nach sich zog. Die „Mangusta" wurde so gebaut, dass sie nahezu alle Abschussvorrichtungen und Raketen westlicher Hersteller verwenden konnte. Der Rumpf der „Mangusta" besteht aus Verbundwerkstoffen in Wabenformat und wird erst unter 800 Metern Entfernung von panzerbrechenden 12,7-mm-Geschossen durchschlagen. Das Fahrwerk absorbiert Landungen mit einer Sinkrate von bis zu fünf Metern in der Sekunde. Den ersten Gefechtseinsatz hatte die A129 in Somalia bei der Operation „Restore Hope".

Agusta Westland AW101 „Merlin"

1977 entschloss sich die Royal Navy, den Sikorsky S-61 „Sea King" durch einen neuen U-Jagd-Hubschrauber zu ersetzen. Ein Jahr später entschied man sich für den Entwurf WG.34 von Westland. Da auch Italien den „Sea King" austauschen wollte, kam es schließlich zu einer Zusammenarbeit zwischen Westland und Agusta, indem 1979 durch ein Joint Venture das Unternehmen EH Industries gegründet wurde. Der Baubeginn des unter der Bezeichnung EH101 laufenden Hubschraubers begann im Juni 1981. Doch bis zu einer Vertragsunterzeichnung zum Bau von neun Prototypen sollte es noch drei Jahre dauern. Der Jungfernflug der ersten Agusta Westland AW101 „Merlin" fand am 9. Oktober 1987 in Yeovil statt, und im Oktober 1991 bestellte das britische Verteidigungsministerium die ersten 44 Helikopter. Zwar flog Ende 1996 der erste Serienhubschrauber, doch die Truppenerprobung zog sich über mehrere Jahre hin. Erst im Oktober 2001 wurde mit der 814 Squadron die erste Einsatzstaffel mit „Merlins" ausgestattet. Die Bezeichnung AW101 bekam der Transporthubschrauber im Jahr 2006. Für die US Marine Corps ist der Agusta Westland unter der Bezeichnung VH-71 „Kestel" im Einsatz.

Agusta Westland AW101 „Merlin"	
Verwendung	Transporthubschrauber
Produktionszeit	1987 bis heute
Rotordurchmesser (mm)	18.590
Länge/Höhe (mm)	22.810/6650
Leergewicht (kg)	10.500
max. Startmasse (kg)	14.600
Vmax in (km/h)	309
Antrieb	3 x Rolls-Royce/Turbomeca RTM322-01 Turbinen, je 2312 WPS
Besatzung	4/50
Bewaffnung	3 x 7,62-mm-MG FN L7A2 GPMG, 3 x 12,7-mm-MG Manroy Engineering L11A1, bis zu 4 Außenlaststationen

Atlas „Oryx"	
Verwendung	Transporthubschrauber
Produktionszeit	1986 bis 1991
Rotordurchmesser (mm)	15.600
Länge/Höhe (mm)	18.740/4630
Leergewicht (kg)	3600
max. Startmasse (kg)	8000
Vmax in (km/h)	306
Antrieb	2 x Turbomeca Makila IA1-Turbinen, je 1900 WPS
Besatzung	3/20
Bewaffnung	2 x 7,62-mm-MG, 4500 Kilogramm Außenlasten oder 6 Krankentragen

Atlas „Oryx"

Für die verschiedensten Aufgaben wie den Transport von Personen (max. 14 Sitze), den Truppentransport (16 Soldaten auf Sitzen oder 20 Soldaten auf dem Boden), die Schiffsversorgung mit Außenlasten bis zu 4500 Kilogramm, Search and Rescue oder Krankentransporte mit bis zu sechs Krankentragen und der Feuerbekämpfung mit einem 2500 Kilogramm schweren Wassersack entwickelten die südafrikanischen Streitkräfte den SA330 „Puma" unter der Bezeichnung Atlas „Oryx" weiter. Der Oryx besitzt neben zwei großen Seitentüren auch eine Heckklappe für lange Ladegüter. Die Pilotensitze sind gepanzert, damit sie dem Feuer aus Sturmgewehren widerstehen können. Für den Einsatz in Afrika verfügen die beiden Turbinen außerdem über spezielle Sandfilter. Für Rettungsmissionen kann der „Oryx" mit Wetterradar, einer Seilwinde, Schwimmblasen und Suchscheinwerfern ausgerüstet werden. Die größten Unterschiede gegenüber dem „Puma" sind die in den Fahrwerksverkleidungen eingebauten Außentanks, die für den „Oryx" eine maximale Reichweite von über 400 Kilometern gewährleisten. Als Option können im Laderaum Zusatztanks aufgestellt werden, die die Reichweite auf 2000 Kilometer erhöhen.

AutoGyro Cavalon

Seit 2007 produziert das deutsche Unternehmen aus Hildesheim Gyros in Serie und fertigt pro Tag einen Tragschrauber. Der Cavalon leitete 2012 bei der Firma eine neue Ära ein: Der erste Side-by-side-Tragschrauber von AutoGyro war ein echtes Meisterwerk in Design, Technik und Innovation und durchbrach mit seinen Eigenschaften alle bisherigen Grenzen. Nebeneinander sitzend präsentiert er seinem Piloten und Passagier eine unvergleichliche Dimension und einen einmaligen Komfort. Aufgrund seines großen Tankvolumens überbrückt der Cavalon große Distanzen mit Leichtigkeit und ermöglicht jedem eine optimale Sitzposition dank der individuell verstellbaren Sitze und Pedale. Auch der Innenraum lässt keine Wünsche offen. So überzeugt der Cavalon mit viel Raum bei strukturierter Übersicht und überragendem Design. Das im AutoGyro eingesetzte Rotax-912- oder 914-Triebwerk ist seit Anfang der 1990er Jahre ein weitverbreiteter Motor für alle Leichtflugzeuge der österreichischen Firma Rotax.

AutoGyro Cavalon	
Verwendung	Tragschrauber
Produktionszeit	2012 bis heute
Rotordurchmesser (mm)	8400
Länge/Höhe (mm)	4600/2800
Leergewicht (kg)	250
max. Startmasse (kg)	450
Gipfelhöhe (m)	4000
Reichweite (km)	650
Vmax in (km/h)	160
Antrieb	Rotax 914 UL Vierzylinder Boxermotor (Turbolader), 115 PS
Besatzung	1/1

Bell 407	
Verwendung	Mehrzweckhubschrauber
Produktionszeit	1995 bis heute
Rotordurchmesser (mm)	10.670
Länge/Höhe (mm)	12.700/3530
Leergewicht (kg)	1210
max. Startmasse (kg)	2722
Dienstgipfelhöhe (m)	5698
Reichweite (km)	577
Vmax in (km/h)	260
Antrieb	Allison 250-C47 Turbine, 700 WPS
Besatzung	1/6

Bell 407

Lange Jahre war die Bell 206 ein erfolgreiches Hubschraubermodell mit über 6300 verkauften Exemplaren. Um ein möglichst ebenso erfolgreiches Nachfolgermodell zu schaffen, begann Bell im Jahr 1993 mit der Entwicklung der Bell 407 mit Vierblattrotor. Außer dem Platz für den Piloten sollte der neue Bell-Helikopter sechs Passagieren Platz bieten oder eine Nutzlast von 1200 Kilogramm befördern können. Der Prototyp hob am 29. Juni 1995 das erste Mal vom Boden ab und wird seit 1996 bei Bell Helicopter in Mirabel in der kanadischen Provinz Québec produziert. Im Juni 2010 wurde die 1000. Bell 407 mit der Seriennummer 54000 an einen japanischen Hubschrauberbetreiber ausgeliefert. Als Einsatzgebiete für die 407 sind polizeiliche Aufgaben, der Rettungsdienst, elektronische Berichterstattung, Transportflüge und der Einsatz bei Filmdreharbeiten oder Rundflügen vorgesehen. Der Preis der Bell 407 beträgt rund 2,8 Millionen US-Dollar. Inzwischen gibt es außer der zivilen Variante eine Militärversion mit einem stärkeren Honeywell HTS900-Triebwerk. So sind im Moment mehrere Militärversionen für das Training und die Überwachung im Programm von Bell Helicopter.

Bell 412	
Verwendung	Mehrzweckhubschrauber
Produktionszeit	1979 bis heute
Rotordurchmesser (mm)	14.000
Länge/Höhe (mm)	17.100/4800
Leergewicht (kg)	3066
max. Startmasse (kg)	5400
Vmax in (km/h)	250
Antrieb	Pratt & Whitney PT6T-3B Turbine, 1825 PS
Besatzung	1 bis 2/13

Bell 412

Die Bell 412 ist eine Weiterentwicklung des weltweit genutzten Mehrzweckhubschraubers UH-1 „Iroquois". Sowohl im zivilen als auch im militärischen Bereich hat das Muster 412 viele Abnehmer weltweit gefunden. Einsatzbereiche der Bell 412 sind unter anderem luftgestützte Aufgaben der Küstenwache, SAR-Einsätze, Offshore-Einsätze, Hilfe bei Rettungs- oder Intensivtransporten und die Nutzung bei Aufgaben der Luftstreitkräfte verschiedener Armeen. Die „4" in der Typenbezeichnung der Bell 412 steht für den Vierblatt-Hauptrotor. Ingesamt wurden mehr als 870 Hubschrauber gebaut.

Bell 429	
Verwendung	Mehrzweckhubschrauber
Produktionszeit	2007 bis heute
Rotordurchmesser (mm)	10.970
Länge/Höhe (mm)	12.700/4040
Leergewicht (kg)	1950
max. Startmasse (kg)	3175
Vmax in (km/h)	264
Antrieb	2 x Pratt & Whitney Canada PW207D1 Turbinen, je 625 WPS
Besatzung	1/7

Bell 429

Die Entwicklung des zweimotorigen Bell-Modells 429 beruht auf dem Mehrzweckhubschrauber Bell 427. Sie kann sowohl mit einem Einziehradfahrwerk als auch mit Kufen bestellt werden. Als Antrieb dienen zwei Pratt & Whitney Canada-PW207D1-Wellenturbinen mit „Full Authority Digital Engine Control (FADEC)". Der Erstflug des Helikopters fand am 27. Februar 2007 statt, die Zulassung durch die kanadische Luftfahrtbehörde TCCA erfolgte nach sieben Jahren Entwicklungsarbeit am 1. Juli 2009. Gefertigt wird die Bell 429 im kanadischen Mirabel bei Montreal. Der Stückpreis liegt bei etwa 3,95 Millionen US-Dollar. Bis zum Januar 2014 wurden insgesamt 147 Maschinen gebaut.

Bell AH-1 „Cobra"

Bei der Entwicklung des ersten reinen Kampfhubschraubers griff Bell auf die Komponenten des aktuellen Typs 203 (UH-1C Iroquois) zurück. So entstand der AH-1 „Cobra". Bereits am 7. April 1966 bestellte die US-Armee die ersten Maschinen, und ein Jahr später trafen die ersten „Cobras" in Vietnam ein. Die Hauptaufgabe der AH-1 bestand damals im Einsatz als Luftartillerie, bewaffnete Eskorte und als bewaffneter Aufklärer.

Bell AH-1W „Cobra"	
Verwendung	Kampfhubschrauber
Produktionszeit	1965 bis heute
Rotordurchmesser (mm)	14.630
Länge/Höhe (mm)	17.680/4310
Leergewicht (kg)	4656
max. Startmasse (kg)	6690
Vmax in (km/h)	315
Antrieb	General Electric T-700-GE-401 Doppel-Turbinen, je 1626 PS
Bewaffnung	20-mm-Gatling-MK, 4 Außenlastaufhängungen

Bell ARH-70	
Verwendung	Aufklärungshubschrauber
Produktionszeit	2006 bis 2008
Rotordurchmesser (mm)	10.660
Länge/Höhe (mm)	10.570/3310
Leergewicht (kg)	1178
max. Startmasse (kg)	2722
Vmax in (km/h)	259
Antrieb	Honeywell HTS900-2 Gasturbine, 970 WPS
Bewaffnung	GAU-19 12,7-mm Gatling-geschütz, 70-mm-Hydraraketen

Bell ARH-70

Die Entwicklung des Bell ARH-70 (Armed Reconnaissance Helicopter) wurde aufgrund hoher Verluste des OH-58D im Irak-Krieg nötig, da der Bell OH-58 „Kiowa Warrior" den Anforderungen der modernen Kriegsführung nicht mehr gerecht wurde. Am 29. Juli 2005 erhielt Bell den Zuschlag und einen Vertrag über den Bau von 368 Hubschraubern, wobei der Gesamtbedarf der US Army auf 512 Maschinen ermittelt wurde. Am 20. Juli 2006 begann mit dem Erstflug des Bell-ARH-70A-Prototyps das Testprogramm in Arlington in Texas. Doch als einer der vier Prototypen am 21. Februar 2007 abstürzte, verzögerte sich die Entwicklung. Zusätzlich waren die Entwicklungskosten von 210 Millionen auf über 300 Millionen US-Dollar angestiegen. Dies veranlasste die Regierung, das Programm zu stoppen und Bell aufzufordern, einen Plan zur Kostenreduzierung auszuarbeiten. Am 18. Mai desselben Jahres wurden schließlich die Arbeiten an dem ARH-70-Projekt wieder fortgesetzt. Durch erneute Kostenüberschreitungen kam im August 2008 das endgültige „Aus" für das Projekt.

Bell OH-58

Als die US Army 1960 einen Wettbewerb zur Entwicklung eines „Light Observation Helicopter" ausschrieb, nahmen alle namhaften Hubschrauberhersteller an der Ausschreibung teil. Damals gewann Hughes mit dem OH-6 knapp vor dem Bell-Helikopter. Da man bei Bell überzeugt war, einen guten Hubschrauber konstruiert zu haben, konzentrierte man sich mit dem OH-4/206A auf den zivilen Markt und entwickelte daraus mit nur unwesentlichen Änderungen das Modell 206B. Dieser Hubschrauber sollte unter dem Namen „JetRanger" der erfolgreichste Zivilhubschrauber werden. Als die Firma Hughes ab 1967 große, fast unlösbare Probleme in der Logistik der Produktion bekam, die die Kosten in die Höhe trieben, griff die US Army auf den Bell 206A zurück, der, als Bell OH-58A eingesetzt, im Vietnamkrieg sofort erfolgreich war. Nach dem Krieg wurden die verbliebenen OH-58A zur leistungsstärkeren Version OH-58C umgebaut, und die Kampfkraft des Hubschraubers wurde erheblich gesteigert. OH-58 „Kiowa Warrior" wurden zwischen 1987 und 1989 erfolgreich als Tankereskorten im persischen Golf eingesetzt, doch für die Golfkriege waren die Hubschrauber bereits zu alt. Starke Verluste zwangen die US-Militärs, das bis dahin als leichter Aufklärungs- und Kampfhubschrauber eingesetzte Muster auszutauschen.

Bell OH-58D „Kiowa"	
Verwendung	Aufklärungshubschrauber
Produktionszeit	1966 bis 1989
Rotordurchmesser (mm)	10.670
Länge/Höhe (mm)	12.850/3930
Leergewicht (kg)	1492
max. Startmasse (kg)	2495
Vmax in (km/h)	241
Antrieb	Allison T 703 AD-700 Turbine, 650 PS
Bewaffnung	2 Außenlaststationen, 907 Kilogramm

BK 117-B2	
Verwendung	Mehrzweckhubschrauber
Produktionszeit	1979 bis heute
Rotordurchmesser (mm)	11.000
Länge/Höhe (mm)	13.000/3360
Leergewicht (kg)	1723
max. Startmasse (kg)	3350
Vmax in (km/h)	278
Antrieb	2 x AVCO Lycoming LTS 101-750 B-1 Turbinen, je 692 WPS

BK 117

Als Gemeinschaftsproduktion zwischen den Firmen Messerschmitt-Bölkow-Blohm (MBB) und der Kawasaki Heavy Industries (KHI) entstand im Jahr 1979 ein leichter ziviler Mehrzweckhubschrauber, der BK 117. Ziel der Zusammenarbeit war es, möglichst viele bewährte Teile des Vorgängers Bölkow Bo 105 zu verwenden und gleichzeitig mit dem modernen Stand der Technik mitzuhalten. Der Kooperationsvertrag sah vor, dass MBB den neuen Hauptrotor mit den Steuerungsbauteilen und KHI die Zelle und das Hauptgetriebe entwickeln sollte. Die Entwicklungskosten von circa 100 Millionen Dollar wurden von beiden Partnern gleichmäßig verteilt getragen. Am 13. Juni 1979 hob in Ottobrunn der Prototyp erstmals vom Boden ab. Der BK 117 wird heute in den Aufgabenbereichen Luftrettung und zur Verlegung von Intensivpatienten genutzt und auch als Polizeihubschrauber BK 117 eingesetzt. Um alle diese Einsatzformen zu bedienen, sind vom Hersteller Ausstattungspakete wie zum Beispiel eine Seilwinde verfügbar. Dies macht die BK 117 auch für den SAR-Dienst in schwer zugänglichem Gelände geeignet. In Deutschland besitzen auch die ADAC-Luftrettung und die Deutsche Rettungsflugwacht e.V. (DRF) dieses Hubschraubermuster.

Boeing-Sikorsky RAH-66 „Comanche"

Zwischen 1983 und 2005 wurde der allwettertaugliche Aufklärungs- und Kampfhubschrauber RAH-66 „Comanche" mit Tarnkappeneigenschaften von den US-amerikanischen Hubschrauberherstellern Boeing und Sikorsky entwickelt. Er war speziell für die Aufgabe der militärischen Aufklärung konstruiert worden. Der Rumpf des Hubschraubers besteht aus Kompositwerkstoffen und verfügt über modernste Tarnkappentechnik, um der feindlichen Radarortung zu entgehen. Die Steuerungs- und Navigationssysteme des „Comanche" waren auch für Operationen bei Nacht und schlechter Sicht ausgelegt. Um schnell an die verschiedensten Orte weltweit verlegt werden zu können, ist der „Comanche" so gebaut, dass er in Transportflugzeuge oder -schiffe passt. Falls kein Transportmittel greifbar ist, kann der RAH-66 Strecken von bis zu 2335 Kilometern aus eigener Kraft zurücklegen. Es war angedacht, 1300 Hubschrauber zu bauen, doch am 23. Februar 2004 verkündete die US Army das Ende des Programms.

Boeing-Sikorsky RAH-66 „Comanche"	
Verwendung	Aufklärungshubschrauber
Produktionszeit	1996
Rotordurchmesser (mm)	11.900
Länge/Höhe (mm)	14.280/3390
Leergewicht (kg)	3402
max. Startmasse (kg)	7790
Vmax in (km/h)	324
Antrieb	2 x LHTEC T800-LHTEC-801 Turbinen, je 1362 PS
Bewaffnung	20-mm-Gatling-MK, 6 Außenlaststationen

Boeing Vertol CH-46 „Sea Knight"

Der Tandemtransporthubschrauber „Sea Knight" war zwar für die US Army eher uninteressant, sie bevorzugte den „Chinook". Doch das US Marine Corps und die US Navy setzten den mittelschweren Hubschrauber über Jahrzehnte ein, da er auch über die Fähigkeit verfügte, bei geringem Wellengang sogar ohne Schwimmer auf dem Wasser landen zu können. Die Navy musterte alle CH-46 bis zum Jahr 2004 aus, lediglich das Marine Corps hält bis heute an dem Muster fest. Das Bild zeigt einen CH-46 „Sea Knight"-Hubschrauber der Marine Medium Helicopter Squadron 268, der am 24. Februar 2008 Fackeln über Al Taqaddum im Irak abschießt.

Eurocopter AS532L „Cougar"	
Verwendung	Mehrzweckhubschrauber
Produktionszeit	1977 bis heute
Rotordurchmesser (mm)	15.600
Länge/Höhe (mm)	15.530/4920
Leergewicht (kg)	4350
max. Startmasse (kg)	9000
Vmax in (km/h)	278
Antrieb	2 x Turbomeca Makila 1A1 Turbinen, je 1589 WPS
Bewaffnung	7.65-mm MG, 6 Außenlaststationen

Eurocopter AS332/532 „Super Puma/Cougar"

Der Aérospatiale, später Eurocopter AS332/532, ist sowohl als zivile (Super Puma) wie auch als militärische Variante (Cougar) im Programm des französischen Herstellers. Etwa 37 Streitkräfte weltweit wurden mit dem Muster ausgerüstet. Die Militärversion AS532L und die Marineversion AS532SC waren mit 1589 WPS leistenden Makila-1A1-Turbinen ausgestattet. Die beiden Militärversionen AS532U2 und AS532AL sowie die Zivilversion AS332L2 waren mit den stärkeren Makila-1A2-Turbinen ausgerüstet. Sie leisteten 2100 WPS.

Eurocopter EC665 „Tiger"

1984 erstellten die deutsche und die französische Regierung einen Anforderungskatalog für einen modernen Mehrzweck-Kampfhubschrauber. Ein aus der französischen Aérospatiale und der deutschen MBB bestehendes Joint Venture wurde später als Hersteller festgelegt. Im November 1989 erhielt das Konsortium den Auftrag zum Bau von fünf Prototypen. Mit dem Bau des Tiger-Triebwerks MTR390-2C wurde das 1989 gegründete Konsortium MTU Tubomeca Rolls-Royce GmbH (MTR) in Hallbergmoos bei München beauftragt. Der erste Prototyp flog im April 1991. Als Aérospatiale und MBB 1992 in der Eurocopter Group aufgingen, wurde auch das Tiger-Programm in den neuen Konzern eingebracht. Der erste große öffentliche Auftritt des neuen Hubschraubers fand in dem 1995 produzierten James-Bond-Film „Golden Eye" statt, in dem der Diebstahl eines Prototyps ein wichtiger Punkt der Handlung war. Die Serienproduktion des Tiger begann im März 2002.

Eurocopter EC665UHT „Tiger"	
Verwendung	Mehrzweckhubschrauber
Produktionszeit	1991 bis heute
Rotordurchmesser (mm)	13.000
Länge/Höhe (mm)	15.800/5200
Leergewicht (kg)	3060
max. Startmasse (kg)	6100
Vmax in (km/h)	290
Antrieb	2 x MTR390 2C Turbinen, je 1187 PS
Bewaffnung	30-mm-MK GIAT AM-30781, 4 Waffenpylonen

Eurocopter X3	
Verwendung	Hybrid-Flugschrauber
Produktionszeit	2010 bis heute
Hauptrotor	Fünfblatthauptrotor
Propeller	2
Vmax in (km/h)	430
Reisegeschwindigkeit (km/h)	407
Steiggeschwindigkeit (m/min.)	2134
Dienstgipfelhöhe (m)	3810
Antrieb	2 x Rolls-Royce Turbomeca RTM322 Turbinen, je 2311 PS
Besatzung	2

Eurocopter X3

Seit Anfang 2008 arbeitet Eurocopter an einer Hybridkonstruktion, dem Flugschrauber mit der Bezeichnung X3. Dieser schnell fliegende Flugzeug-Helikopter-Hybrid wurde auf Englisch Highspeed-Hybrid-Helicopter, abgekürzt H3, genannt, woraus später die Bezeichnung X3, X-Cube, entstand, wobei X für eXperimental steht. Erstmals präsentierte Eurocopter den Flugschrauber mit dem Luftfahrzeugkennzeichen F-ZXXX öffentlich am 27. September 2010 in Marignane, nachdem dieser drei Wochen vorher auf dem Militärflugplatz auf der Istres-Le-Tubé-Flugbasis (Base Aérienne 125) zu seinem Erstflug gestartet war. Bei einem Testflug am 29. November 2010 erreichte der Flugschrauber im südfranzösischen Istres eine Geschwindigkeit von 333 km/h und eine Höhe von 3810 Metern. Am 12. Mai 2011 erreichte er eine horizontale Fluggeschwindigkeit von 430 km/h. Der Rumpf des Eurocopter X3 stammt vom Eurocopter EC 365 „Dauphin" und der Fünfblattrotor vom EC 155. Seitlich am Rumpf wurden zwei Stummelflügel mit je einem großen Propeller angebracht, die neben der höheren Vortriebsgeschwindigkeit auch die Funktion des Heckrotors übernehmen. Als Antrieb sind zwei Rolls-Royce RTM322-Turbinen eingebaut, die über das Hauptgetriebe den Hauptrotor und die Vortriebspropeller antreiben.

Hughes AH-64A „Apache"

Die im Vietnamkrieg eingesetzten Hubschrauber waren überwiegend für Transport- und Aufklärungsaufgaben und nicht für Kampfeinsätze entwickelt worden. Auch das Tropenklima bereitete ihnen Schwierigkeiten, da die oft stark beanspruchten Bauteile bei der hohen Luftfeuchtigkeit und Temperatur Vietnams korrodierten. Daher schrieb die US Army 1972 auch einen Entwicklungsauftrag für einen tropenfesten, allwettertauglichen schweren Kampfhubschrauber aus. Das Ergebnis war der Lockheed AH-56 „Cheyenne", ein Kampfhubschrauber für Sturzflugangriffe bei hohen Geschwindigkeiten. Doch war dieses Konzept im Praxiseinsatz bald überholt, und der AH-56 wurde eingestellt. Der neue Helikopter sollte im Kampf eine höhere Manövrierfähigkeit, eine Nachteinsatzfähigkeit und gute Tiefflugfähigkeiten besitzen. Diese Eigenschaften stellte der von Hughes am 30. September 1975 während einiger Testflüge gezeigte Prototyp YAH-64 eindrucksvoll unter Beweis.

Hughes AH-64A „Apache"	
Verwendung	Kampfhubschrauber
Produktionszeit	1975 bis heute
Rotordurchmesser (mm)	17.390
Länge/Höhe (mm)	17.760/4300
Leergewicht (kg)	5165
max. Startmasse (kg)	9525
Vmax in (km/h)	293
Antrieb	2 x General Electric T700-GE-701 Turbinen, je 1696 PS
Bewaffnung	30-mm-MK Typ M230, 4 Waffenpylonen

Kamow Ka-27	
Verwendung	U-Boot-Jagdhubschrauber
Produktionszeit	1974 bis heute
Rotordurchmesser (mm)	2 x 15.900
Länge/Höhe (mm)	11.300/5400
Leergewicht (kg)	7500
max. Startmasse (kg)	12.600
Vmax in (km/h)	250
Antrieb	2 x Klimow/Isotow TW3-117W Turbinen, je 2226 PS
Bewaffnung	Waffenschacht, bis 4000 Kilogramm

Kamow Ka-27

Direkt nach dem Zweiten Weltkrieg begann das russische Konstruktionsbüro Kamow mit dem Bau von Hubschraubern. Die Besonderheit von Kamow-Hubschraubern ist das Antriebssystem mit zwei gegenläufigen Rotoren, die ohne einen Heckrotor für den Drehmomentausgleich auskommen. Der Kamow Ka-27 war der Nachfolger des Marinehubschraubers Ka-25, der bereits in den 1960er Jahren entwickelt worden war. Trotz fast identischer Dimensionen konnte der Ka-27 fast das doppelte Startgewicht tragen. Diese Leistung wurde durch die beiden Gasturbinen aus eigener Herstellung erreicht. Der mit zwei gegenläufigen Hauptrotoren, die gefaltet werden konnten, ausgerüstete Hubschrauber war ab Mitte der 1970er Jahre auf den Raketenzerstörern der Udaloj-Klasse stationiert. Die Zerstörer sind mit zwei Helikoptern ausgerüstet, die über je einen Hangar verfügen, deren Schotten als Rampe zum Flugdeck fungieren. Als U-Boot-Jäger ist die Ka-27 in der Lage, bei einer Fluggeschwindigkeit von bis zu 75 km/h getauchte U-Boote bis in eine Tiefe von 500 Metern zu erfassen und zu bekämpfen.

Kamow Ka-52 „Alligator"

In den 1990er Jahren wurde aus dem einsitzigen Kampfhubschrauber Ka-50 der zweisitzige Kamow Ka-52 entwickelt. Nicht wie allgemein üblich sitzen bei diesem Typ die Piloten nebeneinander und nicht hintereinander. Der Erstflug der Kamow-Konstruktion fand am 25. Juli 1997 statt, doch es sollte bis zum Jahr 2008 dauern, bis der Kampfhubschrauber in die Serienproduktion ging. Die Fertigung des Musters wurde im Flugzeugbaubetrieb Progress in der Stadt Arsenjew in der Region Primorje vorgenommen. Eine Besonderheit ist das gepanzerte Cockpit mit einem automatischen Rettungssystem, das über zwei Swesda K-37-800 Schleudersitze verfügt, die es den Piloten ermöglichen, nach der Absprengung der beiden gegenläufigen Rotorblätter innerhalb von Sekundenbruchteilen den Helikopter zu verlassen. Das Aufgabengebiet des Ka-52 ist die Bekämpfung von feindlichen Hubschraubern und FlaRak-Systemen. Im Einsatz soll der Ka-52 mehrere Gruppen von Kampfhubschraubern führen und dabei die Zielzuweisung übernehmen. Dafür ist er mit einem neuen Datenlink-System mit der Bezeichnung „Breeze" ausgerüstet, das Videobilder und Radardaten in Echtzeit zu den Kampfhubschraubern der Gruppe übermitteln kann. Eine seegestützte Version des Ka-52, der Ka-52K, soll im Jahr 2014 in Serie gehen.

Kamow Ka-52 „Alligator"	
Verwendung	Kampfhubschrauber
Produktionszeit	1997 bis heute
Rotordurchmesser (mm)	2 x 14.500
Länge/Höhe (mm)	16.000/4950
Leergewicht (kg)	7700
max. Startmasse (kg)	11.900
Vmax in (km/h)	310
Antrieb	2 x Klimow WK-2500 Turbinen, je 2700 PS
Bewaffnung	30-mm-MK Schipunow 2A42 6 Außenlaststationen, 2000 Kilogramm

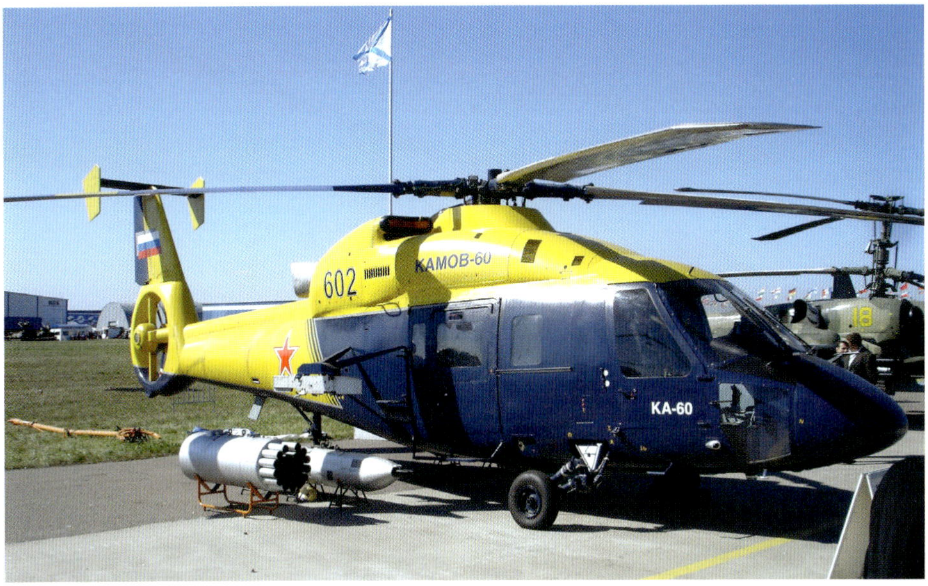

Kamow Ka-60 „Kasatka"	
Verwendung	Mehrzweckhubschrauber
Produktionszeit	1998 bis heute
Rotordurchmesser (mm)	13.500
Länge/Höhe (mm)	13.460/4200
Nutzlast (kg)	6000
max. Startmasse (kg)	6750
Vmax in (km/h)	300
Antrieb	2 x RKBM Rybinsk RD-600 Turbinen, je 1282 PS
Bewaffnung	2 x 12,7 mm MGs, 2 B-8V-Behälter

Kamow Ka-60 „Kasatka"

Der für die unterschiedlichsten Aufgaben konzipierte Ka-60 ist einer der wenigen Hubschrauber des Herstellers Kamow, die von dem gegenläufigen Doppelrotorsystem abweichen und stattdessen mit dem üblichen System mit Haupt- und Fenestron-Heckrotor ausgerüstet sind. Die komplette Neuentwicklung war als Nachfolgemodell der Mil Mi-8 vorgesehen und für den Transport von Truppen, Waffen und Munition gedacht. Außerdem sollte der Hubschrauber für Aufgaben im Aufklärungs- und Zielmarkierungsdienst eingesetzt werden. Als Rettungshubschrauber kann er für den Transport von verwundeten Soldaten sorgen. Der Erstflug war bereits für das Jahr 1996 geplant, doch sorgten finanzielle Engpässe für ein Verschieben des Erstflugs. Am 24. Dezember 1998 war es dann so weit und die erste Kamow Ka-60 hob vom Boden ab. Um Gewicht einzusparen und die Radarsignatur zu minimieren, wurde bei der Herstellung des Helikopters auf Verbundwerkstoffe gesetzt, die 60 Prozent des Gesamtgewichtes ausmachen. Zusätzlich ist die Oberfläche mit einer Radarwellen absorbierenden Beschichtung versehen. Hinsichtlich des Designs ähnelt die Ka-60 stark westlichen Produktionen wie denjenigen der Dauphin-Familie von Eurocopter.

Kamow Ka-226 „Sergei"

Im Jahr 1990 gab Kamow bekannt, den Kamow Ka-26 aus den 1960er Jahren, der noch mit Kolbenmotoren angetrieben war, durch ein neues Hubschraubermodell mit modernen Turbinentriebwerken zu ersetzen. So entstand das Mehrzweckmodell Ka-226 mit zwei Rolls-Royce Allison 250-C20R Turbinen. Der Hubschrauber mit dem für Kamow typischen Koaxialrotor hatte seinen Erstflug am 4. September 1997 und erhielt am 31. Oktober 2003 die russische Zulassung. Die Hauptaufgabengebiete des auf vielen Gebieten einsetzbaren Hubschraubers sind zum Beispiel Polizeieinsätze, der Such- und Rettungsdienst, Krankentransporte, der Katastrophenschutz, Feuerlöscheinsätze und die Versorgung von Gasfeldern für Gazprom oder abgelegener Siedlungen in Sibirien. Mit dem modularen Aufbau kann der Helikopter mit einem Passagiercontainer, einem Container mit medizinischer Ausrüstung, mit Behältern und Sprühvorrichtungen für Chemikalien oder Wasser im landwirtschaftlichen Sektor oder ohne Modul mit einer Winde zum Transport von Außenlasten eingesetzt werden. Seit 2009 gibt es eine verbesserte Version, den Kamow Ka-226T.

Kamow Ka-226 „Sergei"	
Verwendung	Mehrzweckhubschrauber
Produktionszeit	1997 bis heute
Rotordurchmesser (mm)	2 x 13.000
Länge/Höhe (mm)	8100/4150
Leergewicht (kg)	1950
max. Startmasse (kg)	3400
Vmax in (km/h)	205
Antrieb	2 x Rolls-Royce Allison 250-C20R Turbinen, je 450 PS
Besatzung	1/7

Lockheed Martin VH-71 „Kestrel"

Um einen neuen Marine-One-Hubschrauber für den amerikanischen Präsidenten bereitstellen zu können, bestellte die Marine Corps Base Quantico in Virginia im Jahr 2005 auf der Basis des Agusta Westland EH101 „Merlin" 23 Lockheed Martin VH-71. Es war angedacht, die Hubschrauberflotte bis zum Jahr 2014 komplett umzurüsten und die speziellen Sikorsky UH-60- und Sikorsky S-61-Varianten auszumustern. Der erste VH-71 Prototyp vollzog am 3. Juni 2007 seinen Erstflug auf dem Werksgelände in Yeovil in England. Ein zweiter Prototyp wurde in den USA getestet. Während der Erprobung wurden auch Starts und Landungen vor dem Weißen Haus durchgeführt. Beide Prototypen waren umgebaute EH101. Der erst neu gebaute VH-71 flog am 22. September 2008 ebenfalls in Großbritannien. Danach wurde das Flugzeug nach Amerika gebracht, um weitere Tests und Bodenversuche durchzuführen. Auf Wunsch des neuen US-amerikanischen Präsidenten Barack Obama wurde im Februar 2009 das Programm geprüft und wegen der Staatsverschuldung Amerikas und ausufernder Kosten von zirka 11 Milliarden US-Dollar zugunsten der älteren Muster S-61 eingestellt.

Lockheed Martin VH-71 „Kestrel"	
Verwendung	Transporthubschrauber
Produktionszeit	2007 bis heute
Rotordurchmesser (mm)	18.590
Länge/Höhe (mm)	22.180/6650
Leergewicht (kg)	10.500
max. Startmasse (kg)	15.600
Vmax in (km/h)	309
Antrieb	3 x General Electric CT7-8 Turbinen, je 2555 PS
Besatzung	4/14

Mil Mi-24D	
Verwendung	Kampfhubschrauber
Produktionszeit	1969 bis heute
Rotordurchmesser (mm)	17.300
Länge/Höhe (mm)	17.300/4440
Leergewicht (kg)	8400
max. Startmasse (kg)	11.000
Vmax in (km/h)	315
Antrieb	2 x Klimow TW3-117A Turbinen, je 2200 PS
Bewaffnung	30-mm MK, 23 mm MK, 2 x 12,7-mm MGs, 4 Waffenpylonen

Mil Mi-24

Bereits in Afghanistan machte die Mil Mi-24 als „fliegender Schützenpanzer" von sich reden. Doch der Kampfhubschrauber war nicht nur schwer bewaffnet, sondern konnte auch Transportaufgaben übernehmen und bis zu acht voll ausgerüstete Soldaten zum Einsatzziel transportieren. Seine weiteren Aufgaben waren die Panzerabwehr, die Feuerunterstützung bei amphibischen Operationen, das Ausheben gegnerischer Stützpunkte, die Bekämpfung gegnerischer Hubschrauber und Begleitschutz für die eigenen Hubschrauber. Aufgrund seiner starken Bodenpanzerung positionierten sich die „Mudschahidin" im Afghanistankrieg von 1979 bis 1989 oft auf Berggipfeln und nahmen die in den Tälern fliegenden Hubschrauber von oben unter Feuer, von wo aus sie verwundbarer waren. Bei der NVA der DDR wurde die Mi-24 in den Kampfhubschraubergeschwadern 3 und 5 der Armeefliegerkräfte eingesetzt. Bereits im Anfangsstadium seiner Entwicklung konnte der Mi-24 als Projekt A-10 einige Geschwindigkeitsrekorde für Hubschrauber brechen.

Mil Mi-26

Anfang der 1970er Jahre wurde von den sowjetischen Militärs die Entwicklung eines leistungsfähigen Mehrzweckhubschraubers beschlossen. Bis Mitte 1971 arbeiteten die Ingenieure der Moskauer Hubschrauberwerke an den Grundlagen des Projekts. Der erste Prototyp des Mil Mi-26 wurde am 31. Oktober 1977 aus der Produktionshalle bei Ljuberzy gerollt und unternahm am 14. Dezember seinen dreiminütigen Jungfernflug. Militärisch eingesetzt gehörten vor allem Transporte für die sowjetischen Truppen in Afghanistan zu den Aufgaben des schweren Hubschraubers. Anfang 1986 führten Mi-26T von Tjumen aus die ersten Transportaufgaben beim Bau von Energieleitungen in Sibirien durch.

Mil Mi-26	
Verwendung	Mehrzweckhubschrauber
Produktionszeit	1977 bis heute
Rotordurchmesser (mm)	32.000
Länge/Höhe (mm)	40.025/11.600
Leergewicht (kg)	28.600
max. Startmasse (kg)	56.000
Vmax in (km/h)	295
Antrieb	2 x ZMKB Progress Lotarjow D-136 Turbinen, je 10.108 PS
Bewaffnung	2 x Infrarot-Lenkwaffen-Störgerät, 28 x Täuschkörperwerfer

Mil Mi-28	
Verwendung	Kampfhubschrauber
Produktionszeit	1982 bis heute
Rotordurchmesser (mm)	17.200
Länge/Höhe (mm)	17.910/3820
Leergewicht (kg)	7890
max. Startmasse (kg)	11.700
Vmax in (km/h)	324
Antrieb	2 x Klimow Isotow TW3-117WMA-SB3 Turbinen, je 2200 PS
Bewaffnung	30-mm-MK Schipunow 2A42, 4 Außenlaststationen, 1920 Kilogramm

Mil Mi-28

In den 1970er Jahren entwickelten die sowjetischen Konstruktionsbüros von Kamow und Mil die ersten Hubschrauber, die nur für den Einsatz gegen Panzer konstruiert wurden. Neben dem Kamow Ka-50 wurde auch der zweisitzige Mil Mi-28 entwickelt. Die beiden Typen sollten den Mi-24 ersetzen. Beim Kampfhubschrauber Mi-28 saß, ähnlich wie bei den amerikanischen AH-64 „Apache", der Bordschütze vorne und der Pilot erhöht dahinter. Der erste Flug einer Mil Mi-28 „Havoc" wurde am 10. November 1982 durchgeführt und nach den darauffolgenden Tests parallel zur Ka-50 in kleineren Stückzahlen gebaut. Dadurch blieb bis heute der Mi-24 der gebräuchlichste Hubschrauber bei den russischen Streitkräften. Im Jahr 2003 verkündete schließlich das russische Verteidigungsministerium, bei der Hubschrauberfabrik Rostwertol 50 Mil Mi-28N (Nachtjäger) bestellt zu haben. Der Mi-28N entstand aufgrund der Forderung der russischen Landstreitkräfte nach einem nachtkampftauglichen Kampfhubschrauber. Mitte 2006 wurden die ersten beiden Mi-28N ausgeliefert, fünf weitere sollen bis Jahresende folgen, sodass bis ins Jahr 2015 bis zu 67 Angriffshelikopter zur Verfügung stehen werden.

Mil/Euromil Mi-38

Anfang der 1980er Jahre begann Mil die Vorarbeiten für einen völlig neuen zivilen mittelschweren Mehrzweckhubschrauber. Das erste Modell des Mi-38 konnte im Jahr 1989 in Paris bestaunt werden. Vier Jahre später begannen in Kasan die Arbeiten an zwei flugfähigen Prototypen, deren Erstflüge im Jahr 1995 vorgesehen waren. Doch Mil war bereits in finanziellen Schwierigkeiten, und so wurde der Erstflug der Mil-38 immer wieder verschoben. Als am 22. Dezember 2003 endlich der Jungfernflug stattfinden konnte, waren die Entwicklungskosten des Mi-38 bereits auf einen Betrag von über 800 Millionen US-Dollar angestiegen. Bei der Zulassungsprüfung am 27. September 2006 erreichte der Prototyp mit einer Startmasse von 11,1 Tonnen eine Rekordflughöhe von 8170 Metern. Eine Auslieferung des ersten Serienhubschraubers war für das Jahr 2008 geplant. Der Mehrzweckhubschrauber sollte zwischen 10 und 15 Millionen US-Dollar kosten. Bis zum Jahr 2013 waren drei Maschinen gebaut worden.

Mil/Euromil Mi-38	
Verwendung	Mehrzweckhubschrauber
Produktionszeit	2003 bis heute
Rotordurchmesser (mm)	21.100
Länge/Höhe (mm)	19.700/5130
Leergewicht (kg)	8300
max. Startmasse (kg)	15.600
Vmax in (km/h)	285
Antrieb	2 x Pratt & Whitney Canada PW127TS Turbinen, je 2536 PS
Besatzung	4
Passagiere	30

NHIndustries 90	
Verwendung	Mehrzweckhubschrauber
Produktionszeit	1995 bis heute
Rotordurchmesser (mm)	16.300
Länge/Höhe (mm)	19.560/5440
Leergewicht (kg)	6850
max. Startmasse (kg)	11.400
Vmax in (km/h)	305
Antrieb	2 x Rolls-Royce Turbomeca RTM 322 01/9 Turbinen, je 2431 PS
Bewaffnung	6 x 7,62-mm-MGs, 2 Außenlaststationen, 1200 Kilogramm

NHIndustries 90

Bereits in den 1980er Jahren dachte die NATO über ein Gemeinschaftsprojekt zum Bau eines Transporthubschraubers in der Gewichtsklasse von neun bis 13 Tonnen nach, doch scheiterte die Idee an den verschiedenen Interessen der einzelnen NATO-Staaten. Lediglich die Länder Frankreich, Italien, die Niederlande und Deutschland konnten ihre Forderungen in ein gemeinsames Projekt einbringen. Als zentrale Interessenvertretung gründeten die Staaten die NATO Helicopter Management Agency (NAHEMA) im französischen Aix-en-Provence, der sich 2001 Portugal und 2007 Belgien anschlossen. Mit der NHIndustries (NHI) wurde schließlich ein Auftragnehmer gebildet, der aus den Hubschrauberherstellern EADS Eurocopter, Agusta Westland und Stork Fokker besteht. Der Firmensitz ist ebenfalls in Aix-en-Provence in Frankreich. Die Entwicklung und die Produktion der Baugruppen wurden auf die Firmen aufgeteilt. Der erste Prototyp in der Version „TTH" hob am 18. Dezember 1995 vom Boden ab. Der letzte, fünfte Prototyp für die Marine war im Dezember 1999 fertiggestellt und nahm ab diesem Zeitpunkt seine Testflüge auf. Am 30. Juni 2001 begann die Serienproduktion mit dem Erstflug der ersten Serienmaschine in Donauwörth.

Northrop Grumman MQ-8

Nachdem die US Marine die Aufklärungsdrohne AAI RQ-2 „Pioneer" aus dem aktiven Dienst genommen hatte, begann die Suche nach einer Nachfolgegeneration. Die Drohnen sollten eine Reichweite von 200 Kilometern haben oder aber mindestens drei Stunden in der Luft bleiben können. Die Ausschreibung gewann der Ryan-Schweizer UAV der Schweizer Aircraft im Frühjahr 2000. Die ursprüngliche Version, die auf dem dreisitzigen Schweizer-Hubschrauber aufgebaut war, wurde RQ-8A genannt. Der Vierblatt-Helikopter wurde in Rancho Bernardo in Kalifornien weiterentwickelt, bekam einen neuen Rumpf, ein neues Kraftstoffsystem, UAV-Elektronik und eine spezielle Sensorik. Nachdem die US Navy dann doch die MQ-8A ablehnte, entwickelte Northrop Grumman in Eigenregie das Fluggerät als MQ-8B für die unterschiedlichsten Einsatzzwecke weiter. Der Erstflug fand dann am 18. Dezember 2006 in der Naval Air Station Patuxent River statt, denn die US Marine wollte die Drohnen nun doch auf ihren neuen Küstenschiffen einsetzen.

Northrop Grumman MQ-8B	
Verwendung	Aufklärungsdrohne
Produktionszeit	2006 bis heute
Rotordurchmesser (mm)	8380
Länge/Höhe (mm)	7010/2870
Zuladung (kg)	272
max. Startmasse (kg)	1425
Vmax in (km/h)	230
Antrieb	Rolls-Royce/Allison 250-C20W Turbine, je 345 PS
Bewaffnung	Panzerabwehr- und Luft-Boden-Raketen

Robinson R22

Robinson R22	
Verwendung	Kleinsthubschrauber
Produktionszeit	1975 bis heute
Rotordurchmesser (mm)	7670
Länge/Höhe (mm)	8760/2710
Leergewicht (kg)	417
max. Startmasse (kg)	622
Vmax in (km/h)	189
Antrieb	Lycoming O-360 4-Zylinder-Boxermotor, 131 PS
Besatzung	1
Passagiere	1

Der Robinson R22 ist ein einfacher, leichter und kostengünstiger Helikopter, der vor allem für Schulungs- und Überwachungszwecke eingesetzt wird. Bis 2010 verfügte er als Antrieb nur über einen Lycoming-Kolbenmotor, danach war er auch mit einer Wellenturbine zu haben. Mit einem Basispreis von etwas mehr als 240.000 US-Dollar ist er bis heute für Flugschulen eine kostengünstige Alternative. Durch seine schier unerreichte Wendigkeit wird er in Australien gerne zum modernen Viehtrieb aus dem Hubschrauber heraus eingesetzt.

Robinson R44

Robinson R44	
Verwendung	Mehrzweckhubschrauber
Produktionszeit	2003 bis heute
Rotordurchmesser (mm)	10.060
Länge/Höhe (mm)	8970/3020
Leergewicht (kg)	684
max. Startmasse (kg)	1089
Vmax in (km/h)	240
Antrieb	Lycoming O-540-F1B5 6-Zylinder-Boxermotor, 245 PS
Besatzung	1
Passagiere	3

Die einmotorige Robinson R44 ist die größere Variante des Robinson R22 und kann bis zu vier Personen befördern. Ausgerüstet ist der Hubschrauber mit einem Sechszylinder-Boxermotor von Lycoming. Eine weitere, leistungsfähigere Variante der R44 mit Turbinenantrieb wurde 2010 in Dienst gestellt und trägt die Bezeichnung Robinson R66. Der Robinson R44 eignet sich vor allem durch die großen Cockpitscheiben als Polizei-, Foto-, Geschäftsreise- und Rundflughubschrauber, denn alle Passagiere haben bei diesem Helikoptertyp einen Fensterplatz. Bis heute wurden über 5000 Exemplare des Mehrzweckhubschraubers gebaut.

Sikorsky CH-53D „Sea Stallion"	
Verwendung	Transporthubschrauber
Produktionszeit	1964 bis heute
Rotordurchmesser (mm)	22.010
Länge/Höhe (mm)	26.970/7600
Leergewicht (kg)	10.740
max. Startmasse (kg)	19.100
Vmax in (km/h)	315
Antrieb	2 x General Electric T64-GE-413 Turbinen, je 3925 PS
Besatzung	1 bis 2
Soldaten	bis 38

Sikorsky CH-53 „Sea Stallion"

Anfang der 1960er Jahre entwickelte Sikorsky für die US Marine Corps einen allwettertauglichen Transporthubschrauber. Um die Kosten nicht in die Höhe zu treiben und eine rasche Entwicklung zu ermöglichen, griff Sikorsky auf Baugruppen des S-63 „Skycrane" zurück. Bereits am 14. Oktober 1964 hob ein erster Prototyp vom Boden ab, und knapp drei Jahre später, im September 1967, begann die Auslieferung des CH-53A „Sea Stallion" an das US Marine Corps. Die Avionik des CH-53A ermöglichte erstmals einen automatischen Konturenflug im Gelände, und amerikanische Piloten demonstrierten die Leistungsfähigkeit des neuen Transporthubschraubers, indem sie mit der rund zwölf Tonnen schweren Maschine sogar Rollen und Loopings flogen. Eine weitere CH-53A bewältigte mit den am Anfang verwendeten T64-GE-6-Triebwerken eine Nutzlast von 9,1 Tonnen, wobei die Abflugmasse fast 21 Tonnen betrug. Die Heeresflieger der Bundeswehr erhielten die Variante CH-53G, deren Zelle von deutschen Luftfahrtunternehmen in Lizenz gefertigt wurde.

Sikorsky S-97 „Raider X2"

Der neue Sikorsky Kampf- und Transporthubschrauber Sikorsky S-97 „Raider" basiert auf der Konstruktion des X2. Der Sikorsky S-97 ist jedoch größer und schwerer als der Vorgänger X2. Dadurch wird die Höchstgeschwindigkeit mit bis zu 407 km/h deutlich unter der Geschwindigkeit der X2 mit 463 km/h liegen. Am 20. Oktober 2010 wurde der mit gegenläufigen Hauptrotoren und einem Schubpropeller im Heck ausgestattete Helikopter als erste Attrappe der Öffentlichkeit vorgestellt. Entwickelt wurde er auf Grundlage des „Armed Aerial Scout (AAS)"-Programms der United States Army als Ersatz für die Bell OH-58. In den nächsten Jahren sollen erste Prototypen entstehen, die als Technologie-Erprobungsträger dienen sollen. Eine weitere Idee ist das Modulsystem der Kabine, die sich auch unter Einsatzbedingungen tauschen lässt. So wäre bei der Aufklärungsversion die Transportnutzlast wegen zusätzlicher Treibstofftanks etwas geringer. Bei der Angriffsvariante könnten in der Kabine sechs voll ausgerüstete Soldaten befördert werden.

Sikorsky S-97 „Raider X2"	
Verwendung	Mehrzweckhubschrauber
Produktionszeit	ab 2014
Rotordurchmesser (mm)	10.060
Länge (mm)	10.670
max. Startmasse (kg)	4570
Dienstgipfelhöhe (m)	3048
Vmax in (km/h)	407
Antrieb	2 x General Electric T700 Turbinen, je 2638 PS
Besatzung	2
Soldaten	6

Sikorsky S-76B „Spirit"	
Verwendung	Mehrzweckhubschrauber
Produktionszeit	1977 bis heute
Rotordurchmesser (mm)	13.410
Länge/Höhe (mm)	13.220/3580
Leergewicht (kg)	2540
max. Startmasse (kg)	4671
Vmax in (km/h)	350
Antrieb	2 x Detroit Diesel/Allison 250 C30S Turbinen, je 650 PS
Besatzung	2
Passagiere	12

Sikorsky S-76 „Spirit"

Für Einsatzgebiete in der Ölförderung sowie als Geschäftsreisehubschrauber entwickelte Sikorsky in den 1970er Jahren den S-76. Die Basis bildete der Militärhubschrauber UH-60 „Black Hawk". Der Prototyp, der am 13. März 1977 bereits einen ersten Flug unternahm, war zunächst mit zwei Allison 250C30-Turbinen ausgestattet. Der Grundtyp S-76A brach in der folgenden Zeit mehrere Rekorde in seiner Klasse bei der Höchstgeschwindigkeit, der Steigrate und der größten erreichbaren Höhe, und auch die B-Version schaffte im Jahr 1987 mit über 350 km/h einen Geschwindigkeitsrekord in ihrer Klasse. Ab dem Dezember 2005 wurde die Variante S-76C+ angeboten, die nun mit Turboméca Arriel 2S1-Triebwerken und Full Authority Digital Engine Control (FADEC) ausgestattet war. Für die Version C++ wurde die Leistung nochmals gesteigert. Am 7. Februar 2009 begann die Testphase für die Version S-76D mit ihrem Jungfernflug in der Nähe von West Palm Beach, die nun mit 1241 PS starken Pratt & Whitney 210S-Wellenturbinen ausgerüstet war. Bis zum August 2012 waren 810 Hubschrauber S-76 verkauft.

Sikorsky S-92

Der zivile Großhubschrauber Sikorsky S-92 „Helibus" wird vor allem von Ölkonzernen und der Gasindustrie zur Versorgung oft abgelegener Fördergebiete gekauft. Doch auch verschiedene Regierungen setzen den Hubschrauber mit dem entsprechenden Komfort als Verbindungstransportmittel auf kürzeren Strecken ein. Ein weiterer Einsatzbereich ist das Search and Rescue (SAR) von Küstenwachen und Rettungsdiensten. Als weiterentwickelter MH-92 „Superhawk" ist der Sikorsky bei der Marine im Einsatz, da er durch die große Kabine eine Vielzahl an militärischem Gerät mitführen kann. Auch wird der „Superhawk" in der U-Boot-Abwehrjagd (ASW) eingesetzt. Für diesen ASW-Einsatz sind passive Sonarbojen und Mark 46 Torpedos an Bord. Die kanadischen Streitkräfte haben inzwischen begonnen, ihre veralteten CG-124 „Sea Kings" gegen den Sikorsky S-92 unter der kanadischen Militärkennung CH-148 „Cyclone" auszutauschen. Der Gesamtwert des kanadischen Austauschprogramms wird die 1,8-Milliarden-Grenze überschreiten.

Sikorsky S-92 „Helibus"	
Verwendung	Transporthubschrauber
Produktionszeit	1998 bis heute
Rotordurchmesser (mm)	17.700
Länge/Höhe (mm)	20.900/4700
Leergewicht (kg)	7257
max. Startmasse (kg)	12.150
Vmax in (km/h)	306
Antrieb	2 x General Electric CT7-8A Turbinen, je 2579 WPS
Besatzung	2
Passagiere	22

Sikorsky UH-60L „Black Hawk"	
Verwendung	Transporthubschrauber
Produktionszeit	1974 bis heute
Rotordurchmesser (mm)	16.360
Länge/Höhe (mm)	19.760/5330
Leergewicht (kg)	5224
max. Startmasse (kg)	10.660
Vmax in (km/h)	296
Antrieb	2 x General Electric T700-GE-701C Turbinen, je 1691 WPS
Bewaffnung	6 x 7,62 mm MGs, 2 x 12,7 mm MGs, 2 ESSS-Stummelflügel, bis 4000 Kilogramm

Sikorsky UH-60 „Black Hawk"

Zwar hatte sich der Mehrzweckhubschrauber Bell UH-1 „Iroquois" im Vietnamkrieg bewährt, doch zeigte eine geänderte Kriegsstrategie, dass das ungenügend gepanzerte Muster nicht mehr zeitgerecht war. Aus diesem Grund begann die US Army in den 1970er Jahren einen modernen Hubschrauber zu suchen, der den UH-1 nach und nach ersetzen sollte. Bei der anschließenden Ausschreibung konnte sich Sikorsky mit dem Modell YUH-60 gegen das Boeing-Modell YUH-61 durchsetzen. Am 17. Oktober 1974 stieg ein erster Sikorsky-Prototyp in den Himmel und konnte danach ohne große Änderungen mit der Bezeichnung UH-60 „Black Hawk" in die Serienproduktion gehen. Im Juni 1979 wurde die 101st Airborne Division mit den ersten UH-60A ausgestattet. Bis 1989 folgten weitere 980 Hubschrauber für die US Army. Bis zum Jahr 2007 waren bereits rund 2600 Exemplare in den verschiedensten Varianten ausgeliefert. Während der Operation „Neptune's Spear" gegen Osama bin Laden in Abbottabad in Pakistan stürzte ein UH-60 ab. Aufnahmen zeigten, dass es sich um einen Hubschrauber mit Fünfblattheckrotor hinter einer Abdeckung und weiteren Änderungen am Heckausleger handelte, was darauf schließen ließ, dass es sich bei dem verunfallten UH-60 um eine Stealth-Version handeln könnte.

Sikorsky X2	
Verwendung	Flugschrauber
Produktionszeit	2008
Rotordurchmesser (mm)	8050
max. Startmasse (kg)	3600
Vmax in (km/h)	481
Antrieb	LHTEC T800-LHT-801 Turbine, 1822 WPS
Besatzung	2

Sikorsky X2

Der seit dem August 2004 zu Sikorsky gehörende Hubschrauberbauer Schweizer war der Initiator des Baus des Leichtflugschraubers X2 mit zwei gegenläufigen Rotoren und einem Schubpropeller am Heck. Nach seinem Erstflug am 27. August 2008 in Horseheads im Bundesstaat New York erreichte die X2 bereits im September 2010 eine Höchstgeschwindigkeit von 463 km/h. Aus dem Flugschrauber wurde dann die S-97 entwickelt.

EXPERIMENTAL- UND SPEZIALFLUGZEUGE

Ohne Experimente geht es nicht

Die international bekanntesten Unternehmen, die immer wieder Testreihen mit Experimentalflugzeugen betreiben, sind in den Vereinigten Staaten die NASA und in Großbritannien das Royal Aircraft Establishment. Seit dem Jahr 1948 verwendet die USAF den Buchstaben „X" als Kennzeichnung des Haupteinsatzzweckes Forschung (Research) bei ihren Flugzeugen. Während des Zweiten Weltkriegs beteiligte sich auch das Deutsche Reich im militärischen Bereich mit der Entwicklung von Versuchsflugzeugen bei der Erprobungsstelle Rechlin. Dabei werden grundlegende Lösungen für technisch-wissenschaftliche Fragen in den Bereichen der Aerodynamik, des Triebwerksbaus und der grundlegenden Auslegung von Flugzeugen und Hubschraubern aller Art gesucht.

X-48B

Agusta Westland AW609	
Verwendung	Kipprotorflugzeug
Produktionszeit	2003 bis heute
Flügelspannweite (mm)	10.000
Rotordurchmesser (mm)	7930
Länge/Höhe (mm)	14.070/4700
Leergewicht (kg)	4765
max. Startmasse (kg)	7631
Vmax in (km/h)	616
Antrieb	2 x Pratt & Whitney PT6C-67A Turboprop-Triebwerke, je 1967 PS
Besatzung	2
Passagiere	6 bis 9

Agusta Westland AW609

Das Ziel dieses Projektes von Bell Helicopters und Bell war, ein Luftfahrzeug zu entwickeln, das senkrecht starten und landen, jedoch auch hohe Geschwindigkeiten erzielen sollte. Erste Versuche mit einem Prototyp begannen am 6. Dezember 2002, und ein erster Flug des Kipprotorflugzeugs fand am 7. März 2003 in Arlington in Texas statt. Bis zum Jahr 2007 waren vier Vorserienmuster gefertigt und der Flugerprobung zugeführt. Da sich im Verlauf der Testphase zeigte, dass ein großes Interesse an dem Wandelflugzeug bestand, war es außerordentlich fatal, dass es bei der Bell-Boeing V-22 „Osprey" immer wieder zu Verzögerungen wegen diverser Probleme kam, denn sie beeinflussten auch die Entwicklung der ähnlichen AW609. Im Jahr 2009 lagen bereits 80 Bestellungen aus 23 Ländern vor. Die Luftverkehrszulassung ist für das Jahr 2015 geplant, die Kosten für ein Exemplar sollen bei ca. 10 Millionen US-Dollar liegen.

Boeing SOFIA (Boeing 747-SP)	
Verwendung	Stratosphären-Observatorium
Produktionszeit	2007 bis heute
Flügelspannweite (mm)	59.600
Länge/Höhe (mm)	56.310/19.940
max. Startmasse (kg)	317.515
Vmax in (km/h)	1000
Antrieb	4 x Pratt & Whitney JT9D-7AW Turbofan-Triebwerke, je 243,5 kN Schub
Besatzung	3
Passagiere	15

Boeing SOFIA

Für das Projekt „Stratosphären-Observatorium für Infrarot-Astronomie" wurde Anfang der 2000er Jahre eine Boeing 747SP mit einem von den deutschen Unternehmen MAN Technologie AG und Kayser-Threde hergestellten Nasmyth-Infrarotteleskop ausgerüstet. Der Erstflug fand am 26. April 2007 in Waco statt. Das Flugzeug beobachtet bei seinen Einsätzen aus zwölf bis 14 Kilometern Höhe über der Troposphäre den Nachthimmel. Der erste Testflug mit geöffneter Teleskoptür fand im Dezember 2009 statt.

Boeing X-32B

Verwendung	Mehrzweckversuchsflugzeug
Produktionszeit	2000 bis 2001
Flügelspannweite (mm)	10.970
Länge/Höhe (mm)	14.030/4020
Leergewicht (kg)	10.200
max. Startmasse (kg)	22.700
Vmax in (km/h)	1593
Antrieb	General Electric YF-120-FX Turbofan-Triebwerk, 178 kN Schub
Besatzung	1
Bewaffnung	27-mm-MK Mauser BK 27, Außenlaststationen

Boeing X-32

Boeing und Lockheed beteiligten sich Mitte der 1990er Jahre an einem US-Verteidigungsprogramm für eine gemeinsame fortschrittliche Kampftechnik. Für die fliegenden Streitkräfte war geplant, ein Flugzeug mit geringen Beschaffungs- und Wartungskosten, Tarneigenschaften und Sensoren zum Abschuss von Präzisionsmunition zu bauen. Am 26. Oktober 2001 entschied man sich gegen den eher ungewöhnlichen Entwurf X-32 von Boeing und für die konventionelle Lockheed Martin X-35, obwohl die X-32 wesentlich schneller und wendiger als die X-35 war. Von der X-32 waren zwei verschiedene Versionen geplant: das Grundmodell mit verstärktem Fahrwerk für die US Air Force und die kurz- und senkrecht startende US-Navy-B-Version mit Fanghaken und größeren Tragflächen. Der erste Technologiedemonstrator X-32A startete am 18. September 2000 zu seinem Jungfernflug. Am 3. Februar 2001 wurde die A-Version nach 60 Flügen und 50 Flugstunden außer Dienst gestellt. In Zukunft soll das Flugzeug restauriert im National Museum of the United States Air Force in Dayton in Ohio ausgestellt werden. Die B-Version, die am 24. Juni 2001 noch ihren ersten Übergang in den Schwebeflug schaffte, ist seit dem 31. Märt 2005 im Patuxent River Naval Air Museum in Maryland zu besichtigen.

Boeing X-45 „Spiral"

Der Vorgänger der X-45 „Spiral" war das einsitzige Experimentalflugzeug McDonnell Douglas „Bird of Prey" aus den 1990er Jahren, das Tarnkappeneigenschaften besaß. Zunächst baute Boeing zwei kleinere Versionen der X-45A, um die Funktion des Systems zu demonstrieren. Im Oktober 2004 bekam Boeing für die Projektierung der X-45 ca. 767 Millionen US-Dollar von der Defense Advanced Research Projects Agency und weitere 175 Millionen US-Dollar für eine automatische Luftbetankung. Die erste X-45C, die nun im Maßstab 1 : 1 gebaut worden war, hatte eine Reichweite von 1930 Kilometern. Bis 2010 war geplant, die X-45 auch aus der Luft mit einem Tanksystem und einer Boeing KC-135 betanken zu können. Doch am 2. März 2006 wurde bekannt, dass die US Air Force das Projekt einstellt.

Boeing X-45A „Spiral"

Verwendung	Kampfflugzeug
Produktionszeit	2002
Flügelspannweite (mm)	10.230
Länge/Höhe (mm)	8080/1150
Leergewicht (kg)	3628
max. Startmasse (kg)	6804
Vmax in (km/h)	919
Antrieb	Allied Signal F124-GA-100 Turbofan-Triebwerk, 27,96 kN Schub
Besatzung	keine
Bewaffnung	Waffenschacht, 900 Kilogramm Bombenlast

Boeing X-53	
Verwendung	Versuchsträger
Produktionszeit	2002
Flügelspannweite (mm)	11.710
Höhe (mm)	4650
max. Startmasse (kg)	17.690
Vmax in (km/h)	1912
Antrieb	2 x General Electric F404-GE-400 Turbofan-Triebwerk, je 71 kN Schub
Besatzung	1

Boeing X-53

Die Boeing X-53 basiert auf der McDonnell Douglas F/A-18 „Hornet“ und wurde im Rahmen des „Active Aeroelastic Wing“-Programms (AAW), zu Deutsch „aktive aeroelastische Tragfläche“, als Technologiedemonstrator entwickelt. Das Forschungsprojekt beschäftigt sich mit aerodynamischen Eigenschaften, den aktiven Steuerungen und mit fortgeschrittenen Bauweisen von Tragflächen, um diese effektiver nutzen zu können. Gesteuert werden sollen diese Flügelelemente durch eine digitale Flugregeleinheit. Dabei sollen die Strukturbelastungen bei Höchstgeschwindigkeiten wie auch hoher Manövriermöglichkeit erforscht werden. Die umgebaute F/A-18A „Hornet“ flog als X-53 am 8. Dezember 2006 das erste Mal.

Bombardier/Canadair CL-415

Seit dem Jahr 1953 sind Löschflugzeuge vor allem bei Waldbränden weltweit im Einsatz. Das erste Feuerlöschflugzeug war die Canadair CL-215, die bis 1990 in 125 Exemplaren gebaut wurde. Das größere Amphibienflugzeug CL-415 hatte am 6. Dezember 1993 seinen Erstflug und unterscheidet sich vor allem durch die modernen Turboprop-Triebwerke von dem Vorgänger mit kolbengetriebenen Sternmotoren. Bei der Wasseraufnahme kann die CL-415 in zwölf Sekunden zirka 6123 Kilogramm Löschwasser aufnehmen und bei einer Entfernung von elf Kilometern zum Brandherd bis zu 54.140 Liter in der Stunde abwerfen. Die CL-415 sind vor allem im Sommer häufig in der Urlaubszeit in Argentinien, Frankreich, Griechenland und Kroatien beim Einsatz zu sehen. Heutzutage ist die CL-415 konkurrenzlos, da die wesentlich größeren Löschflugzeuge Martin JRM ausgemustert sind und die Berijew Be-12 Flugboote und Be-200 Amphibien-Jets als „Wasserbomber“ kaum Verbreitung gefunden haben.

Bombardier/Canadair CL-415	
Verwendung	Löschflugzeug
Produktionszeit	1993 bis heute
Flügelspannweite (mm)	28.610
Länge/Höhe (mm)	19.820/8980
Leergewicht (kg)	12.043
max. Startmasse (kg)	19.800
Vmax in (km/h)	376
Antrieb	2 x Pratt & Whitney Canada PW123AF Turboprop-Triebwerke, je 2380 WPS
Besatzung	2
Wasserabwurf (l/Std.)	54.140 (11 km)

„Helios"	
Verwendung	Solarflugzeug
Produktionszeit	2001
Flügelspannweite (mm)	75.300
Leergewicht (kg)	17.690
Vmax in (km/h)	50
Flughöhe (m)	29.413
Antrieb	14 Elektromotoren, 66.000 Hochleistungssolarzellen, bis 30 kW
Besatzung	unbemannt

„Helios"

Um die Jahrtausendwende entwickelte die NASA in Zusammenarbeit mit dem kalifornischen Unternehmen AeroVironment das unbemannte Leichtflugzeug „Helios". Die Entwicklung hatte den Hintergrund, als Alternative zu Satelliten in großen Höhen Forschungsaufgaben zu übernehmen. Der erste Testflug mit einem batteriebetriebenen Flugzeug fand im September 1999 statt. Am 13. August 2001 startete das Fluggerät zu einem Flug, der in die Liste der Weltrekorde eingehen sollte. Über Hawaii stieg die „Helios", lediglich angetrieben von 14 Elektromotoren, die von 66.000 Solarzellen gespeist wurden, in sechs Stunden auf eine Höhe von 29.413 Metern. Damit brach das Solarflugzeug den Höhenrekord des US-Spionageflugzeugs SR-71 „Black Bird". Als am 29. Mai 2003 bei der „Helios" ein Schwingen der Tragflächen durch eingeleitete Notverfahren nicht mehr gestoppt werden konnten, stürzte das Solarflugzeug durch das Versagen der Struktur mit großer Geschwindigkeit zehn Meilen westlich von Kauai ins Meer.

Lockheed Martin X-55	
Verwendung	Erprobungsträger
Produktionszeit	2009
Flügelspannweite (mm)	20.980
Länge/Höhe (mm)	21.280/7200
max. Startmasse (kg)	15.655
Vmax in (km/h)	756
Antrieb	2 x Pratt & Whitney Canada PW306/9 Turbofan-Triebwerke, je 26,9 kN Schub

Lockheed Martin X-55

Grundlage der Lockheed Martin X-55 ist eine umgebaute Fairchild Dornier 328JET, die während des „Advanced Composite Cargo Aircraft"-Programms (ACCA) der US-Luftwaffe entwickelt wurde. Das Programm erforscht neue Verbundstoffe für die Luftfahrttechnik. So wurde zum Beispiel ein 16,8 Meter langer Teil des Rumpfes durch eine Kunststoffzelle ersetzt, um an der leichteren Zelle die Belastungen und die damit verbundene Haltbarkeit des Verbundstoffes zu testen. Die Ergebnisse fließen direkt in die Forschung des Nachfolgetransporters der C-5 „Galaxy" ein.

Lockheed Martin X-56A	
Verwendung	Erprobungsträger
Produktionszeit	2013
Flügelspannweite (mm)	8530
Länge (mm)	2290
Vmax in (km/h)	376
Antrieb	2 x JetCat P240 Turbinen, je 0,26 kN Schub
Besatzung	unbemannt

Lockheed Martin X-56A

Der Erprobungsträger Lockheed Martin X-56A wurde von der US-Luftwaffe zur Untersuchung der aktiven Flatterunterdrückung im Multi-utility Aeroelastic Demonstration Program (MAD) in Auftrag gegeben. Das Ergebnis soll Gewichtseinsparungen in der Struktur der Tragflächen für zukünftige Flugzeuge und Aufklärungsdrohnen aufzeigen. Da diese Art von Versuchen sehr unfallträchtig ist, wurde das Luftfahrzeug unbemannt ausgewählt. Der Erstflug des Erprobungsträgers fand am 26. Juli 2013 auf der Edwards Air Force Base statt. An der Hinterkante der Flügel sind zehn Stellflächen zur Dämpfung der Schwingungen installiert, mit denen auch Flugversuche bei geringer Geschwindigkeit sowie in großer Höhe durchgeführt werden können. Um die Flugversuche zu erleichtern, können die Flügel als Module ausgewechselt werden. Bei einem Versagen der Flugzeugstruktur kann die Maschine durch einen eingebauten Fallschirm abgefangen werden.

Northrop Grumman X-47B	
Verwendung	Experimentalflugzeug
Produktionszeit	2003 bis 2011
Flügelspannweite (mm)	9400/18.930
Länge/Höhe (mm)	11.630/3100
Leergewicht (kg)	6350
max. Startmasse (kg)	20.215
Vmax in (km/h)	Unterschallbereich
Antrieb	Pratt & Whitney F100-220U Turbofan-Triebwerk, 65 kN Schub
Besatzung	unbemannt
Bewaffnung	2 Lenkbomben, Waffenschacht, 2000 Kilogramm

Northrop Grumman X-47

Die Northrop Grumman X-47 wurde im Rahmen eines Programmes für ein trägergestütztes unbemanntes Militärflugzeug entwickelt. Das Rollout des ersten Modells X-47A fand am 30. Juli 2001 statt, ein Erstflug war im Februar 2003 durchgeführt worden. Ein weiteres B-Modell wurde bis 2009 entwickelt. Das Testprogramm hat am 4. Februar 2011 begonnen und soll zirka drei Jahre dauern. Ein erster Katapultstart wurde am 14. Mai 2013 von der USS George H. W. Bush erfolgreich absolviert. Die ersten Erprobungen mit der X-47B im regulären Flugbetrieb auf Flugzeugträgern soll ab dem Jahr 2015 stattfinden.

Piper PA-25-235 „Pawnee"

Verwendung	Agrarflugzeug
Produktionszeit	1957 bis 1981
Flügelspannweite (mm)	11.020
Länge/Höhe (mm)	7550/2190
Leergewicht (kg)	662
max. Startmasse (kg)	1317
Vmax in (km/h)	188
Antrieb	Lycoming O-540-B2B5 6-Zylinder-Boxermotor, 235 PS
Besatzung	1

Piper PA-25 „Pawnee"

Bevor es speziell entwickelte Agrarflugzeuge gab, wurden die meisten Muster für diese Aufgabe aus veralteten Militärmaschinen umgerüstet. Eine erste spezielle Entwicklung war die AG-1 aus dem Jahr 1950. Die Piper PA-25 „Pawnee" wurde ebenfalls speziell als Agrarflugzeug Mitte der 1950er Jahre entwickelt. Das einsitzige Leichtflugzeug entwarf Fred Weick, ein Flugpionier, der später als Flugzeugkonstrukteur arbeitete. Oft wurde die PA-25 auch als „Airtractor" bezeichnet. Von der „Pawnee", die heute noch als Schleppflugzeug eingesetzt wird, wurden insgesamt 5167 Maschinen gebaut.

Rockwell-MBB X-31

An dem Projekt zur praktischen Erprobung der Schubvektorsteuerung für Flüge jenseits des maximalen Auftriebes beteiligten sich die beiden Unternehmen Rockwell International und Messerschmitt-Bölkow-Blohm. Dazu wurde die einsitzige X-31 entwickelt, die ihren Erstflug am 11. Oktober 1990 hatte. Durch die Schubvektorsteuerung waren bei der X-31 Flugmanöver möglich, die bei anderen Maschinen zu einem unkontrollierbaren Flugzustand und damit zum Absturz geführt hätten. Die Resultate flossen in die F-22 und den „Eurofighter" ein.

Rockwell-MBB X-31

Verwendung	Experimentalflugzeug
Produktionszeit	1990
Flügelspannweite (mm)	7300
Länge/Höhe (mm)	13.200/4400
Leergewicht (kg)	4633
max. Startmasse (kg)	6336
Vmax in (km/h)	1550
Antrieb	General Electric F404-GE-400 Turbofan-Triebwerk, 71 kN Schub
Besatzung	1

Scaled Composites „Proteus"

Das zweistrahlige Experimentalflugzeug wurde in den 1990er Jahren von Burt Rutan und seiner Firma Scaled Composites entworfen und gebaut. Die Flügelspannweite des Tandemflüglers beträgt 23,65 Meter und mit aufsteckbaren Flügelspitzen bis zu 28 Meter. Die „Proteus" kann als einer der Vorläufer des Trägerflugzeuges „White Knight" gelten. Zurzeit ist es im Besitz des Flugzeugherstellers Northrop Grumman und wird vom Verteidigungsministerium der Vereinigten Staaten und der NASA als Forschungs- und Höhenplattform für unbemannte Roboterflugzeuge eingesetzt.

Index